普通高等院校精品课程规划教材

普通高等院校优质精品资源共享教材

综合布线系统

主　编　郑李明　周　霞

副主编　许　晨

中国建材工业出版社

图书在版编目（CIP）数据

综合布线系统/郑李明，周霞主编. —北京：中
国建材工业出版社，2015.6
普通高等院校精品课程规划教材　普通高等院校优质
精品资源共享教材
ISBN 978-7-5160-1170-6

Ⅰ. ①综… Ⅱ. ①郑… ②周… Ⅲ. ①计算机网络-
布线-高等学校-教材 Ⅳ. ①TP393.03

中国版本图书馆 CIP 数据核字（2015）第 044095 号

内　容　简　介

本书以综合布线系统建设为主线，按照系统建设流程进行章节设置。以项目为
载体，对综合布线系统工程的各个环节进行详细介绍。

本书共分为 8 章。主体章节内容分别为：综合布线的材料与设备、综合布线系
统的设计、综合布线系统的施工以及综合布线系统的测试与验收。为了配合理论与
实践一体化教学，书中针对电缆与光缆通道的构建与测试设计了四个配套实验，并
给出大学校园网与数据中心综合布线系统等较为详细的设计应用案例，为读者提供
由浅入深、循序渐进地学习综合布线系统的素材。

本书适合作为普通高等院校建筑电气与智能化、计算机网络技术、通信工程类
等专业的教材，也可供从事智能建筑电气工程、计算机信息系统集成、网络管理、
综合布线行业的从业人员参考。

本书有配套课件，读者可登录我社网站免费下载。

综合布线系统

主　编　郑李明　周　霞

副主编　许　晨

出版发行：中国建材工业出版社
地　　址：北京市海淀区三里河路 1 号
邮　　编：100044
经　　销：全国各地新华书店
印　　刷：北京雁林吉兆印刷有限公司
开　　本：787mm×1092mm　1/16
印　　张：21.25
字　　数：532 千字
版　　次：2015 年 6 月第 1 版
印　　次：2015 年 6 月第 1 次
定　　价：**59.00 元**

本社网址：**www.jccbs.com.cn**　　微信公众号：**zgjcgycbs**

本书如出现印装质量问题，由我社网络直销部负责调换。联系电话：**（010）88386906**

前　言

综合布线是现代建筑必备的基础设施，为建筑中电话、网络、视频等信号的传输提供了基本通路。综合布线是多学科交叉的技术领域，综合布线技术的发展全面融合了电气工程、网络与通信工程的新技术。

本书编者收集了国内外大量的资料与设计实例，结合编者的教学实践，以综合布线系统建设为主线，以实际的工程项目为载体，对综合布线系统的各个环节进行了详细介绍，并对各部分相关的新技术进行了简要说明。本书的每章都附有习题，读者可在学习课程内容的基础上，查阅相关资料来完成，从而进一步巩固所学知识。

本书的实验配有详细的操作步骤，每个实验都附有思考题，通过思考题进一步理解实验中可能遇到的问题。

本书由金陵科技学院郑李明副教授策划、立项。具体编写工作为：郑李明编写前言和第1章；周霞编写第3、4、5、6章；许晨编写第2、7、8章。全书由郑李明主持编写，周霞负责统稿。

在本书编写过程中，得到许多同行的关注与大力支持。Fluke网络公司中国分公司、南京普天天纪楼宇智能有限公司、神州数码公司为本书的编写提供了大量有参考价值的资料与案例。金陵科技学院建筑智能化实验中心为本书实验部分内容编写提供了大量的实物图片，金陵科技学院机电工程学院楼宇系的老师们为本书的编写提出了宝贵意见，在此一并表示衷心的感谢。

由于编者知识水平和认知程度有限，书中难免存在不足之处，敬请读者批评指正。

编　者

2015 年 5 月

目　　录

第1章　综合布线系统概论 ··· 1

1.1　综合布线系统概述 ··· 1

1.2　综合布线系统标准与设计等级 ································· 7

1.3　综合布线系统工程建设流程简介 ···························· 15

1.4　综合布线系统的发展趋势 ······································ 18

习题1 ··· 19

第2章　综合布线系统相关通信知识 ·································· 20

2.1　信息传输基本知识 ··· 20

2.2　网络拓扑结构 ··· 28

2.3　宽带接入技术 ··· 34

习题2 ··· 45

第3章　综合布线的材料与设备 ·· 47

3.1　布线线缆 ··· 47

3.2　布线连接器件 ··· 66

3.3　网络互联设备 ··· 78

3.4　智能配线系统 ··· 84

3.5　布线设计工具软件 ··· 87

习题3 ··· 91

第4章　综合布线系统的规划与设计 ·································· 92

4.1　需求分析与总体规划 ·· 92

4.2　工作区设计 ··· 102

4.3　水平子系统设计 ·· 108

4.4　干线子系统设计 ·· 121

4.5　设备间设计 ··· 131

4.6　进线间设计 ··· 140

4.7　管理设计 ··· 141

4.8　建筑群子系统设计 ··· 157

4.9　综合布线系统保护设计 ··· 162

习题4 ··· 174

第5章　综合布线系统施工 ·· 176

5.1　施工准备 ··· 176

5.2　管槽系统的安装 ·· 187

5.3　电缆布线与连接 ·· 194

5.4　光缆布线与连接 ·· 204

5.5　设备安装 ·· 216

5.6　屏蔽施工 ·· 224

习题 5 ·· 227

第 6 章　综合布线系统测试与验收 ································ 229

6.1　综合布线系统测试概述 ·· 229

6.2　电缆的测试 ·· 231

6.3　光纤的测试 ·· 252

6.4　综合布线系统的工程验收 ······································ 260

习题 6 ·· 272

第 7 章　综合布线系统的工程应用 ································ 273

7.1　大学校园综合布线系统设计 ···································· 273

7.2　数据中心布线系统设计 ·· 286

习题 7 ·· 302

第 8 章　综合布线系统实验 ······································ 303

8.1　电缆传输通道构建实验 ·· 303

8.2　光纤传输通道构建实验 ·· 310

8.3　电缆传输通道测试实验 ·· 317

8.4　光缆传输通道测试实验 ·· 325

参考文献 ·· 333

第1章 综合布线系统概论

通过本章学习，了解综合布线系统的概念、综合布线系统的特点以及综合布线的标准；熟悉综合布线系统的组成与综合布线系统工程建设流程。

1.1 综合布线系统概述

1.1.1 综合布线的产生

传统布线，如电话线缆、有线电视线缆、计算机网络线缆都是各自独立的，各系统是由不同单位各自设计和安装完成的，分别采用不同的线缆和不同的终端插座。由于各个系统的终端插座、终端插头和配线架等设备都无法兼容，所以当设备需要移动或更换时，就必须重新布线。这时不仅要增加资金的投入，同时还导致建筑物内线缆杂乱无章，造成很大的安全隐患，给改造与维护带来困难。

早在20世纪50年代初期，一些发达国家就在高层建筑中采用电子器件组成控制系统，将各种仪表、信号显示灯以及操作按键通过各种线路连接至分散在现场各处的机电设备上，从而实现对设备运行状况的集中监控。由于电子器件较多，线路又多又长，控制点数目受到很大的限制。随着微电子技术的发展，20世纪60年代，开始出现数字式自动化系统。20世纪70年代，建筑物自动化系统开始采用专用计算机系统进行管理。从20世纪80年代后，随着超大规模集成电路技术和信息技术的发展，出现了智能化建筑物。自1984年首座智能建筑在美国出现后，传统布线的不足就更加暴露出来。

随着全球社会信息化与经济国际化的深入发展，人们对信息共享的需求日趋迫切，因此需要一个满足信息时代需求的布线方案。美国电话电报（AT&T）公司的贝尔（Bell）实验室的专家们经过多年的研究，在该公司办公楼和工厂试验成功的基础上，于20世纪80年代末率先推出SYSTIMAXPDS（建筑与建筑群综合布线系统），并于1986年通过美国电子工业协会和电信工业协会的认证，于是综合布线系统很快得到世界的广泛认同并在全球范围内推广。此后，美国西蒙（Siemon）公司、安普（AMP）公司，德国科隆（Krone）公司等也相继推出了各自的综合布线产品。

20世纪80年代后期，我国也开始引入综合布线系统，并在90年代得到了迅速发展。目前，综合布线系统已成为我国现代化智能建筑中必备的基础设施，也是建筑工程、通信工程及安装施工相互结合的一项十分重要的内容。

1.1.2 综合布线与智能建筑

智能建筑是现代高新技术的结晶，是建筑艺术与信息技术相结合的产物。智能建筑将建筑、通信、计算机和监控等方面的先进技术相互融合，集成为一个优化的整体。美国智能化建筑学会对智能建筑的定义是：智能建筑是将结构、系统、服务、运营及相互关系全面综合，达到最佳组合，获得高效率、高性能与高舒适性的大楼。它将所用系统的主要设备放置于建筑的控制中心进行统一管理，然后通过综合布线系统与放置于各个房间或通道内的通信终端（如计算机、电话机、传真机等）和传感器（如温度、压力、烟雾等传感器）连接，获取建筑内的各种信息，再由控制中心的计算机进行处理，控制通信终端和传感器作出正确的反映（如各种电气开关、电子门锁等）。通过智能化控制，实现对建筑内的供配电、给排水、照明、通信、空调、消防和安保等多项服务的集中控制，从而更易于管理。

智能建筑的主要特征可以归纳为以下 4 个方面：

(1) 楼宇自动化（Building Automation，BA）。

(2) 通信自动化（Communication Automation，CA）。

(3) 办公自动化（Office Automation，OA）。

(4) 布线综合化（Generic Cabling，GC）。

前三大特征综合起来就得到 3A 智能建筑。一幢智能建筑通常由控制中心、楼宇自动化系统（BAS）、办公自动化系统（OAS）、通信自动化系统（CAS）和综合布线系统（GCS）5 个部分组成。智能建筑的系统组成如图 1-1 所示，其中 DSS 表示办公自动化中的决策支持系统。

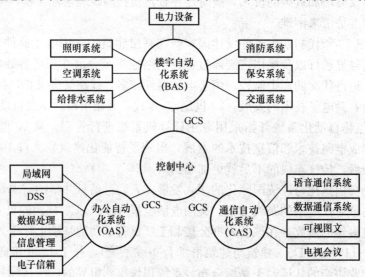

图 1-1 智能建筑系统组成

综合布线系统是满足实现智能建筑综合服务需要的基础通信设施，用于传输数据、语音、图像、图文等多种信号，是智能建筑的重要组成部分。综合布线系统犹如建筑内的一条信息高速公路，可以通过统一规划设计，将各种连接线缆综合布设在建筑物内。至于楼内安装或增设什么应用系统，则完全可以根据时间和需要、发展与可能陆续进行投入。尤其目前兴建的高大楼群，如何与时代应用需求同步，如何能适应科技发展的需要，又不增加过多的投资，尽早搭建综合布线平台是最佳选择。而在没有综合布线系统的建筑中，各种设施和设备因无信息传输媒质连接而无法相互联系、正常运行，智能化功能难以实现，这时的建筑物仅仅是一幢只有土木结构和基本使用价值的栖息之地，也就不能称为智能化建筑。

总之，综合布线只是大楼内各种智能化系统的信息传输通道，建筑物采用综合布线，不等于实现了智能化，但建筑物不采用综合布线，则不能称之为智能化建筑。只有把建筑内的通信、计算机和各种设备及设施，在一定的条件下纳入综合布线系统，相互连接形成完整配套的整体，才能赋予它们智能化的功能。综合布线是随着智能建筑的产生而产生，随智能建筑的发展而发展的，它将随着现代信息技术在智能建筑中的广泛应用而迅速发展。

1.1.3　综合布线系统组成

综合布线系统是一种模块化的、灵活性极高的、布设于建筑物内或建筑群之间的信息传输通道，既能使楼内的语音、数据、图像设备和交换设备与其他信息管理系统彼此相连，也能借助电信线路使这些设备与外部网络相连接。如图 1-2 所示，国家标准《综合布线系统工程设计规范》（GB 50311—2007）中将综合布线系统划分为 7 个子系统，它们分别是工作区、配线子系统、干线子系统、建筑群子系统、设备间、进线间和管理子系统。从图 1-2 中可以看出，这七个部分中的每一部分都相互独立，可以单独设计、单独施工；更改其中一个部分时，不会影响其他部分。下面将依次介绍这 7 个组成部分。

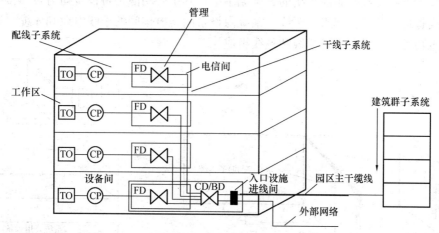

图 1-2　综合布线系统组成结构图

FD—楼层配线设备；BD—建筑物配线设备；CD—建筑群配线设备；CP—集合点；TO—信息插座

1. 工作区

工作区是指从信息插座延伸到终端设备的整个区域，一个独立的需要设置终端设备的区域宜划分为一个工作区。工作区可支持电话机、数据终端、计算机、电视机、监视器以及传感器等终端设备。它由终端设备连接到预设信息插座的连接线（或称接插线）和插头及适配器组成，在用户终端设备与连接水平子系统的信息插座之间，起着桥梁的作用，工作区子系统的组成如图 1-3 所示。

需要注意的是，信息插座模块尽管安装在工作区，但它是属于配线子系统的组成部分。

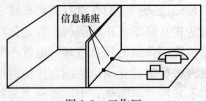

图1-3 工作区

2. 配线子系统

配线子系统又称水平子系统，是干线子系统经楼层配线间的管理区与工作区的信息插座之间的布线。配线子系统通常分布在同一楼层上，线缆一端接在配线间的配线架上，另一端接在信息插座上，它是用户终端设备独享的信道。配线子系统也是综合布线系统工程用线量最大、建设质量要求最高的部分。

如图1-4所示，配线子系统由安装在工作区的信息插座模块、信息插座模块至电信间配线设备的配线电缆和光缆、电信间的配线设备及设备缆线和跳线等组成。在综合布线系统中，配线子系统要根据建筑物的结构合理选择布线路由，还要根据所连接不同种类的终端设备选择相应的线缆。

3. 干线子系统

干线子系统也称为垂直子系统，是整个建筑物综合布线系统的主干中枢部分。如图1-5所示，干线子系统是综合布线系统的数据流主干，其主要功能是将设备间与各栋楼宇（或楼层）的布线管理设备连接起来。干线子系统由设备间至电信间的干线电缆和光缆、安装在设备间的建筑物配线设备及设备缆线和跳线组成。

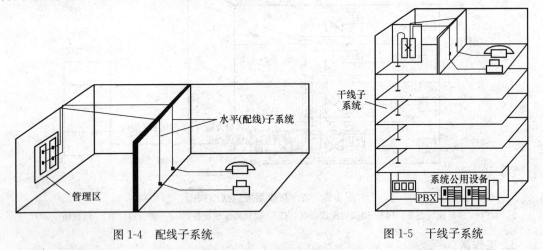

图1-4 配线子系统   图1-5 干线子系统

干线子系统一般采用大对数双绞线电缆或光缆，两端分别端接在设备间和楼层电信间的配线架上。干线线缆的规格和数量由每个楼层所连接的终端设备类型及数量决定。

4. 建筑群子系统

大中型计算机网络多分布于多栋建筑物，建筑群是指由两个及两个以上建筑物组成的建筑物群体。这些建筑物彼此之间要进行信息交流。如图1-6所示，建筑群子系统由连接多个建筑物之间的主干电缆和光缆、建筑群配线架（Campus Distributor，CD）、交换设备缆线和跳线以及防止浪涌电压随同电缆进入建筑物的电气保护设施组成。

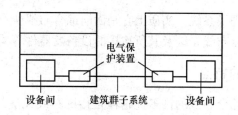

图 1-6　建筑群子系统

建筑群子系统提供了楼群之间通信所需的硬件，常用大对数电缆和室外光缆作为传输线缆。

5. 设备间

设备间俗称主机房，是在每幢建筑物的适当地点进行网络管理和信息交换的场地。对于综合布线系统工程设计，设备间主要用于安装建筑物配线设备。其他公用设备，如电信部门的中继接口、电话交换机、网络交换机、建筑物入口区保护设施装置、接地装置也可与配线设备安装在一起。

如图 1-7 所示，设备间子系统由设备间内安装的电缆、连接器和相关的支撑硬件组成。设备间的主要作用是把公共系统设备的各种不同设备互连起来。为便于设备搬运，节省投资，设备间的位置最好选定在建筑物的第二层或第三层。

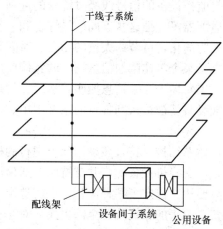

图 1-7　设备间子系统

6. 进线间

进线间是建筑物外部通信和信息管线的入口部位，并可作为入口设施和建筑群配线设备的安装场地。GB 50311—2007 实施以前一般将进线间归入设备间。

建筑群主干电缆和光缆、公用网和专用网电缆、光缆及天线馈线等室外线缆进入建筑物时，应在进线间前端转换成室内电缆、光缆。

7. 管理

管理是对工作区、电信间、设备间、进线间的配线设备、缆线和信息插座模块等设施按一定的模式进行标识和记录的规定，包括管理位置方式、标签的颜色与编号标识方案、连接方法等内容。这些内容的实施，将给日后维护和管理带来很大的方便，有利于提高管理水平和工作效率。

有时也将管理称为管理子系统，实质上它是面向综合布线所有设备与线缆，提供各个部分的有序连接，使整个综合布线系统及其所连接的设备、器件等构成一个完整的体系。

1.1.4 综合布线系统的特点

与传统布线相比较，综合布线的许多优越性是传统布线无法相比的。综合布线在设计、施工和维护方面给人们带来了许多方便，其特点主要表现在兼容性、开放性、灵活性、可靠性、先进性和经济性等方面。

1. 兼容性

综合布线的首要特点是它的兼容性。所谓兼容性是指它能够同时接受、容纳、适用不同的应用系统。综合布线将语音、数据与监控设备的信号线经过统一的规划和设计，采用相同的传输介质、信息插座、交连设备、适配器等，把这些不同信号综合到一套标准的布线中。

过去，为一幢大楼或一个建筑群内的语音或数据线路布线时往往是采用不同厂家生产的电缆线、配线插座以及接头等。例如，用户交换机通常采用双绞线，计算机系统通常采用粗同轴电缆或细同轴电缆。这些不同的设备使用不同的配线材料，而连接这些不同配线的插头、插座及端子板也各不相同，彼此互不相容。一旦需要改变终端机或电话机位置时，就必须敷设新的线缆，以及安装新的插座和接头。

综合布线将语音、数据与监控设备的信号线经过统一的规划和设计，采用相同的传输媒体、信息插座、交连设备、适配器等，把这些不同信号综合到一套标准的布线中传输。由此可见，这种布线比传统布线大为简化，可节约大量的物资、时间和空间。

在使用时，用户可不用定义某个工作区的信息插座的具体应用，只把某种终端设备（如个人计算机、电话、视频设备等）插入这个信息插座，然后在管理间和设备间的交接设备上做相应的接线操作，这个终端设备就被接入到各自的系统中了。

2. 开放性

综合布线系统采用开放式体系结构，符合多种国际上现行的标准，几乎对所有厂商的产品都是开放的，如计算机设备、交换机设备等，并支持所有通信协议。

对于传统的布线方式，只要用户选定了某种设备，也就选定了与之相适应的布线方式和传输媒体。如果更换另一设备，原来的布线就要全部更换。对于一个已经完工的建筑物，这种变化是十分困难的，要增加很多投资。综合布线由于采用开放式体系结构，符合多种国际现行的标准，因此它几乎对所有著名厂商的产品都是开放的，如计算机设备、交换机设备等；并对所有通信协议也是支持的，如 ISO/IEC 8802-3、ISO/IEC 8802-5 等。

3. 灵活性

传统布线系统的体系结构是固定的，不考虑设备的搬迁或增加，因此设备搬移或增加后就必须重新布线，耗时费力。综合布线采用标准的传输线缆、相关连接硬件及模块化设计，所有的通道都是通用性的，所有设备的开通及变动均不需要重新布线，只需增减相应的设备并在配线架上进行必要的跳线管理即可实现。综合布线系统的组网也灵活多样，同一房间内可以安装多台不同的用户终端，如计算机、电话和电视等，这样为用户组织信息流提供了必要条件。

4. 可靠性

传统的布线方式由于各个应用系统独立安装，因而在一个建筑物中往往要有多种布线方案。当各应用系统布线不当时会造成交叉干扰，无法保障各应用系统的信号高质量传输。

综合布线采用高品质的材料和组合压接的方式构成一套高标准的信息传输通道。所有线缆和相关连接器件均通过 ISO 认证，每条通道都要经过专业测试仪器对链路的阻抗、衰减及串扰等各项指标进行严格测试，以确保其电气性能符合认证要求。应用系统全部采用点到点端接，任何一条链路故障均不影响其他链路的运行，从而保证整个系统的可靠运行，且各应用系统往往采用相同的传输媒体，因而可互为备用，提高了冗余性。

5. 先进性

当今社会信息产业飞速发展，特别是多媒体信息技术使数据和语音传输界限被打破，因此现代建筑物如若采用传统布线方式，就不能满足当今信息技术应用的需要，更不能适应未来信息技术的发展。近年来随着人们对计算机网络速率提升需求的快速增长，综合布线技术所推出的新产品总是走在最新的因特网标准的前列，并且能够为高质量地传输宽带信号提供多种解决方案。因此，可以说综合布线是 IT 行业最前沿、发展最迅速的技术之一。

6. 经济性

综合布线与传统的布线方式相比，是一种既具有良好的初期投资特性，又具有很高的性能价格比的高科技产品。综合布线系统可以兼容各种应用系统，又考虑了建筑内设备的变更及科学技术的发展，因此可以确保大厦建成后的较长一段时间内，满足用户应用不断增长的需求，节省了重新布线的额外投资。

综合布线较好地解决了传统布线方法存在的许多问题，随着科学技术的迅猛发展，人们对信息资源共享的要求越来越迫切，尤其以电话业务为主的通信网逐渐向综合业务数字网过渡，越来越重视能够同时提供语音、数据和视频传输的集成通信网。因此，综合布线取代传统布线，是"信息时代"的要求，是历史发展的必然趋势。

1.2　综合布线系统标准与设计等级

综合布线系统是在信息技术发展的基础上产生的，随着信息技术的发展，布线技术也在不断推陈出新。与之相适应，布线系统相关标准也得到了不断地发展与完善。国际标准化组织 ISO、通信工业协会 TIA、电子工业协会 EIA、国际电工委员会 IEC、美国国家标准协会 ANSI 和欧洲标准化委员会 CENELEC 都在不断更新标准以满足技术和市场的需求。我国也不甘落后，国家质监总局、住房和城乡建设部根据我国国情并力求与国际接轨而制定了相应的标准，促进和规范了我国综合布线技术的发展。

1.2.1　制定标准的组织

1. ISO 国际标准化组织

国际标准化组织（International Organization for Standardization）是一个非官方的国际性标准制定机构。该组织于 1947 年创建于瑞士日内瓦，是一个完全自愿的、致力于国际标准制定的机构。ISO 在科学、技术和经济等领域的标准开发，所涉及的内容之广泛是其他组织无法相比的。在综合布线方面，其主要与 IEC（国际电工委员会）、ITU（国际电信联盟）共同颁布了 ISO/IEC 11801—1995《信息技术—用户通用布线标准》的国际布线标准。于 2002 年 8 月正式通过了第二版 ISO/IEC 11801—2002，给综合布线技术带来了革命性的影响。

2. TIA/EIA 通信工业协会/电子工业协会

TIA/EIA 是两个不同的组织机构。TIA 是通信工业协会（Telecommunication Industry Association)的英文缩写，EIA 是电子工业协会（Electronic Industry Association）的英文缩写。

1991 年，TIA/EIA 合作颁布了 ANSI/TIA/EIA 568-A《商业建筑物通信布线标准》，并不断改进，其后又陆续发布了 ANSI/TIA/EIA 568-B、ANSI/TIA 568-C 等标准。这些标准成了布线技术发展的重要文献。

3. IEC 国际电工委员会

IEC（International Electrotechnical Commission）是国际电工委员会的英文缩写。这是一家成立于 1906 年的国际电工专业组织，主要颁布与电子电气有关的技术标准，并促进国际合作。在综合布线方面，于 1995 年与 ISO 合作开发了 ISO/IEC 11801—1995《信息技术——用户通用布线标准》。

4. ANSI 美国国家标准协会

ANSI（American National Standard Institute）是美国国家标准协会的英文缩写。这是一个完全与美国联邦政府无关的非盈利组织，由 5 家工程学会和 3 家美国政府机构于 1918 年创立。在综合布线方面，与 TIA/EIA 合作颁布的《商业建筑物通信布线标准》，对综合布线的发展作用显著。

5. CEN 欧洲标准化委员会

CEN 是欧洲标准化委员会的英文缩写。这是一个立足欧洲面向全球的国际性标准组织。在计算机网络和综合布线方面的贡献是积极参与千兆网络标准以及新的 6 类和 7 类布线系统标准的制定。

1.2.2 综合布线系统标准

国际上流行的综合布线标准有美国的 ANSI/TIA/EIA 568、国际标准化组织的 ISO/IEC 11801、欧洲的 EN 50173 等。

1. 美国标准

综合布线标准最早起源于美国，美国电子工业协会负责制定有关界面电气特性的标准，美国通信工业协会负责制定通信配线及架构的标准。设立标准的目的是：建立一种支持多供应商环境的通用电信布线系统；可以进行商业大楼结构化布线系统的设计和安装；建立综合布线系统配置的性能和技术标准。

1）ANSI/EIA/TIA 568

1991 年 7 月，由美国电子工业协会/电信工业协会发布了 ANSI/TIA/EIA 568，即《商业建筑电信布线标准》，正式定义发布综合布线系统的线缆与相关组成部件的物理和电气指标。ANSI/TIA/EIA-568 经改进后于 1995 年 10 月正式将 ANSI/TIA/EIA 568 修订为 ANSI/TIA/EIA 568-A 标准，该标准包括了以下基本内容：①办公环境中电信布线的最低要求；②建议的拓扑结构和距离；③决定性能的传输介质参数指标；④连接器和引脚功能分配，确保互通性；⑤电信布线系统要求有超过 10 年的使用寿命。

自从 ANSI/EIA/TIA 568-A 发布以来，随着更高性能产品的问世和市场应用需求的改变，对这个标准也提出了更高的要求。委员会也相继公布了很多的标准增编（A1～A5）、临时标准以及技术公告（TSB）。为了简化下一代的 ANSI/TIA/EIA 568-A 标准，TR42.1

委员会决定将 2002 年的新标准"一化三"，每一部分与 ANSI/TIA/EIA 568-A 章节有相同的着重点。

（1）ANSI/TIA/EIA 568-B.1。第一部分 B.1 是一般要求，着重于水平和主干布线拓扑、距离、传输介质选择、工作区连接、开放办公布线、电信与设备间、安装方法以及现场测试等内容，它集合了 TIA/EIA TSB 67、TSB 72、TSB 75、TSB 95，ANSI/TIA/EIA 568-A.2、A.3、A.5，ANSI/TIA/EIA/IS 729 等标准中的内容。

（2）ANSI/TIA/EIA 568-B.2。第二部分 B.2 是平衡双绞线布线系统，着重于平衡双绞线电缆、跳线、连接硬件的电气和机械性能规范，以及部件可靠性测试规范、现场测试仪性能规范、实验室与现场测试仪比对方法等内容，它集合了 ANSI/TIA/EIA 568-A.1 和部分 ANSI/TIA/EIA 568-A.2、ANSI/TIA/EIA 568-A.3、ANSI/TIA/EIA 568-A.4、ANSI/TIA/EIA 568-A.5、TIA/EIA/IS729、TSB 95 中的内容，它有一个增编 B2.1，是第一个关于 6 类布线系统的标准。

（3）ANSI/TIA/EIA 568-B.3。第三部分 B.3 是光纤布线部件标准，用于定义光纤布线系统的部件和传输性能指标，包括光缆、光跳线和连接硬件的电气与机械性能要求、器件可靠性测试规范、现场测试性能规范等。该标准取代了 ANSI/TIA/EIA 568-A 中的相应内容。

2009 年，伴随着综合布线技术的发展，商用建筑电信布线标准又推出了 ANSI/TIA 568-C。ANSI/TIA 568-C 分为 C.0、C.1、C.2 和 C.3 共 4 个部分，C.0 为用户建筑物通用布线标准，C.1 为商业楼宇电信布线标准，C.2 为平衡双绞线电信布线和连接硬件标准，C.3 为光纤布线和连接硬件标准。

2）ANSI/EIA/TIA 570-A：住宅电信布线标准

ANSI/EIA/TIA 570-A 主要是新一代的家居电信布线标准，以适应现今及将来的电信服务。该标准提出了有关布线的新等级，并建立了一个布线介质的基本规范及标准，主要应用支持语音、数据、图像、视频、家居自动化系统、探头、警报及对讲机等服务。标准主要用于规划新建筑，更新增加设备，单体住宅及建筑群等。

3）ANSI/EIA/TIA-606：商业建筑通信基础设施管理标准

该标准的起源是 ANSI/EIA/TIA-568、ANSI/EIA/TIA-569 标准，在编写这些标准的过程中，委员会试图提出电信管理的目标，但是很快发现管理本身的问题应予以标准化，于是制定了 ANSI/TIA/EIA-606 标准。这个标准用于对布线和硬件进行标识，目的是提供与具体应用系统无关的统一管理方案。这是因为在建筑物的使用寿命内，应用系统大多会有多次的变化，通过综合布线系统的标签与管理可以使应用系统移动、增添设备以及更改更加容易、快捷。

4）ANSI/EIA/TIA-607：商业建筑物接地和接线规范

制定这个标准的目的是在于规范建筑物内的电信接地系统的规划设计和安装。该标准支持多厂商、多产品环境及可能安装在住宅的接地系统。

2. 国际标准

国际标准化组织/国际电工技术委员会（ISO/IEC）于 1988 年开始，在美国国家标准协会制定的有关综合布线标准的基础上做了修改，并于 1995 年 7 月正式公布第一版标准 ISO/IEC 11801—1995（E）《信息技术——用户建筑物综合布线》，作为国际标准供各个国家使用。目前该标准有 3 个版本，分别为 ISO/IEC 11801—1995、ISO/IEC 11801—2000 及 ISO/IEC 11801—2002。

ISO/IEC 11801—2000 是 ISO/IEC 11801—1995 的修订版，对第一版中"链路"的定义进行了修正，认为以往的链路定义应被永久链路和信道的定义所取代。此外，对永久链路和信道的等效远端串扰 ELFEXT、综合近端串扰、传输延迟做了规定。而且，修订稿提高了近端串扰等传统参数的指标。应当注意的是，修订稿的颁布，可能使一些全部由符合早期 5 类标准的缆线和元件组成的系统达不到 D 级类系统的永久链路和信道的参数要求。

ISO/IEC 11801—2002 是第二版，新定义了 6 类和 7 类线缆标准，同时将多模光纤重新分为 OM1、OM2 和 OM3 三类，其中 OM1 指目前传统 $62.5\mu m$ 多模光纤，OM2 指目前传统 $50\mu m$ 多模光纤，OM3 是新增的万兆光纤。

根据 ISO/IEC 11801—2002，综合布线应能在同一电缆中同时传输语音、数字、文字、图像、视频等不同信号。同时在若干布线组件结构标准中，特别提出了高达 1GHz 的传输频率以及所有相关信息传输共用电缆的可行性等。

3. 欧洲标准

英国、法国、德国等国于 1995 年 7 月联合制定了欧洲标准（EN 50173），供欧洲一些国家使用，该标准在 2002 年做了进一步的修订。

目前，国际上常用的综合布线标准如表 1-1 所示。

表 1-1　综合布线常用标准

制定的国家与组织	标准名称	标准内容	公布时间
美国	ANSI/TIA/EIA 568-A	商业建筑物电信布线标准	1995
	ANSI/TIA/EIA 568-A.1	传输延迟和延迟差的规定	
	ANSI/TIA/EIA 568-A.2	共模式端接测试连接硬件附加规定	
	ANSI/TIA/EIA 568-A.3	混合线绑扎电缆	
	ANSI/TIA/EIA 568-A.4	安装 5 类线规范	
	ANSI/TIA/EIA 568-A.5	5e 类新的附加规定	
	TSB 67	非屏蔽 5 类双绞线的认证标准	
	TSB 72	集中式光纤布线标准	
	TSB 75	开放型办公室水平布线附加标准	
	ANSI/TIA/EIA 568-B	商业建筑通信布线系统标准（B1～B3）	2002
	ANSI/TIA/EIA 568-B.1	综合布线系统总体要求	
	ANSI/TIA/EIA 568-B.2	平衡双绞线布线组件	
	ANSI/TIA/EIA 568-B.3	光纤布线组件	
	ANSI/TIA 568-C.0	用户建筑物通用布线标准	2009
	ANSI/TIA 568-C.1	商业楼宇电信布线标准	
	ANSI/TIA 568-C.2	平衡双绞线电信布线和连接硬件标准	
	ANSI/TIA 568-C.3	光纤布线和连接硬件标准	
	ANSI/TIA/EIA 569	商业建筑通信通道和空间标准	1990
	ANSI/TIA/EIA 570-A	住宅及小型商业区综合布线标准	1998
	ANSI/TIA/EIA 606	商业建筑物电信基础结构管理标准	1993
	ANSI/TIA/EIA 607	商业建筑物电信布线接地和保护连接要求	1994

制定的国家与组织	标准名称	标准内容	公布时间
欧洲	EN 50173	信息系统通用布线标准	1995
	EN 50174	信息系统布线安装标准	
	EN 50289	通信电缆试验方法规范	2004
ISO	ISO/IEC 11801	信息技术——用户建筑群通用布线国际标准第一版	1995
	ISO/IEC 11801	信息技术——用户建筑群通用布线国际标准修订版	2000
	ISO/IEC 11801	信息技术——用户建筑群通用布线国际标准第二版	2002

　　各国制定的标准都有所侧重，美洲一些国家制定的标准没有提及电磁干扰方面的内容，国际布线标准提及了一部分但不全面，欧洲一些国家制定的标准则很注重解决电磁干扰的问题。因此，美洲一些国家制定的标准要求使用非屏蔽双绞线及相关连接器件，而欧洲一些国家制定的标准则要求使用屏蔽双绞线及相关连接器件。

4. 中国标准

　　面对计算机网络技术从 10Mbit/s、100Mbit/s 和 1000Mbit/s 到 10Gbit/s 的快速发展以及欧美国际布线标准的提升，2007 年 4 月 6 日，中华人民共和国建设部和国家质量监督检验检疫总局联合发布了《综合布线系统工程设计规范》（GB 50311—2007）和《综合布线系统工程验收规范》（GB 50312—2007），并于 2007 年 10 月 1 日起实施。该标准参考了国际上综合布线标准的最新成果，对综合布线系统的组成、综合布线子系统的组成、系统的分级等进行了严格的规范，新增了 5e 类、6 类和 7 类铜缆相关标准内容。

　　GB 50311—2007、GB 50312—2007 与国际标准的主要差异和特点如下：

　　（1）保持 3 类和 5 类布线的基本链路和信道的测试规范，支持已经安装的布线系统的评估。

　　（2）对于 5e、6 和 7 类的测试参数、曲线与门限值与 ISO/IEC 11801—2002 的要求相呼应，但不采用插入损耗大于 4dB 时，对 NEXT、PSNEXT 和 ACR 不做评估的特例。

　　（3）《综合布线系统工程设计规范》（GB 50311—2007）规定，当温度提升 5℃时，永久链路的最大长度需要减少 1～2m。

　　（4）对于光缆，需要对每一条光缆的两个方向都要进行衰减和长度指标测试。

　　（5）在 GB 50312—2007 的附录 7.0.2 中，参照 TIA TSB 155 提出了对光纤链路的等级 1（必须）和等级 2（可选）认证测试的建议。在等级 2 中，要求对每条光纤做出 OTDR 曲线，以此来加强对光缆的质量控制。

　　（6）明确要求所用测试仪应有国际和国内检测机构的认证书和计量证书。

　　总之，我国标准以国际标准的技术要求为主，避免了布线产品厂商对标准应用时的误导；内容符合国家的法规政策，满足电信业务的竞争机制要求；许多数据、条款更贴近工程实际应用，可操作性强，且留有发展余地。我国这一新布线标准的出台将会进一步推动布线市场的新发展。

　　在进行综合布线设计时，具体标准的选用应根据用户的需求、投资金额等多方面来决定，按照相应的标准或规范来设计。我国主要的综合布线标准如表 1-2 所示。

表 1-2 我国综合布线标准

制定部门	标准名称	标准内容	公布时间
中国工程建设标准化协会	CECS 72	建筑与建筑群综合布线系统工程设计规范	1997
	CECS 89	建筑与建筑群综合布线系统工程验收规范	
	CECS 119	城市住宅建筑综合布线系统工程设计规范	2000
信息产业部	YD/T 9261.3	大楼通信综合布线系统	1997
	YD 5082	建筑与建筑群综合布线系统工程设计施工图集	1999
	YD/T 1013	综合布线系统电气特性通用测试方法	1999
	YD/T 1460.3	通信用气吹微型光缆及光纤单元	2006
国家质监总局与建设部	GB/T 50311	建筑与建筑群综合布线系统工程设计规范	2000
	GB/T 50312	建筑与建筑群综合布线系统工程验收规范	
	GB 50311	综合布线系统工程设计规范	2007
	GB 50312	综合布线系统工程验收规范	

1.2.3 综合布线其他相关标准

1. 防火标准

国际上综合布线电缆的防火测试标准有 UL910 和 IEC 60332,其中 UL910 等标准为美国、加拿大、日本和墨西哥使用,UL910 标准的指标高于 IEC 60332-1 及 IEC 60332-3 标准。

此外,建筑物综合布线涉及的防火设计标准还应依据国内相关标准《建筑设计防火规范》(GB 50016)、《高层民用建筑设计防火规范》(GB 50045)、《建筑内部装修设计防火规范》(GB 50222)。

2. 机房及防雷接地标准

机房及防雷接地设计可参照的国家标准有:《建筑物防雷设计规范》(GB 50057)、《电子信息系统机房设计规范》(GB 50174)、《计算机场地技术要求》(GB 2887)、《建筑物电子信息系统防雷技术规范》(GB 50343)、《防雷保护装置规范》(IEC 1024-1)、《商业建筑电信接地和接地要求》(J-STD-607-A)等。

3. 智能建筑和智能小区相关标准与规范

在国内,综合布线的应用可分为建筑物、建筑群和智能小区。许多布线项目就与智能大厦集成项目、网络集成项目和智能小区集成项目密切相关。目前信息产业部、住房和城乡建设部都在加快这方面标准的起草和制订工作,已经出台或正在制订中的标准与规范如下:

(1)《智能建筑设计标准》(GB/T 50314—2015)推荐国家标准,2015 年 11 月 1 日起施行。

(2)《智能建筑弱电工程设计施工图集》(GJBT-471)(97X700),1998 年 4 月 16 日施行。

(3)《城市住宅建筑综合布线系统工程设计规范》(CECS 119:2000)。

(4)《城市居住区规划设计规范》(GB 50180—93)(2002 年版)。

(5)《住宅设计规范》(GB 50096—2011)。

（6）《用户接入网工程设计暂行规定》（YD/T 5032－2005）。

（7）《民用建筑电气设计规范》（JGJ/T 16－2008）。

（8）《绿色生态住宅小区建设要点与技术导则》（试行）。

（9）《居住小区智化系统建设要点与技术要求》（CJ/T 174－2003）。

另外，还有一些地方标准和规范。

1.2.4　综合布线系统的设计等级

智能建筑综合布线系统的设计等级，完全根据用户的实际需要，不同的要求可以给出不同的设计等级。通常，综合布线系统的设计等级可以分成基本型、增强型和综合型三大类。

1. 基本型设计等级

基本型设计等级是一个经济有效的布线方案。它支持语音或综合型语音/数据产品，并能够全面过渡到数据的异步传输或综合型布线系统。其基本配置为：

（1）每一个工作区有 1 个信息插座。

（2）每一个工作区有 1 条水平布线（4 对 UTP）系统。

（3）完全采用 110A 交叉连接硬件，并与未来的附加设备兼容。

（4）每个工作区的干线电缆至少有 4 对双绞线，两对用于数据传输，两对用于语音传输。

基本型设计等级的特性为：

（1）能够支持所有语音和数据传输的应用。

（2）支持语音、综合型语音/数据高速传输。

（3）便于维护人员维护、管理。

（4）能够支持众多厂家的产品设备和特殊信息的传输。

2. 增强型设计等级

增强型设计等级不仅支持语音和数据的应用，还支持图像、影像、影视、视频会议等。它具有为增加功能提供发展的余地，并能够利用接线板进行管理。其基本配置为：

（1）每个工作区有 2 个以上信息插座。

（2）每个信息插座均有水平布线 4 对 UTP 系统。

（3）具有 110A 交叉连接硬件。

（4）每个工作区的电缆至少有 8 对双绞线。

增强型设计等级的特点为：

（1）每个工作区有 2 个信息插座，灵活方便、功能齐全。

（2）任何一个插座都可以提供语音和高速数据传输。

（3）便于管理与维护。

（4）能够为众多厂商提供服务环境的布线方案。

3. 综合型设计等级

综合型设计等级适用于综合布线系统中配置标准较高的场合，它是用双绞线和光缆混合组网的。其基本配置为：

（1）每个工作区有 2 个或者 2 个以上信息插座。

（2）在建筑、建筑群的干线或水平布线子系统中配置 $62.5\mu m$ 的光缆。

（3）在每个工作区的干线电缆中配有 4 对双绞线。

（4）每个工作区的电缆中应有 2 对以上的双绞线。

综合型设计等级的特点为：

（1）每个工作区有 2 个以上的信息插座，不仅灵活方便而且功能齐全。

（2）任何一个信息插座都可供语音和高速数据传输。

（3）有一个很好的环境为用户提供服务。

综合布线系统的设计方案不是一成不变的，而是随着环境、用户要求来确定的。在设计时需考虑以下方面：

（1）尽量满足用户的通信要求。

（2）了解建筑物、楼宇间的通信环境。

（3）确定合适的通信网络拓扑结构。

（4）选取适用的介质。

（5）以开放式为基准，尽量与大多数厂家产品和设备兼容。

（6）将初步的系统设计和建设费用预算告知用户。

1.2.5　综合布线系统产品选择原则

目前综合布线产品种类繁多，价格和品质差异也较大，为了保证布线系统的可靠性必须选择真正符合标准的产品。目前国内广泛使用的综合布线产品主要有美国安普（AMP）的开放式布线系统（Open Wiring System）、美国朗讯（Lucent）的 SYSTIMAXSCS 布线系统、美国西蒙（SIEMON）公司推出的 SIEMON Cabling 布线系统、加拿大丽特（NOR-DX/CDT）公司的 IBDN（Integrated Building Distribution Network）布线系统、德国克罗内（KRONE）的 K. I. S. S（KRONE Integrated Structured Solutions）布线系统等。这些产品性能良好，质量可靠，都通过了相关的认证，而且都提供 15 年以上的质量保证。

随着综合布线系统在国内的普及，也有部分国内厂家开始生产综合布线产品，如中国普天和 TCL 的综合布线产品等。国内综合布线产品在技术上虽然还与国外著名厂商有一定差距，但也基本上达到了综合布线系统的标准和要求，且绝大部分厂家的产品通过了相关机构的认证，因此在性能指标和价格满足要求的情况下，应考虑优先选择国内的综合布线产品。

不同厂家的产品虽然在外形尺寸上基本相同，但电气性能、机械特性差异较大，为了保证整个系统的兼容性和稳定性，在实施综合布线工程时应选择统一的、高性能的布线材料。在综合布线所需产品的选择上，应该考虑以下几个方面：

（1）未来应用对综合布线系统的需求。例如，如果对于系统的保密、抗干扰特性要求较高，就可以考虑采用屏蔽系统；金融、证券、安全和信息服务等行业则应尽早选用较高等级的布线系统，以提供高速宽带的网络基础设施。

（2）综合布线系统是一个综合而完整的体系，有一套在接口和电气性能等各方面都保持一致的传输介质和接插件。因此，一项布线工程不宜选择多家产品以及不同性能等级的产品。

（3）综合布线是一种产业，有自己的行业规范和技术标准。一般的厂家全都宣称自己的产品符合国内外几乎所有标准。这主要是因为，一方面这些标准相互之间都是比较兼容的，例如欧洲标准的某些部分就是在国际标准的基础之上制定而成的；另一方面，随着设计水平与加工工艺的不断提高，各厂家的产品都在推陈出新。可以说，符合标准已不再是什么高的要求了。从这一点来说，应该选择那些不但符合标准，而且性能更为优越，并且性能价格比高的产品。

（4）综合布线工程完成的是一项具有较长生命周期的建设。从这一点来说，任何布线商家所提供的 15 年甚至 25 年保用期都不为过。

（5）在建设一项综合布线工程时，所要考虑的不仅仅是产品品牌，还应该去评估集成商在系统设计、安装方面是否具有足够的资质、实力和良好的业绩，是否具有完善的售后服务机制。

1.3　综合布线系统工程建设流程简介

综合布线系统建设是一个复杂的工程项目，而项目的执行是指在限定的时间、限定的资源和限定的质量标准等条件约束下，为了达到设定的目标，完成相互协调、彼此受控的系列活动的过程。综合布线系统建设是典型的工程建设项目，在工程开始立项之际，就要纳入项目建设的全过程。综合布线系统建设流程如图 1-8 所示，了解其中的要点和应注意的问题，才能使项目建设少走弯路，运行后产生预期的投资效益。

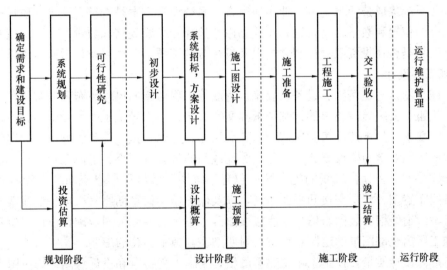

图 1-8　综合布线系统工程建设流程

1.3.1　综合布线系统的需求分析

在综合布线系统工程规划和设计之前，必须对用户信息需求进行调查和预测，这也是建设规划、工程设计和以后维护管理的重要依据之一。需求分析对于任何项目都是一个必需的过程，不管是对建设单位（或用户）、系统集成商还是产品供应商，充分了解双方的情况，充分了解网络需求的情况，都具有实际的意义。

在需求分析中，通过对用户方实施综合布线系统的相关建筑物进行实地考察，由用户方提供建筑工程图，从而了解相关建筑结构，分析施工难易程度，并估算大致费用。在综合布线系统需求分析时，还应根据建设单位提出的信息点位置和数量要求，参考建筑平面图、装修平面图等资料，结合综合布线经验，考查待建布线施工的现场情况，以初步确定信息点数目与位置、主干路由设置方案以及设备的基本需求，并明确综合布线系统的建设目标。

1.3.2 综合布线系统的总体规划

规划阶段是系统建设的最初决策阶段。业主在委托咨询单位、设计单位编制项目建议书和撰写项目可行性研究报告中，就要将综合布线纳入信息化应用的基础设施建设内容，并确定其建设目标和投资估算。

1.3.3 综合布线系统的设计

综合布线系统的设计阶段一般可分为初步设计、系统设计和施工图设计三个阶段。

1. 初步设计

初步设计一般由业主委托的设计单位完成。综合布线的初步设计是决定工程采用何种技术方案的概念性设计，内容包括采用技术、工艺、设备的要求；系统的应用等级；如何达到规划决策阶段的质量标准，并使工程概算控制在投资限额之内。

2. 系统设计

系统设计阶段将初步设计的内容具体化。目前我国在这个阶段一般通过招投标选择有资质的专业化系统集成公司来完成。业主应审查：系统设计方案是否符合预定的质量标准和要求；信息点的位置和数量是否合适；布线路由的选择和缆线规格和数量，产品选型等；同时审查投标概算是否在投资限额控制之内以及投标方的资质、业绩以及售后服务承诺。

3. 施工图设计

设计施工图是对建筑物、设备、设施、管线等工程对象的尺寸、布置、选材、构造、相互关系、施工及安装质量要求的详细图纸和文字说明，是指导施工的直接依据。设计深度必须满足一定要求，如土建施工时所需预留孔洞尺寸、位置，预埋件和线槽桥架的定位、尺寸以及走向的工艺要求与敷设方式，设备间和配线间的位置、大小、平面布置，与其他弱电子系统的配线协调等。综合布线的施工图应包含系统图、各楼层信息点布置和管线布局平面图、设备间布置图、楼层交接间平面布局，以及保护器、信息插座、机柜、配线架安装工艺详图，各种管道线槽安装图、信息插座接线图等。中标的专业公司应配合设计单位各相关专业完成施工所需全部图纸的绘制和设备材料明细表与施工预算的编制。

为了提高设计质量，使施工单位熟悉图纸，了解工程特点和设计意图，修正图纸错误和解决技术难题，业主应在施工图设计完成后组织设计单位、中标的专业公司和施工单位及其他有关单位技术负责人进行图纸会审，写出会议纪要。图纸会审中综合布线系统会审的主要内容有：各设计图之间是否一致，信息点标记是否遗漏，平面图中线缆管线、信息插座与构筑物之间有无矛盾冲突，布局是否合理，安装有否不能实现或难于实现等技术问题。

1.3.4 综合布线系统的施工

综合布线工程实施的主要环节包括：施工准备、工程施工和交工验收。

1. 施工准备环节

施工准备内容是保证建设项目具备开工和连续施工的基本条件，可分为组织准备、技术准备、现场准备和物资准备，可直接影响建设工期、施工质量、投资费用三大目标的完成。

　　施工组织准备：施工组织准备工作涉及业主单位、中标的专业公司、工程安装承包单位和监理单位。业主单位应建立建设项目管理机构，实行项目法人责任制；安装承包单位也应建立该项目的施工项目经理部。工程各方应分别编写自己的施工管理规划。在开工之前，承包单位的施工组织设计必须报业主和监理审批。

　　施工技术准备：施工技术准备主要包括技术交底、施工组织设计、技术培训与劳动组织准备，以及施工图预算的编制与审查。技术交底是在综合布线工程实施前逐级向有关的施工人员进行的技术操作要点宣讲，如施工工艺要求、质量标准、技术安全措施、规范要求和采用的施工方法以及图纸会审中涉及的要求及变更等内容。编制的施工组织设计应包括：工程概况、施工条件、施工部署及施工方案、施工进度计划、主要物资需用量计划、施工平面图、技术组织措施、主要技术经济指标等内容。

　　施工现场准备：主要是指施工现场条件准备。

　　施工器材、机具和永久设备准备：当批量器材进入工程现场后，除对所有器材进行核查验收外，还应针对线缆、接插件进行抽样测试，确保产品质量符合设计要求，便于工程竣工认证测试不合格时的责任区分。

2. 工程施工环节

综合布线系统安装施工程序如图 1-9 所示。

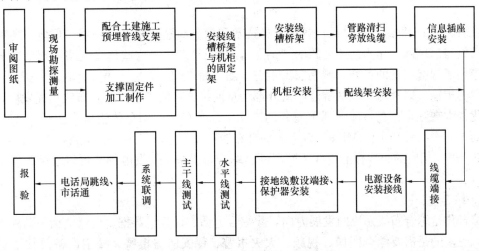

图 1-9　综合布线系统施工程序

　　工程施工中，工程各方应注意处理好质量、投资与进度三大控制目标之间的对立统一关系，如图 1-10 所示。

3. 交工验收环节

综合布线安装工程中，管线预埋、直埋线缆、接地极安装等都属于隐蔽工程。在下道工序施工前，这些工程均应由业主代表（监理）进行检查验收，并办好验收手续，纳入技术档案。

　　综合布线工程完成后，由业主委托具有相关资质的专业测试机构抽取总信息点数的10%进行认证测试，并依据国家相关技术规范和工程承包合同进行分项验收。验收合格的综合布线系统工程，业主可以投入使用。

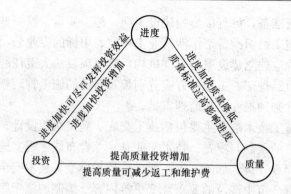

图 1-10　综合布线系统建设中质量、投资与进度三大目标之间的关系

1.3.5　综合布线系统的维护

三分建设、七分维护。维护是所有工程项目不可缺少的重要环节。当综合布线系统的通信链路和连接硬件出现故障时，应当快速做出响应，提供现场维护，排除故障点，并根据业主需要对系统进行扩充和修改。

1.4　综合布线系统的发展趋势

随着进入 21 世纪信息时代，各种信息技术和信息高速公路迅速发展，形成了各种类型的局域网与广域网。作为高速公路的"结点"，智能建筑成为这些信息网络的组成部分和归宿。应用于智能建筑的各种局域网层出不穷，随之而来的，为适应语音、数据、图像在智能建筑中的传输，以及与广域网智能建筑外部信息网络连接的需求，综合布线迅速发展，各种智能化技术在综合布线系统得到了充分的应用。综合布线的信息传输速率由低速 10Mbit/s 发展到 100Mbit/s 和 1000Mbit/s 以上。综合布线产品的类型已由 3 类发展到 5 类、超 5 类、6 类和 7 类，相应的布线标准也在不断更新。综合布线系统的发展趋势可以总结为以下几个方面。

1. 综合化

综合化是综合布线系统的发展方向，除综合电话、计算机数据、会议电话、监视电视等之外，更多的是需要综合图像、视频、火灾报警、保安防盗报警、楼宇设备及技术管理系统等。

当综合布线系统最早应用在国内智能建筑的时候，还只是作为语音和数据的传输通道，当时楼宇自动化系统、安保系统、消防系统等的布线仍然独立进行，因此可以说综合布线系统的应用意义并没有得到真正的完全实现。然而，随着国内对智能建筑集成化的要求不断提高，作为智能建筑"信息高速公路"综合布线系统不仅承担语音和数据传输的功能，更被要求能够与楼宇自动化系统、安保系统、消防系统等更紧密的结合使用。

2. 宽带化

综合布线系统主要是从窄带向宽带、从低速率向高速率方向发展。以太网技术在 20 多年里，在网络不断漫延、用户对带宽和网络互连的要求持续高涨的形势下，从 3Mb/s 发展到了 100Mb/s，又以较快的速度发展到了现在的 10G 以太网。

　　基于 Web 应用和综合多媒体应用的 Internet 接入需求的急剧膨胀，大大促进了对宽带网络的需求。6 类系统的推出为用户从真正意义上跨入千兆网络的时代奠定了坚实的基础。同时，光纤系统的价格也会由于应用扩大而降低，使更多的用户得以采用光纤到桌面的解决方案。

3. 智能化

　　传统的综合布线系统在安装完成后，用户会得到大量的图纸和记录表，日常管理只能依赖于这些纸质的文档资料和电子表格。当要进行跳线连接的改变时，工作人员必须先查阅相关资料，搞清连接路由，再到配线架找到相应的端口进行跳线连接的改变；完成后要及时更新相关文档和图纸表格等。如果更新不及时，随着连接关系改变的不断积累和人员的变化，必将产生大量的错误，需要大量的人力及时间才可能纠正这些错误。整个布线系统将成为一个极难管理的系统。

　　随着需求的推进，智能化布线系统应运而生。新的智能化布线系统用数据库代替原来的纸质文档和电子表格，查询方便，功能多样。跳线关系的改变，系统可以通过电子配线架实时自动检测出来，给出相应的提示，并自动更新数据库，使相关信息随时与实际连接状态保持一致，当需要进行手工跳线时，可以通过管理系统发出指令，引导操作人员在电子配线架上正确完成跳线操作，避免人为错误的发生。同时，管理软件通过图形化的界面可以使管理人员清晰地掌握整个布线系统，实现综合布线系统的电子化智能化管理。

习题 1

1. 综合布线系统是如何产生的？

2. 根据《综合布线系统工程设计规范》（GB 50311—2007），综合布线系统划分为哪几个组成部分？每部分在建筑中处于什么位置？每部分的主要作用是什么？

3. 与传统布线技术相比，综合布线技术有哪些特点？

4. 综合布线系统支持哪些信息系统应用？

5. 综合布线系统工程建设流程将整个工程划分为几个阶段？每阶段的主要工作是什么？

6. 国际上流行的综合布线标准有哪些？我国现阶段主要执行的是什么标准？在应用中如何选择相应的标准？

7. 综合布线系统的设计等级是如何划分的？在应用中如何选择合适的设计等级？

8. 综合布线与智能建筑有什么关系？具有综合布线系统的建筑就是智能建筑吗？

9. 在选择综合布线系统产品时，应该考虑哪些方面？

10. 如何理解综合布线系统的"智能化"发展趋势？

第 2 章　综合布线系统相关通信知识

学习目标

通过本章学习，掌握信息传输的基本知识，熟悉各种拓扑结构的要点，了解现今使用的各种宽带接入技术与多路复用技术。

2.1　信息传输基本知识

2.1.1　信息传输常用术语

1. 数据与信息

数据是携带信息的实体，信息则是数据的内容或解释。信息传输技术中的数据是指能够由计算机处理的数字、代码、字母和符号等。数据有多种表现形式，如文本数据、监控数据、报文数据等。

2. 信号和信号传输

信息传输技术中，数据以信号的形式传播，信号是携带数据的电压、电流、电磁波或电子编码脉冲电平；信号传输是指在各种信道上把信号从一个结点（地方）送到另一个结点（地方）的过程。

3. 模拟信号与数字信号

在通信系统中，利用电信号把信息从一个结点送到另一个结点。模拟信号和数字信号是电信号的两种表现形式，二者使用一定的手段可以相互转换。模拟信号是时间的连续函数，在通信系统中，模拟信号是一种连续变化的电磁波，以幅度和频率的变化来携带信息。数字信号是时间的离散函数，在通信系统中，数字信号是一系列电脉冲，以是否有脉冲和脉冲的分布来携带信息。

4. 信道

信道的作用是传输信号。通俗地说，信道是指以传输介质为基础的信号通路；具体地说，信道是指由有线或无线线路提供的信号通路；抽象地说，信道是指定的一段频带，它让信号通过，同时又给信号以限制和损害。

在数据通信系统中，对信道可以从广义和狭义两种不同的角度进行理解。从广义上来讲，传输介质与完成信号变换功能的设备都与信号传输相关，因此都可以将其包含在广义信道内。而狭义信道仅指传输介质（如对绞电缆、同轴电缆、光纤、微波、短波等）本身。通常来说，论述通信原理时常采用广义信道这一术语，在布线领域通常采用狭义信道的概念。

信道的具体分类方法如下：

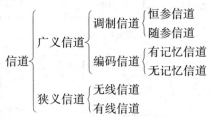

如图 2-1 所示，对于广义信道，根据具体的研究对象和所关心的问题，可以进一步划分为调制信道与编码信道。在研究调制解调问题时，需要了解已调信号通过信道传输后的信号特性，将从调制器输出端到解调器的输入端，包括所有设备和传输介质在内的部分，定义为调制信道。根据信道中的干扰是否随机变化，调制信道分为恒参信道与随参信道。在研究编码译码问题时，将从编码器输出端到译码器的输入端之间的所有组成部分定义为编码信道。编码信道可分为有记忆编码信道和无记忆编码信道。

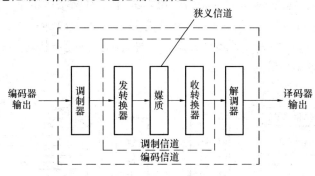

图 2-1　信道的定义

对于狭义信道，按照信道所采用传输介质的不同，可分为有线信道和无线信道。有线信道具有有形的导向传输介质，包括电缆与光缆等。无线信道具有非导向传输介质，包括中长波地表波传播、超短波及微波视距传播（含卫星中继）、短波电离层反射、超短波流星余迹散射、对流层散射、电离层散射、超短波超视距绕射等。

由于无线信道无需布线，综合布线系统研究的信道是有线信道，即连接两端应用设备的端到端的传输通道，具体包括配线线缆以及设备线缆、工作区用户线缆等。

5. 通信方式

如图 2-2 所示，当通信在一条信道上进行时，按照信息的传送方向分为单工、半双工全双工 3 种通信方式。

（1）单工通信方式：单方向传输信号，不能反向传输，即一端只发送，而另一端只接收，如收音机、大海航行灯塔等。

（2）半双工通信方式：既可单方向传输信号，也可以反方向传输，但不能同时进行，如半双工对讲机等。

（3）全双工通信方式：可以在信道两端的应用终端设备之间同时、双向互送信息，如电话等。

6. 传输方式

信号在传输通道上按时间传送的方式称为传输方式。如图 2-3（a）所示，当按时间顺序

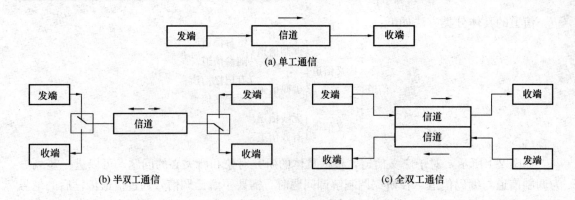

图 2-2　通信方式

一个码元接着一个码元地在通道上依次传输时，称为串行传输方式。串行传输方式只需要一条传输通道，在远距离通信时其优点尤为突出，如计算机网络中的数据是按串行方式传输的。另一种传输方式如图 2-3（b）所示，将一组数据在一个时间单元同时送到对方，由于需要多条传输通道，故而称为并行传输方式。这种传输方式速度快，但占用信道资源多，如CPU 与内存之间的数据传输通常采用并行方式。

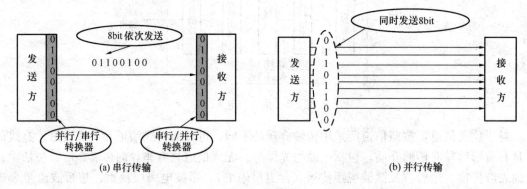

图 2-3　传输方式

7. 基带传输与频带传输

基带是指电信号所固有的基本频率范围，调制后的基带信号称为频带信号。

在信道中直接传送基带信号时，称为基带传输。进行基带传输的系统称为基带传输系统。基带传输时，传输介质的整个信道被一个基带信号占用，因此基带传输不需要调制解调器，具有设备花费小、速率高和误码率低等优点，适合短距离的数据传输。例如，从计算机到监视器、打印机等外设的信号都是基带传输的。此外，大多数的局域网使用基带传输，如以太网、令牌环网等，常见的网络设计标准 10BaseT 使用的就是基带信号。

在通信距离较远时，为了提高抗干扰能力和信道复用能力，一般不宜直接采用基带传输。此时，需要把基带信号变换成适合在信道中传输的频带信号，如网络电视和有线电视传输的都是频带信号。频带信号是数字基带信号经调制变换后的模拟信号，可以应用现有的大量模拟信道进行通信。频带信号经模拟传输媒体传送到接收端后，需再还原成原来的信号，因此在频带传输的发送端和接收端都要设置调制解调器。

8. 基本通信模型

通信就是将信号通过介质传输至目的地，点与点之间建立的通信系统是通信的最基本形式，基本通信模型如图 2-4 所示。

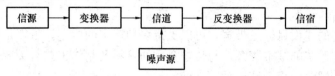

图 2-4 基本通信模型

（1）信源是指发出信息的信息源。在人与人之间的通信情况下，信源是指发出信息的人；在机器与机器之间通信的情况下，信源是发出信息的机器。不同的信源构成不同形式的通信系统，如对应语音形式信源的是电话通信系统，对应文字形式信源的是电报通信系统或传真通信系统等。

（2）变换器的功能是把信源发出的信息变换成适合在信道上传输的信号。一般分几步完成：首先把非电信号变成电信号，然后对电信号进行变换和处理，使它适合信道传输。在现代通信系统中，为满足不同的需求，需要进行不同的变换和处理，如调制、数模转换、加密等。

（3）信道是指信号传输的通道。不同的信号形式对应的信道形式也不同。一般来说，传输信道的类型有两种，一种是电磁信号在空间中自由传输，这种信道叫做无线信道；另一种是电磁信号被约束在某种传输线上传输，这种信道叫做有线信道。

（4）反变换器的功能是实现变换器的逆变换。变换器把不同形式的信息变换和处理成适合信道传输的信号，通常这种信号信息接收者是不能直接接收的，反变换器的作用就是把从信道上接收的信号变换为接收者可以接收的信息。

（5）信宿是信息传送的终点，也就是信息的接收者。它可以与信源相对应，构成人-人通信或机-机通信；也可以与信源不一致，构成人-机通信或机-人通信。

（6）噪声是信息传输过程中受到的各种干扰。噪声不是人为实现的实体，但在实际的通信系统中客观存在，在模型中将它集中表示。实际上，干扰噪声可能在信源处就混入了，也可能从变换设备中引入。此外，传输信道中的电磁感应以及接收端的各种设备都可能引入干扰。

2.1.2 信息传输的主要性能指标

信息传输的主要性能指标包括带宽与速率。在计算机网络领域，设计者关心特定传输介质在满足系统传输性能下的最高传输速率，因此数据传输速率被广泛采用；而在电缆行业则常用带宽，线缆上的带宽与线缆上的数据传送速率是两个不同的概念。

1. 信道容量

对任何一个通信系统，人们总希望它传递信息既有高速率，又有高质量。但这两项指标是互相矛盾的。也就是说，在一定的物理条件下，提高通信速率，就会降低其通信可靠性。信道容量的具体定义为：对于一个给定的物理信道，在传输差错率（即误码率）趋近于零的情况下，单位时间内可以传输的信息量。换句话说，信道容量是信道在单位时间里所能传输信息的最大速率。

信道传输容量是指信道在一定时间内通过或传输数据的总量。信道最大传输容量仅在理想条件下才可实现，而在现实环境下无法达到。系统元器件以及周围环境等干扰、噪声因素给信道的传输带来一定损害，从而影响通信系统的传输性能。

2. 带宽和速率

综合布线系统的建设目标是带宽，可以支持多种速率的应用。带宽是指信号可以传输的频率范围，是通信系统的基本资源，与传输介质的材料及制作工艺有关。速率表示信号传输节奏的快慢，与不同的应用系统有关。

带宽与速率的关系，如同高速公路的路宽与车速的关系。增加带宽就意味着提高道路的通行能力，而不是提高汽车的性能。增加带宽需要的是更大的可以利用的频率范围，而且要确保在这种频率下，信号的干扰和衰减是可以容忍的。通常高带宽意味着高速率，但高速率并不一定就是高带宽。

数据传输速率是描述数据传输系统的重要技术指标之一。数据传输速率在数值上等于每秒钟传输构成数据的二进制比特数。对于二进制数据，数据传输速率为

$$S = 1/T \tag{2-1}$$

式中，T 为发送每一比特所需要的时间。例如，如果在通信信道上发送一位 0、1 信号所需要的时间是 0.001ms，那么信道的数据传输速率为 1000000 比特/秒（bit/s）。

在实际应用中，常用的数据传输速率单位有：kbit/s、Mbit/s 和 Gbit/s。其中：1kbit/s $= 10^3$ bit/s，1Mbit/s $= 10^6$ kbit/s，1Gbit/s $= 10^9$ bit/s。

在综合布线系统中，人们总是用带宽来表示信道的数据传输速率。信道带宽与数据传输速率的关系可以由香农定理与奈奎斯特准则描述。

3. 香农定理

信息论中的香农定理给出了有扰模拟信道的带宽与传输速率之间关系的计算公式为

$$C = B \times \log_2\left(1 + \frac{S}{N}\right) \tag{2-2}$$

式中，C 为通过这种信道无差错的最大信息传输速率，单位为 bit/s；B 为信道的频带宽度，单位为 Hz；S 为信号的功率，单位为 W；N 为噪声的功率，单位为 W。$\frac{S}{N}$ 为由网络有源设备性能决定的信噪比。

由香农定理可得出以下结论：

（1）提高信号和噪声功率之比，能增加信道容量。

（2）当噪声功率 $N \to 0$ 时，信道容量 C 可以趋于无穷大，这意味着无扰信道的容量为无穷大。

（3）当信道应用系统一定时，可以选用不同的带宽和信噪比的组合来传输，即信道容量可以通过系统带宽与信噪比的互换而保持不变。

例如，如果 $\frac{S}{N} = 15$，$B = 5000$Hz，则可计算得 $C = 20000$bit/s；但是，如果 $\frac{S}{N} = 31$，$B = 4000$Hz，则可计算得同样的 C 值。这提示人们，为达到某个实际信息传输速率，在系统设计时可以采用不同的带宽与信噪比组合。但需要指出的是，$\frac{S}{N}$ 一定时，无限增大 B 并不能使 C 值也趋于无限大。

4. 奈奎斯特第一准则

奈奎斯特第一准则，即抽样点无失真准则，其主要内容可以描述为：如果信号经传输后整个波形发生了变化，但只要其特定点的抽样值保持不变，那么用再次抽样的方法仍然可以准确无误地恢复原始信码。奈奎斯特第一准则规定带限信道的理想低通截止频率为 f 时，最高无码间干扰传输的极限速率为 $2f$。因此，对于一个带宽为 B 的无噪声低通信道，最高的码元传输速率 R_{max} 为

$$R_{max} = 2B \qquad (2-3)$$

奈奎斯特第一准则描述了有限带宽、无噪声信道的最大数据传输速率与信道带宽的关系。香农定理则描述了有限带宽、有随机噪声信道的最大传输速率与信道带宽、信噪比之间的关系。

由香农定理与奈奎斯特第一准则可知，通信信道的最大传输速率与信道带宽之间存在着明确的关系，所以人们可以用"带宽"去取代"速率"。人们常把网络的"高数据传输速率"用网络的"高带宽"去描述，"带宽"与"速率"在网络技术中几乎成了同义词。

2.1.3　多路复用技术

在信息传输系统中，信道资源的利用效率是很重要的。人们希望通过同时携带多个信号来高效率地使用一套传输信道及设备，这就是现代通信系统中广泛采用的多路复用技术。

所谓多路复用技术是指多路信号共用一条物理线路进行信息传送，即在一条通道上传送多路信息。多路复用包括信号的复合、传输、分离 3 个过程。常用的多路复用方式有三种：频分多路复用（FDM）、时分多路复用（TDM）与码分多路复用（CDM）。按频率段区分信号的方法叫频分多路复用，按时间段区分信号的方法叫时分多路复用，按扩频编码区分信号的方式称为码分多路复用。此外，由于光纤通信的应用日益广泛，有必要介绍一下光纤中的多路复用技术——波分多路复用（WDM）。

1. 频分多路复用技术

频分多路复用是将宽带线路的整个频带划分为多组频带，每组频带分配给一个通信结点使用，即单个物理线路的频谱被分成多个逻辑信道，每个逻辑信道具有特定的载波和带宽。频分多路复用技术常用于共享模拟信道。例如，语音信号的频谱一般在 300～3400Hz 内，为了使若干路这种信号能在同一信道上传输，可以把它们的频谱调制到不同的频段，合并在一起而不致相互影响，并能在接收端彼此分离开来。为防止各信道之间的相互干扰，其中间必须有保护频带隔离，保护频带是一些无用的频谱区。各结点信号经调制后，并行送到传输通道上，接收端进行解调、恢复信号，频分多路复用基本原理如图 2-5（a）所示。

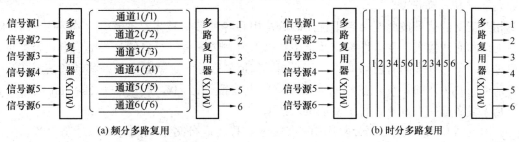

图 2-5　多路复用技术

2. 时分多路复用技术

时分多路复用是采用"时间割"方法的多路复用，即各路信号的抽样值在时间上占据不同的时隙，以实现同一信道中多路信号的"同时"传输而互不干扰。时分多路复用也是多个用户共同使用一条线路，但是各个用户在占用线路的时间上有先有后，只有在各自占据的时间段内才允许发送信息。采用时分多路复用技术时，所有的用户在不同的时间内占有同样的频率带宽，各路信号在频谱上是重叠的，但在时间上是不重叠的。时分多路复用基本原理如图 2-5（b）所示，各路信号在时间上交错形成复合信号，由接收端定时取样、分离、接收信号。各路信号所占用的时间不同，因此称"时间分割"，简称"时分"。

时分多路复用技术大都用于数字通信系统，它是综合布线共享数字信道时常用的重要技术之一，其基本原理是利用发送端和收信端同步启闭的开关来保证发送端的某一时隙对某一路信号开启，其余时隙则分配给其他各路使用，从而实现在同一个公共传输信道上以时间分割方式进行多路传输。

3. 码分多路复用技术

码分多路复用是利用各路信号码型结构的正交性而实现信号区分的多路复用方法。在码分复用中，各路信号在频谱上和时间上都是混叠的，但是代表每路信号的码字是正交的，也可以是准正交或超正交的。

什么是正交性？简单来说就是：如果数字信号的波形相互垂直或接近垂直，就称为正交。

用 $x=(x_1,x_2,\cdots,x_N)$ 和 $y=(y_1,y_2,\cdots,y_N)$ 表示两个码长为 N 的码字（又称码组），二进制码元 $x_i,y_i \in (+1,-1)$，$i=1,2,\cdots,N$。定义两个码字的互相关系数为

$$\rho(x,y) = \frac{1}{N}\sum_{i=1}^{N} x_i y_i \tag{2-4}$$

可见，互相关系数 $-1 \leqslant \rho(x,y) \leqslant 1$。

如果互相关系数

$$\rho(x,y) = 0 \tag{2-5}$$

则称码字 x 和 y 相互正交。

如果互相关系数

$$\rho(x,y) \approx 0 \tag{2-6}$$

则称码字 x 和 y 准正交。

如果互相关系数

$$\rho(x,y) < 0 \tag{2-7}$$

则称码字 x 和 y 超正交。

相互正交的信号彼此不会有干扰。码分复用和各种多址技术结合产生了各种接入技术，包括无线和有线接入。在多址蜂窝系统中是以信道来区分通信对象的，一个信道只容纳 1 个用户进行通话，许多同时通话的用户，互相以信道来区分，这就是多址。移动通信系统是一个多信道同时工作的系统，在移动通信环境的电波覆盖区内，建立用户之间的无线信道连接，是无线多址接入方式，属于多址接入技术。

中国电信 CDMA 就是码分复用的一种方式，称为码分多址，其基本原理是：各站用不同的码型，调制相同载频频率的载波发射信号，即在频率上不分割，同时在时间上和空间上

也不分割，各站接收时，根据相应的"码型"来识别和选择自己所需的信号。

4. 波分多路复用技术

波分多路复用技术是为了充分利用单模光纤低损耗区带来的巨大带宽资源，根据每一信道光波的频率（或波长）不同将光纤的低损耗窗口划分成若干个信道，把光波作为信号载波的复用技术。在发送端，采用波分复用器（合波器）将不同波长的光载波信号合并起来送入一根光纤进行传输；在接收端，再由一波分复用器（分波器）将这些不同波长承载不同信号的光载波分开的复用方式。由于不同波长的光载波信号可以看作互相独立，从而在一根光纤中可以实现多路光信号的复用传输。

波分多路复用时，双向传输的问题也很容易解决，只需将两个方向的信号分别安排在不同波长传输即可。根据波分复用器的不同，可以复用的波长数也不同，从几个至几十个，甚至上百个不等。波分复用技术是新一代的超高速的光缆技术，其技术的特点决定了它可以几倍几十倍的提升带宽，从而可以充分利用光纤的巨大带宽资源。由于同一光纤中传输的信号波长彼此独立，因而可以传输特性完全不同的信号，完成各种电信业务信号的综合和分离。WDM 也是引入宽带新业务（例如 CATV、HDTV 和 B-ISDN 等）的方便手段，增加一个附加波长即可增加新容量，以便引入任意想要的新业务。

2.1.4　资源共享定理

电信系统的资源是指可为用户服务的基础资料设施，包括固定设备和无形资源。信息传输通道是一种资源，它的资源容量是单位时间内传输的信息量。又如计算机是一种资源，它的资源容量是单位时间的操作次数。资源共享有两个十分重要的定理：大数定理与比例尺定理。

1. 大数定理（the Law of Large Numbers）

大数定理描述了当大量用户共享系统资源时，系统的总容量只是各个用户的平均负载之和，而不是各个用户的峰值速率之和，如图 2-6 所示。利用大数定理的平滑效应指导综合布线工程设计时可以正确评估用户负荷。

2. 比例尺定理（the Law of Scale）

比例尺定理描述了如果系统的带宽增加 m 倍，系统的总容量也增加 m 倍，则系统的响应速度将加快 m 倍。如图 2-7 所示，其中 C 为资源容量，T 为响应时间，λ 为输入信息量。换言之，比例尺定理说明当换用高等级的综合布线设施使网络系统容量增加时，将会按比例地缩短信息响应时间。

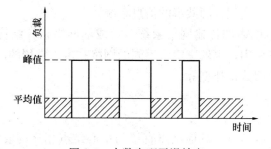

图 2-6　大数定理平滑效应

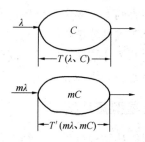

图 2-7　比例尺定理效应

2.1.5 电磁干扰与电磁兼容性

随着信息时代的高速发展，各种高频通信设施不断出现，相互之间的电磁辐射与电磁干扰也日趋严重。目前，已把电磁干扰看做一种环境污染，并成立专门的机构对电信和电子产品进行管理，制定电磁辐射值标准，加以控制。

1. 电磁干扰

电磁干扰（Electro Magnetic Interference，EMI）是指在铜导线、电动机等中由电磁场引起的电噪声，是电子系统辐射的寄生电能。这种寄生电能可能在附件的其他电缆或者系统上影响综合布线系统的正常工作，降低数据传输的可靠性，增加误码率，使图像扭曲变形，控制信号误动作等。

电磁干扰源可分为人工的与自然的两类：

（1）自然的主要是静电与闪电。

（2）人工的主要有电力电缆与设备、通信设备和系统、具有大型电机的大型设备等。

在综合布线系统的周围环境中，不可避免地存在着这样或者那样的干扰源，如电梯、变压器、无线电发射机、开关电源、电力线路和电力设备等。目前国内外对设备发射电磁干扰及其防御电磁干扰都有相应的标准，并规定了最高辐射容限。因此，在选择综合布线缆线材料时，应结合建筑物的周围环境状况进行考虑，不仅要考虑传输性能，还要考虑抗干扰能力。

2. 电磁兼容性

电磁兼容性（Electro Magnetic Compatibility，EMC）是指系统发出的最小辐射和系统能承受的最大外部噪声，即设备或者系统在正常情况下运行时，不会产生干扰同一空间其他设备、系统电信号的能力。当所有设备可以共存并且能够在不会引入有害电磁干扰的情况下正常运行，那么这个设备就被认为与另一个设备是电磁兼容的。

为了让通信系统和电磁兼容，应该选定这些设备并检验它们是否可以在相同的环境下运行，并不会对其他系统产生电磁干扰。

2.2 网络拓扑结构

计算机网络是指将地理位置不同的具有独立功能的多台计算机及其外部设备，通过通信线路，按照一定的拓扑结构形状连接起来，在网络操作系统、网络管理软件或网络通信协议的管理和协调下，实现信息传递和交换，达到资源共享的信息系统。

综合布线是分布在一个有限地理范围内的传输网络系统，构成的网络拓扑结构有很多种，不同的拓扑结构确定了不同的网络应用，也就决定了不同的网络技术。常用的网络拓扑结构有星型、总线型、环型、树型以及网状拓扑型等。

2.2.1 星型拓扑结构

星型拓扑结构是用一个结点作为中心结点，其他结点直接与中心结点相连构成的网络。基本的星型拓扑结构如图 2-8 所示。星型拓扑结构的网络属于集中控制型网络，整个网络由中心结点执行集中式通信控制管理，各结点间的通信都要通过中心结点。每一个要发送数据

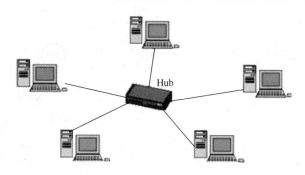

图 2-8 星型拓扑结构

的结点都将要发送的数据发送中心结点，再由中心结点负责将数据送到目的结点。因此，中心结点相当复杂，而各个结点的通信处理负担都很小，只需要满足链路的简单通信要求。

1. 星型拓扑结构的主要优点

1）维护管理容易

由于星型拓扑结构的所有信息通信都要经过各级中心结点来支配，线缆维护管理工作都可以在中心结点集中进行。

2）重新配置灵活

在楼层配线架上，可以直接移动、增加或拆除一个信息插座所连接的终端（设备），且仅涉及所连接的那台终端（设备）。因此，操作起来比较容易，适应性强。

3）故障隔离和检测容易

由于各信息点都有自己的专用线缆直接连到楼层配线架，故障容易检测和隔离，不会影响网络中其他用户的使用。

4）易于连接成其他拓扑结构

由于星型结构布有大量的通道资源，可以方便地将部分物理干线变通连接实现其他任何结构形式的逻辑拓扑。

2. 星型拓扑结构的主要缺点

1）安装工作量大

相对其他结构来说，星型结构的每个从结点到主结点之间都是专用通道，用材量大，布线安装工作量大，增加了线缆材料费用与施工费用。

2）依赖于中心结点

如果连接中心的信息处理设备出现故障，则全系统将瘫痪，故对中心信息处理设备的可靠性和冗余度要求都很高。

尽管星型拓扑的实施费用较高，然而星型拓扑的优势却使其物超所值。每台设备通过各自的线缆连接到中心设备，因此某根电缆出现问题时只会影响到那一台设备，而网络的其他组件依然可正常运行。这个优点极其重要，这也正是大部分新建网络都采用星型拓扑的原因所在。

在智能大厦的计算机主干网中，通常在主结点配置主交换机，并在每个楼层配线间设置二级交换机，楼层配线间的交换机通过干线与主交换机连接起来。图 2-9 给出了智能建筑中典型的干线子系统星型拓扑结构图。图 2-9（a）为一个中心主结点（主配线架）向外辐射延

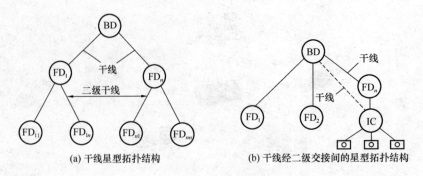

图 2-9　星型拓扑结构

伸到各个从结点（楼层配线架），图 2-9（b）为另一种形式，从结点经转接后再与主结点相连，在这种结构中可以出现允许的两级交叉连接。

由于每一条从中心结点到从结点的链路均与其他链路相对独立，每个从结点独享这条信息通道，所以综合布线设计可以采用模块化的方案，主结点采用集中式访问控制策略。主结点的网络控制设备较为复杂，而各从结点的信息处理负担较小。主结点可与从结点直接通信，而从结点之间必须经中心结点转接才能联系。星型结构的主结点一般有两类：一类是中心主结点为一功能很强的中央控制设备，它具有处理和转接各从结点信息的双重功能，如计算机网络交换机；另一类是转接中心，仅起从结点（访问结点）间的连通作用，如程控用户交换机。

2.2.2　总线型拓扑结构

总线型拓扑结构是指各工作站和服务器均挂在一条总线上，各工作站地位平等，无中心结点控制，信息传递方向总是从发送信息的结点开始向两端扩散，如同广播电台发射的信息一样，因此又称广播式计算机网络。各结点在接受信息时都进行地址检查，看是否与自己的工作站地址相符，相符则接收网上的信息。

图 2-10 给出了总线型拓扑结构的示意图。智能建筑的消防报警系统、机电设备监控系统常采用这种结构，其采用公共干线作为传输介质，所有的分配线架都直接连接到一条干线（或称总线）上，任何一个楼层配线间的设备发送信号都可以沿着这条共享干线传播，而且能被所有其他楼层配线间的设备接收。

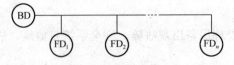

图 2-10　总线型拓扑结构

因为所有的楼层配线间共享一条干线传输通道，所以一次只能由一个楼层配线间的设备传输信息。这种结构通常采取分布式访问控制策略来决定哪一个楼层配线间的设备可以发送信息。发送时，发送端的设备将信息分成组，然后一次一个地依次发送这些分组，有时要与从其他楼层配线间的设备来的分组交替地在线缆上传输。当分组经过各楼层配线间的设备时，目的楼层配线间的设备将识别分组的地址，然后记下这些分组的内容。这种拓扑结构减轻了通信设备处理的负担。它仅仅是一个无源的传输介质，而通信处理分布在各结点进行。

1. 总线型拓扑结构的优点

（1）线缆总长度短，布线容易。由于所有的楼层配线间的设备接到单一干线上，全楼只需一条线缆，可减少安装费用，易于施工和维护。

（2）可靠性高。结构简单，从硬件的观点看，比较可靠。

（3）易于扩充。要增加新的结点，只需把楼层配线间的设备挂接到总线上。

（4）总线技术相对较成熟。

（5）组网费用低。总线型拓扑结构不需要另外的互联设备，直接通过一条总线进行连接，所以组网费用较低。

2. 总线型拓扑结构的缺点

（1）故障诊断困难。虽然总线拓扑结构简单，可靠性高，但故障检测却不容易。因为总线拓扑结构采取分布式控制，故障检测需在系统的各个结点进行。

（2）故障隔离困难。由于所有结点共享一条传输通道，线上任何一处发生故障，所有结点都无法完成信息的发送和接收。如果故障发生在结点，则只有将该结点从总线上拆除；如果故障发生在传输介质，则要切断整段总线。

（3）所有结点的设备必须是智能的。因为接在总线上的结点要有介质访问控制功能，所以必须具有智能化有源设备，从而增加了结点的硬件和软件费用。

（4）共享信道的拓扑结构使网络信息流量有限。

（5）一次仅能一个用户发送数据，其他用户必须等待到获得发送权。

（6）各结点是共用总线带宽的，在传输速度上会随着接入网络的用户的增多而下降。

2.2.3　环型拓扑结构

环型结构由网络中若干结点通过点到点的链路首尾相连形成一个闭合的环，这种结构使公共传输电缆组成环型连接，数据在环路中沿着一个方向在各个结点间传输，信息从一个结点传到另一个结点。

这种结构的网络形式主要应用于令牌网中，在这种网络结构中各设备是直接通过电缆来串接的，最后形成一个闭环，整个网络发送的信息就是在这个环中传递。

环型拓扑结构如图 2-11 所示，各结点通过各楼层配线间的有源设备相接形成环型通信回路，各结点之间无主从关系。每个楼层配线间的有源设备都与两条链路相连，如计算机网络的环型拓扑结构常采用控制器、中继器、集线器或网桥以及路由器进行手拉手环接。这种通道可以是单环的，为了提高传输速率也可以采用双环来实现双向通信，即每个结点可以选择最近的距离，沿着不同方向的环路与对方通信。双环结构不但需要增加有源设备，而且控制也比较复杂。

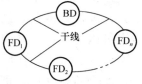

图 2-11　环型拓扑结构

1. 环型拓扑结构的优点

1）线缆总长度短

环型拓扑所需线缆长度与总线拓扑相似，但比星型拓扑要短得多。

2）适用于光纤

光纤延迟小，点到点的光纤传输技术较为成熟，因此这种结构最适用于光纤环型结构。如双环结构的 FDDI 网，传输速率达 100Mbit/s。

3）实现简单，投资最小

组成这个网络除了各工作站就是传输介质——同轴电缆，以及一些连接器材，没有价格昂贵的结点集中设备。但也正因为这样，所以这种网络所能实现的功能最为简单，仅能当做一般的文件服务模式。

4）传输速度较快

在令牌网中允许有 16Mbit/s 的传输速度，它比普通的 10Mbit/s 以太网要快许多。当然随着以太网的广泛应用和以太网技术的发展，以太网的速度也得到了极大提高，目前普遍都能提供 100Mbit/s 的网速，远比 16Mbit/s 要高。

2. 环型拓扑结构的缺点

1）结点问题导致全系统故障

在单环上信息传输是通过接在环上的每一个结点的设备，如果环中某一结点发生故障，则会引起全系统故障（若采用双环，当主环出现故障时，次环可用来构成通路）。

2）诊断故障困难

因为某一结点的设备故障会使全系统不工作，因此难于诊断定位故障，需要对每个结点逐一排查。

3）不易重新配置

要扩充环的配置较困难，而且要关掉一部分已接入系统的结点的设备也同样不容易。

4）网络信息流量受限

结点发送信息前，必须事先得到共享信道的唯一使用权。

5）扩展性能差

因为它的环型结构，决定了它的扩展性能远不如星型结构的好，如果要新添加或移动结点，就必须中断整个网络，在环的两端作好连接器才能连接。

2.2.4 树型拓扑结构

如图 2-12 所示，树型结构可以看成总线型结构的扩展，是在总线网上加上分支形成的，其传输介质可有多条分支，但不形成闭合回路；树型结构也可以看成是星型结构的叠加，又称为分级的集中式结构。树型拓扑以其独特的特点而与众不同，具有层次结构，是一种分层网，网络的最高层是中央处理机，最低层是终端，其他各层可以是多路转换器、集线器或部门用计算机，其结构可以对称，联系固定，具有一定容错能力，一般一个分支和结点的故障不影响另一分支结点的工作，任何一个结点送出的信息都由根接收后重新发送到所有的结点，可以传遍整个传输介质，也是广播式网络。因特网大多采用树型结构。

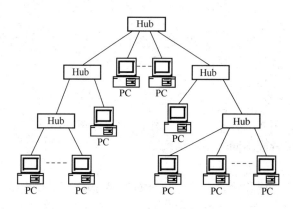

图 2-12　树型拓扑结构

1. 树型拓扑结构的优点

（1）易于扩充。树形结构可以延伸出很多分支和子分支，这些新结点和新分支都能容易地加入网内。

（2）故障隔离较容易。如果某一分支的结点或线路发生故障，很容易将故障分支与整个系统隔离开来。

（3）结构比较简单，成本低。网络中任意两个结点之间不产生回路，每个链路都支持双向传输。

2. 树型拓扑结构的缺点

（1）各个结点对根结点的依赖性太大。如果根发生故障，则全网不能正常工作。

（2）除叶结点及其相连的链路外，任何一个工作站或链路产生故障都会影响整个网络系统的正常运行。

2.2.5　网状拓扑结构

网状拓扑网络中，结点之间的连接是任意的，没有规律。网状结构分为全连接网状和不完全连接网状两种形式。全连接网状中，每一个结点和网中其他结点均有链路连接。不完全连接网中，两结点之间不一定有直接链路连接，它们之间的通信，依靠其他结点进行转接。

1. 网状拓扑的优点

（1）网络可靠性高。一般通信子网中任意两个结点交换机之间，存在着两条或两条以上的通信路径，当一条路径发生故障时，还可以通过另一条路径把信息送至结点交换机。

（2）网络可组建成各种形状，采用多种通信信道，多种传输速率。

（3）网内结点共享资源容易。

（4）可改善线路的信息流量分配。

（5）可选择最佳路径，传输延迟小。

2. 网状拓扑的缺点

（1）控制复杂，软件复杂。

（2）线路费用高，不易扩充。

2.2.6　综合布线系统拓扑结构选择原则

通常来说，选择综合布线系统拓扑结构的原则如下：

1）可靠性

选择综合布线系统拓扑结构首先要考虑系统的可靠性。综合布线系统可能有两类故障，一类是个别结点损坏，这只影响局部，另一类是应用系统本身无法运行，这就需要布线系统在实施时，具有故障隔离和检测功能。

2）灵活性

综合布线系统的应用终端分布在各个工作区，选择拓扑结构时要考虑这些终端在增加、移动时，很容易重新配置成不同的拓扑结构。

3）可扩充性

无论是新建还是既有建筑物，在设计综合布线系统时，都要预留配线设备的安装空间，干线通道应留有可扩充的空间，拓扑结构的选择应考虑发展的需要。

2.3　宽带接入技术

分散的终端用户登录 Internet 的方式统称为接入技术，其发生在通信网络至用户的最后一公里路程。接入 Internet 的方式很多，目前宽带网接入相对于传统的窄带接入显示了其不可比拟的优势，走进了千家万户。为了解决接什么、怎么接的问题，出现了多种宽带接入网技术，包括电话拨号接入技术、铜缆接入技术、光纤接入技术、光纤同轴混合接入技术等多种有线接入技术以及无线接入技术。各种宽带接入方式都有其自身的长短与优劣，本节将一一介绍这些 Internet 接入方式。

2.3.1　综合业务数字网

综合业务数字网（Integrated Service Digital Network，ISDN）是在电话线路上同时传输语音和数据的一套数字复用服务。近年来 ISDN 主要用在以下三个方面：

（1）为家庭语音线路用户提供高速因特网服务。

（2）用作大规模拨号访问服务器的终端电路。

（3）拨号备份。

1. ISDN 的三种基本信道

1）D 信道

D 信道是信令信道，用于带外信令传输，同时承载控制消息，如呼叫的建立和拆除等。D 信道的带宽根据标准的不同有 16kbit/s 和 64kbit/s 两种。

2）B 信道

B 信道用于数据传输，它的带宽为 64kbit/s，可用于电路交换或分组交换网络。根据 D 信道的命令，B 信道可以提供附加服务。

3）H 信道

H 信道通常用于高速数据传输。一共有 4 种运行速率，分别为：384kbit/s、1.472Mbit/s、1.536Mbit/s 与 1.920Mbit/s。

2. ISDN 的两种基本服务

1）基本速率接口 BRI

一个 BRI 信道最大能提供 128kbit/s 的速率。一个 ISDN BRI 信道包含一个或两个速率为 56kbit/s 或 64kbit/s 的 B 信道的数据信道。只有一个 B 信道的 BRI 称为 1B+D 服务，两个 B 信道的 BRI 称为 2B+D 服务。每个 B 信道通常被赋予一个唯一的目录号（DN），目录号类似于电话号码，用来拨入 BRI 信道。两个 B 信道也可以共享一个目录号。这种共享目录号的服务也被称为狩猎组，因为第一个到来的呼叫连接到第一个 B 信道，第二个到来的呼叫顺序连接到第二个 B 信道。每个 B 信道可以只提供数据服务或语音服务中的一种，也可以同时提供两种服务。

2）基群速率接口 PRI

一个 PRI 信道包含 23 个速率为 56kbit/s 或 64kbit/s 的 B 信道。每个 B 信道既可只提供数据或语音服务，也可同时提供两种服务。一个 PRI 信道也包含一个速率为 64kbit/s 的 D 信道的信令通道，用来保持用户和 ISDN 交换机同步，同时也用来建立和拆除呼叫。与 BRI 不同的是，PRI 中的所有 B 信道共享同一个目录号，这意味着所有进入 PRI 的呼叫将首先被放到第一个可用的 B 信道上。

3. 信道化 T1/E1

信道化多路复用一条线路可实现在同一条物理介质上创建多条逻辑信道。创建逻辑信道的方法有很多，时分多路复用和频分多路复用是其中两个例子。

T1 是美国标准的 ISDN，为 23B+1D，即 1.544Mbit/s；E1 是欧洲标准的 ISDN，为 32B+2D，即 2.048Mbit/s。我国使用 ISDN 技术的数据专线一般都是 E1，然后根据用户的需要再进行信道划分。

由于 ISDN 线路使用数字信号，不必像传统的拨号上网那样，需要进行数模转换，再加上 ISDN 电话线可以在同一线上传输速率达到 128kbit/s，是用 56kbit/s Modem 上网速度的 3 倍。因此，与传统的拨号上网方式相比，ISDN 无论在线路传输的速度上，还是在信号传输的质量上都有一个质的飞跃。建立高速可靠的与 Internet 的数字连接，通过 ISDN 路由器，完全可以满足家庭网络或小型办公网络用户对 WWW、FTP、E-mail 等 Internet 服务的需求，从而可以完全取代速率相同、但价格却要昂贵得多的 DDN 专用线路，大大节省了运行费用。

2.3.2　数字用户线路

数字用户线路（Digital Subscriber Line，DSL）技术也是基于电话线的宽带接入技术。术语 xDSL 包括大部分的 DSL 变化形式，是通过铜线实现数据传输的一种通信技术，如非对称数字用户线路（ADSL）、高比特率数字用户线路（HDSL）、速度自适应数字用户线路（RADSL）、同步数字用户线路（SDSL）、综合业务数字网用户线路（IDSL）和高速数字用户线路（VDSL）。xDSL 技术允许多种格式的数据、语音和视频信号通过铜线从电信局端传给远端用户，可以支持高速 Internet/Intranet 访问、在线业务、视频点播、电视信号传送、交互式娱乐等。xDSL 的主要优点是能在现有 90％铜线资源上传输高速业务，但它的覆盖面有限，只能在短距离提供高速数据传输，并且一般高速数据传输是非对称的，通常在网络的下行方向能单向高速传输数据。因此，xDSL 技术只适合一部分应用，可作为宽带接入的过渡技术。

DSL 类型根据数据传输的上、下行传输速率的差异分成两类：

（1）对称 DSL 网络：上行速率和下行速率都是相等的或称对称的。具体技术有 HDSL、SD-SL 等，主要用于替代传统的 T1/E1 接入技术，具有对线路质量要求低，安装调试简单等优点。

（2）非对称 DSL 网络：两端点间的上下行传输速率是不同的，下行比特流传输速度通常更快一些。具体技术有 ADSL、RADSL 和 VDSL 等，适于对双向带宽不一样要求的用户，如 Web 浏览、多媒体点播、信息发布等。ADSL 技术是其中用户最多的接入技术，在此作简单介绍。

ADSL 是一种在一对双绞电缆上同时传输电话业务与数据信号的技术，它属于速率非对称型铜线接入技术。ADSL 并不需要改变本地电话的本地环路，它仍然利用普通电话线作为传输介质，只需要在线路两端加装 ADSL 设备（ADSL Modem）即可实现数据的高速传输。标准 ADSL 的数据上传速度一般只有 64～256kbit/s，最高达 1Mbit/s，而数据下行速度理想状态下可达到 8Mbit/s，能够很好地适应 Internet 业务非对称性特点。ADSL 的有效传输距离一般在 3～5km。

ADSL 和 ISDN 一样，都是在电话线上实现的。但是，ADSL 有一些特别的地方，总的来说，ADSL 主要有以下特点：

1）高速 Internet 接入

从理论上讲，ADSL 能够向终端用户提供 8Mbit/s 的下行传输速度和 1Mbit/s 的上行传输速度，但由于受到目前电话网络和 Internet 体系的种种限制，实际上这样的速率很难达到，一般情况下只能够达到 8Mbit/s（采用 ADSL2＋技术最高可达到 24M）左右的下行最高速率，不过这已经是 56kbit/s 调制解调器或 ISDN 的数十倍了。

2）接入费用低廉

ADSL 的接入通常采用两种方式计费，即包月和计时。采用包月方式时，只需付少量的包月费，即可随心所欲地使用高速网速，而不需担心网络费用问题。另外，由于 ADSL 无需使用电话拨号，属于专线上网方式，这也就意味着 ADSL 上网不用再额外缴纳另外的电话费。采用计时方式时，虽然接入费用会随着接入时间而增多，但收费标准通常不比普通 Modem 高。所以，就速率价格比而言，ADSL 的接入费用仍然非常低廉。

3）拥有静态 IP 地址

采用专线方式的 ADSL 用户，还可拥有自己静态 IP 地址，不仅可以更方便地设置代理服务器和路由器，而且还可以在自己的计算机上建立个人主页甚至商业网站，提供 WWW、FTP、BBS、E-mail 等各种 Internet 服务。虽然传输速率可能不够快，但对于访问量不是很大的网站而言，已是绰绰有余了。

4）始终在线

采用专线方式的 ADSL 用户，只要打开计算机，就始终处于联机状态，不必像使用 Modem 或 ISDN 那样需要拨号和等待才能接入 Internet。采用虚拟拨号方式的 ADSL 用户，虽然需要拨号后才能接入 Internet，但其拨号过程只是用于计费，而不是真的像 Modem 需要连接至拨入服务器，因此拨号的时间也是非常短暂的。

5）软硬件安装简单

由于 ADSL 借助于现有的电话网络，而电话网络又几乎遍布城市的每一个角落，ADSL 可以在用户需要时随时随地提供服务，而不需要另行布线或受到线路的限制。ADSL Modem 的安装过程和 ISDN 差不多，经过一系列设置后，可以使用多台计算机共享 ADSL 上网。

ADSL 接入 Internet 通常可以采用虚拟拨号和专线接入两种方式。其中，专线方式由 ISP 分配静态 IP 地址，而虚拟拨号方式则在连接 ISP 时获得动态 IP 地址。

1）专线接入

这种 Internet 接入方式与连接局域网没有什么不同，无需拨号，无需键入用户名和密码。用户只要打开计算机即可接入 Internet。专线接入方式通常采用包月制的计费方式。ADSL 的专线接入服务与 DDN 基本相同，但接入的资费却比 DDN 资费低很多。

2）虚拟拨号

虚拟拨号，是指用 ADSL 接入 Internet 时同样需要输入用户名和密码，这一点与通过 Modem 和 ISDN 接入 Internet 非常相似，但 ADSL 并不是真的去拨号，而只是模拟拨号过程，以便系统记录该电话号码拨入和离线的时间，并根据接入时间计费。另外，在拨号过程中，还同时完成授权、认证、分配 IP 地址等一系列 PPP（Pointer-to-Point Protocol）接入动作。虚拟拨号方式通常采用计时收费的计费方式。

由于 ADSL 有较高的带宽，单位里的小型局域网可以使用一台代理服务器，通过 ADSL 联网为整个局域网的用户提供上网服务。宾馆酒店可以利用内部电话，以 ADSL 接入方式，通过机顶盒为旅客提供视频点播服务。目前，ADSL 接入技术已经广泛使用，成为接入因特网的主要方式之一。

2003 年 3 月，ITU-T 在第一代 ADSL 标准的基础上，制订了 G.992.5，也就是ADSL2＋。与第一代 ADSL 相比，ADSL2 和 ADSL2＋在技术方面有如下优势。

1）速率提高、覆盖范围扩大

ADSL2 在速率、覆盖范围上拥有比第一代 ADSL 更优的性能。ADSL2 下行最高速率可达 12 Mbit/s，上行最高速率可达 1 Mbit/s。ADSL2 是通过减少帧的开销，提高初始化状态机的性能，采用更有效的调制方式、更高的编码增益以及增强性的信号处理算法的来实现的。

在相同速率的条件下，ADSL2 增加了传输距离约为 180 m，相当于增加了覆盖面积 6％。

2）升级的线路诊断技术

对于 ADSL 业务，如何实现故障的快速定位是一个巨大的挑战。为解决这个问题，ADSL2＋传送器增强了诊断工具，这些工具提供了安装阶段解决问题的手段、服务阶段的监听手段和工具的更新升级。

为了能够诊断和定位故障，ADSL2 传送器在线路的两端提供了测量线路噪声、环路衰减和信噪比的手段，这些测量手段可以通过一种特殊的诊断测试模块来完成数据的采集。此外，ADSL2 还提供了实时的性能监测，能够检测线路两端质量和噪声状况的信息，运营商可以利用这些通过软件处理后的信息来诊断 ADSL2 连接的质量，预防进一步服务的失败，也可以用来确定是否可以提供给用户一个更高速率的服务。

3）增强的电源管理技术

第一代 ADSL 传送器在没有数据传送时也处于全能量工作模式。如果 ADSL Modem 能工作于待机/睡眠状态，那么对于数百万台的 Modem 而言，就能节省很可观的电量。为了达到上述目的，ADSL2 提出了两种电源管理模式，低能模式 L2 和低能模式 L3，这样在保持 ADSL "一直在线" 的同时，能减少设备总的能量消耗。

4）速率自适应技术

电话线之间串话会严重影响 ADSL 的数据速率，且串话电平的变化会导致 ADSL 掉线。无线电干扰、温度变化、潮湿等因素也会导致 ADSL 掉线。ADSL2 通过采用 SRA（Seamless Rate Adaptation）技术来解决这些问题，使 ADSL2 系统可以在工作时在没有任何服务中断和比特错误的情况下改变连接的速率。ADSL2 通过检测信道条件的变化来改变连接的数据速率，以符合新的信道条件，根据线路质量动态调整速率。

5）多线对捆绑技术

运营商通常需要为不同的用户提供不同的服务等级。通过把多路电话线捆绑在一起，可以提高用户的接入速率。ADSL2 芯片集可以把两根或更多的电话线捆绑到一条 ADSL 链路上，这样使线路的下行数据速率具有更大的灵活性。

6）信道化技术

ADSL2 可以将带宽划分到具有不同链路特性的信道中，从而为不同的应用提供服务。这一能力使它可以支持 CVoDSL（Channelized Voice over DSL），并可以在 DSL 链路内透明地传输语音信号。

2.3.3 光纤同轴混合网

HFC 接入技术是以现有的 CATV（有线电视网，主要由 75Ω 的同轴电缆组成）网络为基础，采用模拟频分复用技术，综合应用模拟和数字传输技术、射频技术和计算机技术所产生的一种宽带接入网技术。HFC 网络由主干光纤和同轴配线电缆组成，与光纤到路边不同的是，其同轴电缆不是星型结构而是树型结构，通过分支器连接到终端用户。光分配结点到头端为星型拓扑结构，通过光缆传输信号，所有连接到光结点的用户共享一条光纤线路。HFC 技术可以统一提供 CATV、话音、数据及其他一些交互业务，终端用户要想通过 HFC接入，需要安装一个用户接口盒。目前，大部分地区的有线电视服务提供商同时也提供上网业务，图 2-13 为广电"一线通"的连接示意图。

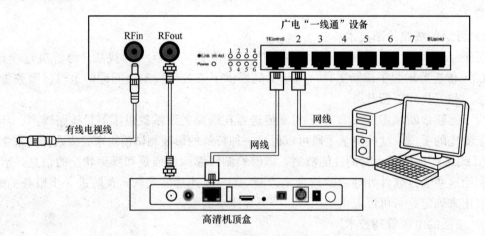

图 2-13　广电"一线通"

HFC 基于模拟传输方式，综合接入多种业务信息，可以实现的主要业务有电话、模拟广播电视、数字广播电视、点播电视、数字交互业务等。HFC 系统的频谱分配为 5～

50MHz，用于普通电话业务；50～550MHz 用于提供普通广播电视业务，可传输 60～100 路模拟广播的 PAL 制电视信号；550～750MHZ 用于 400 路压缩的数字通道，其中 200 路用于点播电视，200 路用于交互式业务；750～1000MHz 保留作为个人通信用。

HFC 在干线传输中采用光缆作为媒介，应用多路复用技术，将多路 CATV 信号调制到一路光信号上，通过光纤传送到光结点设备，电话信号和各种数字信号也通过光纤送到光结点设备。光结点设备是 HFC 接入系统的关键入口，它包括一个模拟线性宽带光接收机、一个下行信号光接收机和一个反向上行信号光发射机，另外还有一个下行信号的射频放大器。光结点设备接收中心局送来的下行光信号，对其进行光电转换，并将电话信号和视频信号合并。光结点设备通过本身的射频放大部分，将这种电信号放大后，送往同轴电缆传给各用户。在上行方面，光结点设备接收同轴电缆各支路送来的上行信号，将这些电信号变换成光信号，发往中心局或视频前端的上行光接收机。

由于 CATV 网络覆盖范围已经很广泛，而且同轴线的带宽比铜线的带宽要大得多，HFC 是一种相对比较经济、高性能的宽带接入方案，是光纤逐步推向用户的一种经济的演变策略，尤其是在有线电视网络比较发达的地区，HFC 是一种很好的宽带接入方案。

2.3.4　光纤接入技术

近年来，由于通信行业竞争的加剧，光宽带接入正如火如荼地在各城市中争相上演，已有多家网络服务商可以提供光纤到户连接服务。光纤接入网由于采用光纤作为传输媒介，具有传输距离长、抗干扰性好、传输质量高等优点，成为了未来宽带接入的发展方向。可以预见，在未来几年内，光纤宽带接入将发展成为 Internet 接入的首选方式。

FTTx 是一类光纤接入技术的总称，准确地说不能算是一种技术，而是把光纤这种传输介质应用到接入网络层的接入组网方式。FTTx 系统的基本组成如图 2-14 所示，主要包括局端的光线路终端（Optical Line Terminal，OLT）、光配线网（Optical Distribution Node，ODN）、光网络单元（Optical Network Unit，ONU）、用户终端的光网络终端（Optical Network Terminal，ONT）等组成部分。

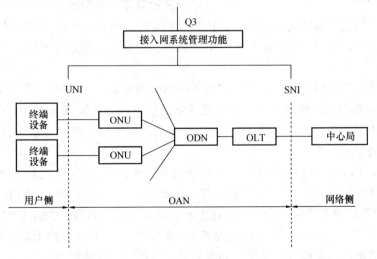

图 2-14　FTTx 系统的基本组成

根据 ONU 在光纤接入网中放置位置的不同，可以把光纤接入网大致划分如下四大类应用类型（图 2-15）：光纤到交换箱（Fiber To The Cabinet，FTTCab）、光纤到路边（Fiber To The Curb，FTTC）、光纤到大楼（Fiber To The Building，FTTB）及光纤到户（Fiber To The Home，FTTH）。上述服务可统称 FTTx。

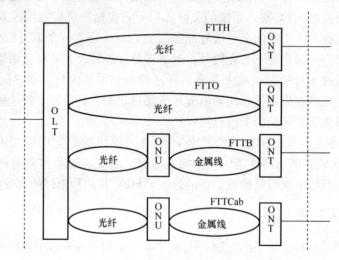

图 2-15　FTTx 应用分类图

1. FTTC

FTTC 与 FTTCab 主要提供光纤到路边或光纤到交接盒的接入方案，ONU 一般对应地放置在路边的分线盒和交接盒处，利用 ONU 出来的同轴电缆传送 CATV 信号或双绞线传送电话及上网服务。这样就可以充分利用现有的资源，从而具有较好的经济性。

2. FTTB

与 FTTC 相比，FTTB 直接将光纤敷设到楼。FTTB 依服务对象区分为两种，一种是为公寓大厦的用户服务，另一种是为商业大楼的公司服务，通常皆将 ONU 设置在大楼的地下室配线箱处，只是公寓大厦的 ONU 是 FTTC 的延伸，而商业大楼为了中大型企业单位必须提高传输的速率，以提供高速的数据、电子商务、视频会议等宽带服务。

3. FTTH

和上面几个类型不同的是，FTTH 直接将 ONU 放置在用户家中，实现了全光纤覆盖。FTTH 使得在家庭内可以获得各种不同的宽带上网服务，如视频点播 VOD、在家购物、在家上课等，提供了更多的商机。若搭配 WLAN 技术，将使得宽带与移动结合，则可以满足宽带数字家庭的要求。

近年来，由于政策上的扶持和技术本身的发展，我国的 FTTH 已经步入快速发展期。图 2-16 给出了中国电信 FTTH 网络架构图，在每个用户家庭或者办公场所中放置 ONU。ONU 负责用户终端业务的接入和转发。在上行方向上将来自各种不同用户终端设备的业务进行复用，并且编码成统一的信号格式发送到 ODN 中。在下行方向上将不同的业务解复用，通过不同的接口送到相应的终端（如电话机、机顶盒、计算机等）中。

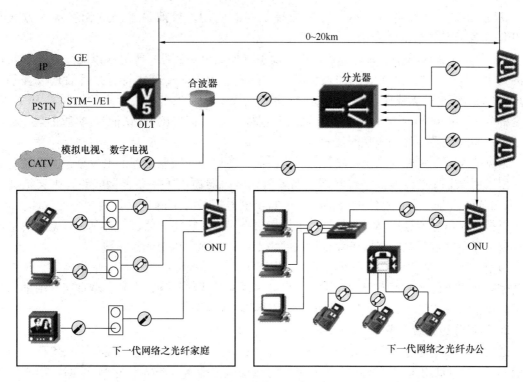

图 2-16　中国电信 FTTH 网络架构

2.3.5　无线上网

随着无线通信技术的发展，用户不受时间地点约束，随时随地访问因特网已经成为现实。所谓无线接入技术就是利用无线技术作为传输媒介向用户提供宽带接入服务。如表 2-1 所示，目前采用无线方式接入因特网的技术可以分为四类，用户可以根据自己的需要和条件进行选择。

表 2-1　各种无线接入技术的比较

接入技术	使用的接入设备	数据传输速率	说　明
WLAN 接入	Wi-Fi 无线网卡，无线接入点	11Mbit/s～100Mbit/s	必须在安装有接入点（AP）的热点区域中才能接入
GPRS 移动电话网接入	GPRS 无线网卡	56kbit/s～114kbit/s	方便，有手机信号的地方就能上网，但速率不快、费用较高
3G 移动电话网接入	3G 无线网卡	几百 kbit/s～几 Mbit/s	方便，有 3G 手机信号的地方就能上网，但目前费用较高
4G 移动电话网接入	4G 无线网卡	10Mbit/s～100Mbit/s	终端多样化、接口开放，可以实现全球漫游

1. 无线局域网

无线局域网（Wireless Local Area Network，WLAN），使用空间作为信号传输媒介来代替传统的线缆来实现信号的互联互通。无线局域网大大提升了接入终端的可移动性。

41

WLAN 没有统一的标准，但不同的标准有不同的应用。目前最常用的无线接入方式是 Wi-Fi，下面对其进行简单介绍。

Wi-Fi 是一种能够将个人计算机、手持设备（如 Pad、手机）等终端以无线方式互相连接的技术。Wi-Fi 是一个无线网路通信技术的品牌，由 Wi-Fi 联盟持有，目的是改善基于 IEEE802.11 标准的无线网路产品之间的互通性。Wi-Fi 原先是无线保真的缩写，Wi-Fi 英文全称为 Wireless Fidelity，在无线局域网的范畴是指"无线相容性认证"，实质上是一种商业认证，同时也是一种无线联网技术。

常见的 Wi-Fi 实现方式就是安装无线路由器，在这个无线路由器的电波覆盖的有效范围都可以采用 Wi-Fi 连接方式进行联网，如果无线路由器连接了一条上网线路，则又被称为"热点"。Wi-Fi 信号是由有线网提供的，比如家里连接的宽带网，只要接一个无线路由器，就可以把有线信号转换成 Wi-Fi 信号。手机如果有 Wi-Fi 功能的话，在有 Wi-Fi 无线信号的时候就可以不通过手机网络服务商提供的网络上网，从而可以节约流量费。

目前，Wi-Fi 的覆盖范围在国内越来越广泛了，大学校园、宾馆、豪华住宅区、飞机场以及咖啡厅之类的区域都有 Wi-Fi 接口。服务提供商只要在机场、车站、咖啡店、图书馆等人员较密集的地方设置"热点"，并通过高速线路将因特网接入上述场所。

2. 通用分组无线业务

通用分组无线业务（General Packet Radio Service，GPRS），是在现有第二代移动通信系统 GSM 上发展出来的一种基于分组交换的数据通信业务，有人称它为 2.5G，用户可以使用手机上网收发邮件，浏览网站，也可以将手机与笔记本电脑连接使之接入因特网，实现移动办公。

3. 3G

3G 使无线接入因特网变得更加方便，性能也更高。使用 3G 无线上网卡将计算机接入因特网，数据传输速率理论上可达几 Mbit/s，比 GPRS 快很多。虽然传输速率与 WLAN 相比还有差距，但是其覆盖范围是 WLAN 不能相比的。我国 3G 移动通信有三种技术标准，分别为中国移动的 TDSCDMA、中国电信的 CDMA2000 和中国联通的 WCDMA，各自使用专门的上网卡，互相不兼容。

4. 4G

4G 是第四代移动通信及其技术的简称，是集 3G 与 WLAN 于一体并能够传输高质量视频图像的高技术产品。4G 新通讯技术下的数据连接业务的流量费用将会低于现有资费，使移动终端的使用者更容易接受。4G 可向下兼容并集成多模式的移动通讯技术，应用 4G 用户可以自由地从一个标准漫游到另一个标准。

4G 通信技术的特点主要有以下几个方面：

（1）更快的通信速度。4G 通信技术在试验室条件下的数据传输速率最大可超过 100Mbit/s，其传输速率将会是第三代通信技术下移动终端设备数据连接的 50 倍，是 2G 通信技术数据连接传输速度的一万倍。

（2）灵活的通信机制。从严格意义上来说 4G 通信技术下的移动终端设备的功能已不能简单划归"移动电话"的范畴，语音通信的传输只是 4G 移动终端设备最为简单的应用。4G 移动终端设备更应该归类为具有移动通信功能的个人掌上电脑。

（3）更优越的智能性。以 CPU 主频 1.4G 四核处理器为代表的第四代移动通信终端设备，其性能与功能远超 3G 下的所有手机终端，其优秀的设计与无与伦比的用户操作体验，将会实现许多难以想象的功能。

（4）更好的向下兼容性。4G 在设计之初即为在 3G 的语音信道基础上提供一个更高速的数据通信信道，所以 4G 终端在设计的时候就遵循向下兼容的特点，移动终端用户的 4G 终端设备可以向下兼容 2G、3G 的移动通信网络。

（5）提供各种增值服务。4G 移动通信技术不是简单的 3G 移动通信技术的升级，而是根据 3G 的低数据传输率弱项演变升级而来。4G 通信技术采用了正交多任务分频技术，其使 CDMA 技术实现扩展演变并且向下兼容。

（6）可以实现更高质量的多媒体通信。尽管现有的移动通信系统也可提供诸如彩信、飞信、QQ 通信等多媒体通信，但 4G 移动通信技术在其语音通话质量、网络覆盖范围、网络建设成本甚至高分辨率多媒体通信和高速数据传输率方面都远远超过现有通信技术。

（7）更高的频谱使用效率。与 3G 相比，4G 移动通信技术在开发研制过程中引入许多功能强大的突破性技术，可以让更多的用户使用相同数量的无线电频谱做更多的事情。

2.3.6 NGN 技术

NGN 内涵十分丰富，它泛指一个不同于目前的，大量采用创新技术，以 IP 为中心，同时可以支持语音、数据和多媒体业务的融合网络。

2004 年国际电联对 NGN 所作的定义为：NGN 是一个基于分组技术的网络，能够提供包括电信业务在内的多种业务，并能够使用多种带宽的且有服务质量（Quality of Service，QoS）保证的传送技术；业务功能与底层的承载传送技术无关；能够为用户提供到多个业务提供者的无限制接入；能够支持通用移动性，为用户提供连续的、无处不在的业务。

从 NGN 的概念可以看出其核心是业务与呼叫控制的分离、呼叫控制与承载的分离，开发者可以直接在业务层定义自己的业务或应用而不必关心承载业务的网络形式以及终端类型，使得业务和应用的提供具有较大的灵活性，从而满足用户不断更新的业务需求，也使得网络具备了可扩展性和快速部署新业务的能力。

NGN 是建立在单一的包交换网络基础上，应用软交换技术、各种应用服务器及媒体网关技术建立起来的一种分布式的、电信级的、端到端的统一网络。同时，NGN 提供了一个开放式的体系架构，便于新业务的快速开发和部署。

NGN 是一种分层体系结构，包括接入层、传输层、控制层和业务层。如图 2-17 所示，接入层负责各类终端的接入；传输层负责基于 IP 网络的信息传送，与各种类型的网络互联互通；控制层完成对传输层各个设备接入呼叫的连接控制，向业务层提供独立传送的呼叫控制能力；业务层提供业务逻辑创建、执行、管理的环境，向用户提供各种业务。

支撑 NGN 的关键技术有以下七个方面。

1）IPv6

作为网络协议，NGN 基于 IPv6。IPv6 相对于 IPv4 的主要优势是：扩大了地址空间、提高了网络的整体吞吐量、服务质量得到很大改善、安全性有了更好的保证、支持即插即用和移动性、更好地实现了多播功能。

2）光纤高速传输技术

NGN 需要更高的速率、更大的容量，但到目前为止我们能够看到的，并能实现的最理

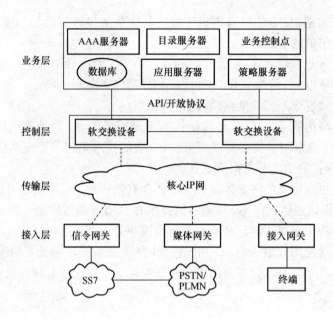

图 2-17 NGN 体系结构

想传送媒介仍然是光，只有利用光谱才能带给我们充裕的带宽。

3）光交换与智能光网

光有高速传输是不够的，NGN 需要更加灵活、更加有效的光传送网。组网技术现正从具有分插复用和交叉连接功能的光联网向利用光交换机构成的智能光网发展，从环形网向网状网发展，从光-电-光交换向全光交换发展。

4）宽带接入

NGN 必须要有宽带接入技术的支持，因为只有接入网的带宽瓶颈被打开，各种宽带服务与应用才能开展起来，网络容量的潜力才能真正发挥。

5）软交换

为了把控制功能（包括服务控制功能和网络资源控制功能）与传送功能完全分开，NGN 需要使用软交换技术。软交换的概念基于新的网络分层模型（接入与传送层、媒体层、控制层与网络服务层四层）概念，从而对各种功能作不同程度的集成。

6）3G 和后 3G 移动通信系统

制定 3G 标准的 3GPP 组织于 2000 年 5 月已经决定以 IPv6 为基础构筑下一代移动网，使 IPv6 成为 3G 必须遵循的标准。包括 4G 在内的后 3G 系统将定位于宽带多媒体业务，使用更高的频带，使传输容量再上一个台阶。

7）IP 终端

随着政府上网、企业上网、个人上网、汽车上网、设备上网、家电上网等的普及，必须要开发相应的 IP 终端来与之适配。

目前 NGN 的研究中仍有一些问题未看到有效的解决方法，例如端到端的 QoS、安全性、对流媒体业务的支持、多播与广播、电话网和 Internet 的编号与寻址的统一、网管和计费及商业模式等。

1) 承载网的 QoS

IP、ATM 都是可供选择的技术，其中 ATM 的 QoS 问题解决得比较彻底，对实时性较高的业务会比较有利。但是，由于它是面向连接的技术，信令比较复杂，另外 ATM 的问题很多并没有解决，未来的承载网采用 IP 的可能性极大。

但是，IP 网本身亦有许多问题需要解决，目前的分组数据网是为传送非实时、突发性数据业务而设计的，能否为 NGN 所承载的话音及视频等实时业务提供所需的 QoS 服务保证，是 NGN 发展所面临的主要问题。

2) 网络互联互通

由于 NGN 技术本身在不断发展，协议本身也需要根据业务需求不断完善和补充。各厂家采用的协议不同，或者对同一协议细节的理解不同，因此不同厂家设备之间互通在今后几年内将是一个关键问题。

3) 如何实现私网穿透问题

为了隐藏私有地址，防止外部攻击以及节省对公网 IP 地址的占用，企业网与公网的边缘都会设有 NAT，实现 IP 地址及 Port 端口号的改变。

NAT 仅对 IP 包的地址及端口号进行转换，而 H.248 及 SIP 等协议真正的媒体连接信息是放在 IP 包的负载中传递的，这部分的私网地址是无法被 NAT 映射成公网地址传到对方用户的，因此媒体流实际是无法真正建立起来的；且 NAT 如何保持所记录的会话地址转换直到通话结束才被删除，这都是目前这一领域需要解决的问题。

4) 业务开发的问题

NGN 的业务层是对网络运营商、ISP、ICP、ASP 和用户完全开放的，他们都可以在 NGN 的业务层上创建业务、经营业务。最典型的是 IP 电话，网络运营商提供电话到电话的 IP 电话服务，ISP、ICP、甚至用户可以开展 PC 到 PC 的 IP 电话服务。

5) 网络管理

要使 NGN 有序、有效地发挥作用，管理是十分重要的方面。NGN 的网络管理有两个内容：网络资源的管理和用户的管理。

NGN 的网络的安全管理、NGN 中端到端的 QoS 管理、四级网络和众多运营商网络的协调管理都是 NGN 的网络资源管理的重大课题。

用户的管理是 NGN 中的新问题。传统电信网管理到交换机的用户端口就可以对用户权限、QoS、用户业务、计费进行管理，这是因为从交换机用户端口到用户设备都是用户独享的。因特网通过授权、认证、计费对共享资源的用户进行上网管理，但它在带宽、QoS、用户业务、业务网功能资源的占用、安全等级等的管理方面还是欠缺的。

习题 2

1. 举例说明实际通信中，哪些应用系统传输的是数字信号？哪些应用系统传输的是模拟信号？比较这两种信号的特点。

2. 信道容量的主要技术指标有哪些？各有什么含义？

3. 当双向通信在一条信道上进行时，按照信息的传送方向可以分为哪 3 种方式？试分别举例说明。

4. 试比较串行通信方式与并行通信方式的优缺点。

5. 基带传输与频带传输的主要区别是什么？分别适用于哪些应用场合？

6. 简述香农公式在信息传输技术中的重要意义。

7. 试说明通信带宽、速率与传输距离之间的关系。

8. 为什么说奈奎斯特定理描述了有限带宽、无噪声信道的最大数据传输速率与信道带宽的关系？

9. 说明大数定理和比例尺定理在综合布线工程设计中的指导作用。

10. 常用的多路复用技术有哪些？各应用于何种场合？

11. 常用的接入技术有哪些？各有什么特点？

12. 网络的拓扑结构主要有哪些？各有什么特点？

13. 下一代网络主要有哪些特征？关键技术包括哪些？

第3章 综合布线的材料与设备

学习目标

通过本章学习，掌握综合布线常用线缆的基本特点与选择原则，熟悉综合布线系统相关器材的选择，掌握交换机的基本配置方法，了解智能配线系统的基本组成。

3.1 布线线缆

综合布线使用的线缆主要有两类：电缆和光缆。本节将分别对各种线缆的结构、分类、性能与应用进行详细介绍。

3.1.1 同轴电缆

同轴电缆（Coaxial Cable）简称同轴线，以一根铜线为芯，外包一层绝缘材料。这层绝缘材料用密织的网状导体环绕，网外又覆盖一层保护性材料。有两种广泛使用的同轴电缆，一种是 50Ω 电缆，用于数字传输，由于多用于基带传输，也称为基带同轴电缆；另一种是 75Ω 电缆，用于模拟或数字传输，由于多用于传输宽带信号，也称为宽带同轴电缆。

1. 同轴电缆的物理结构

同轴电缆的结构如图 3-1 所示，其轴心的实芯铜导线是传导信号的载体，导线外裹的绝缘层用于将信号束缚在铜质内芯中，绝缘层外包有一层与内导线同轴的导电金属层，用来屏蔽外部电磁侵扰和防止内部信号辐射，同轴电缆的最外层还包了一层保护性绝缘塑料外皮。由于使用时屏蔽层需接地，只有内导体可以传导单极性信号，故同轴电缆又称非对称电缆。

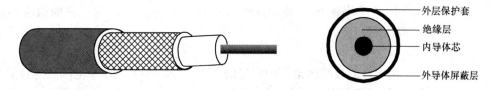

外层保护套
绝缘层
内导体芯
外导体屏蔽层

图 3-1 同轴电缆的结构

2. 同轴电缆的分类

1）按传输的信号分类

根据传输信号的不同，同轴电缆有基带同轴电缆与宽带同轴电缆之分。基带同轴电缆的屏蔽线是用铜做的网状结构的，特征阻抗是 50Ω，用于数字传输。宽带同轴电缆屏蔽线是铝冲压的，特征阻抗是 75Ω，用于模拟信号或数字传输。传送有线电视信号使用的是 75Ω 的同轴电缆。

2）按同轴电缆的直径大小分类

对于基带传输的 50Ω 同轴电缆，根据电缆的直径大小不同，又有细缆与粗缆之分。表 3-1 列出了粗、细同轴电缆的主要参数。由于基于同轴线信道的计算机网络需采用总线型拓扑结构，即所有网络设备同时挂接在一条同轴电缆上，一旦发生线路故障，将导致全网络瘫痪，并且网络重构时需要相应重新布线。因此，目前此类网络已经基本被淘汰。取而代之的是基于双绞线和光纤信道的星型以太网，以便与更高速率的主干以太网混合组成更大规模的计算机局域网。

表 3-1 50Ω 基带同轴电缆参数

电缆型号	RG11（粗缆）	RG58（细缆）
内导体	2.17mm 铜线	2.17mm 铜线
绝缘体	6.27mm 泡沫聚乙烯	2.59mm 泡沫聚乙烯
外导体	铝塑薄膜纵包＋镀锡铜线编织	铝塑薄膜纵包＋镀锡铜线编织
护套	黄色聚氯乙烯，10.3mm	灰或黑色聚氯乙烯，4.7mm
用途	10Base-5	10Base-2
最大传输距离	500m	180m
衰减限值 （dB/100m）	1MHz：0.62 10MHz：1.71 100MHz：5.58 1000MHz：22.60	1MHz：1.40 10MHz：4.32 100MHz：13.80 1000MHz：48.00

3. 同轴电缆的电气参数

1）特性阻抗

特性阻抗是线路每一点上传导波的电压与电流比率的复值，是用来描述信号传输均匀性的指标，其数值只取决于同轴线内外导体的半径、绝缘介质和信号频率，常用的有 50Ω 基带同轴电缆和 75Ω 宽带同轴电缆。在一定频率下，不管线路有多长，要求线上各点的特性阻抗是不变的。若由于制造或施工原因出现特性阻抗的不连续性，包括开路、短路、终端未接吸收负载、弯曲半径过小等都将导致信号反射。

2）衰减

衰减一般是指 500m 长的电缆段的信号损耗分贝值。当用 10MHz 的正弦波进行测量时，它的值不应超过 8.5dB（17dB/km）；而用 5MHz 的正弦波进行测量时，它的值应不超过 6.0dB（12dB/km）。

3）频带宽度

同轴线的带宽多指允许的衰减值范围内对应的有效信号功率下的频率范围。与目前常用的 6 类双绞线的 250MHz 带宽相比，同轴线的带宽高达 800～1000MHz，这是目前为止各种双绞电缆甚至是最先进的双绞电缆制造技术也无法企及的，这也是同轴线至今尚未被双绞线替代的主要原因。

4）直流回路电阻

同轴电缆的直流电阻指中心导体的电阻与屏蔽层的电阻之和，在 20℃ 下测量时，其值不能超过 10mΩ/m。

4. 同轴电缆的应用

前已述及，由于同轴电缆在局域网组网时不可避免的缺陷，在计算机网络中同轴电缆已经逐步被双绞线与光纤替代。目前，同轴电缆主要用于模拟视频信号的传输。

楼宇模拟视频设备如闭路电视监控系统（CCTV）、有线电视系统（CATV）、卫星电视接收系统中图像信号的传输，主要使用 75Ω 宽带同轴电缆，其可以承载 54～600MHz 的全频带信号，主要参数如表 3-2 所示。若选用铝塑＋编织多层外导体结构形式的高性能同轴电缆，可进一步改善其屏蔽抗干扰能力，更适合于未来的宽带、双向、多媒体三网合一的应用需求。

表 3-2　75Ω 视频同轴电缆参数

电缆型号	RG59（美国）	SYKV-75-5（中国）	RG62（美国）
内导体	0.81mm 铜包钢线	1.10mm 铜线	1.02mm 铜线
绝缘体	3.66mm 聚乙烯	4.7mm 聚乙烯	4.57mm 聚乙烯
外导体	铝塑薄膜纵包＋铝合金线编织	铝塑薄膜纵包＋镀锡铜线编织	铝塑薄膜纵包＋铝镁合金线编织
护套	聚氯乙烯，6.02mm	聚氯乙烯，7.3mm	聚氯乙烯，6.90mm
用途	CCTV	CATV	卫星电视
传输衰减 （dB/100m）	10MHz：3.3 50MHz：5.9 200MHz：11.5 400MHz：16.1 900MHz：24.3 1000MHz：25.9	10MHz：4.4 200MHz：6.7 300MHz：10.7 450MHz：13.6 800MHz：18.9 1000MHz：21.1	5MHz：2.13 300MHz：11.08 450MHz：13.80 900MHz：20.13 1200MHz：23.61 1800MHz：53.79

3.1.2　双绞线

双绞线采用一对互相绝缘的金属导线互相绞合的方式来抵御一部分外界电磁波的干扰。把两根绝缘的铜导线按一定密度互相绞合在一起，可以降低信号干扰的程度，每一根导线在传输中辐射的电波会被另一根线上发出的电波抵消，"双绞线"的名称也是由此而来。

1. 双绞线的物理结构

双绞线一般由两根（22 号和 26 号）绝缘铜导线相互缠绕而成，实际使用时，双绞线是由多对双绞线一起包在一个绝缘电缆套管里的。典型的双绞线是四对的，也有更多对双绞线放在一个电缆套管里的。在双绞线电缆内，不同线对具有不同的扭绞长度，一般来说，每个线对的扭绞长度在 12.7mm 以内，4 对双绞线整合成电缆时按逆时针方向扭绞，扭绞长度在 14～38.1mm。通常来说，线对扭绞越密，抗干扰能力就越强。与其他传输介质相比，双绞线在传输距离、信道宽度和数据传输速度等方面均受到一定限制，但价格较为低廉。

虽然双绞线这个大家族中产品种类繁多，但它们都是采用对绞电缆的简便方法来解决干扰问题的。实验表明，如果双绞线的绞距同外来干扰电磁波的波长相比很小，则可以认为空间电磁干扰在每个绞环上产生的感应电动势在每一条导线上可以相互抵消，如图 3-2 所示，不会对线上传输的信号产生影响；另一方面，每对电缆传输的是双极性的对称平衡信号，信

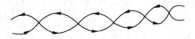

图 3-2　双绞线的感应电动势

号电流在两条线上大小相等方向相反，它们在周围空间也产生电磁场，势必对相邻线对上的信号形成干扰——串扰，信号频率越高，辐射越大串扰越严重。按照电磁感应原理，双绞线对于相邻信号线对的互感也为零，这是抑制干扰的理想情况。实际应用中理想的平衡电缆是不存在的，除了产品质量因素之外，施工中电缆弯曲会造成绞节的松散，电缆附近的任何金属物也会形成与双绞线的分布电容耦合，使相邻线对绞环内的电磁场不再完全相反，此时双绞线的抗干扰特性就相对减弱了。

2. 双绞线的分类

1）按是否屏蔽分类

按照绝缘层外部是否拥有金属屏蔽层，将双绞线分为屏蔽双绞线（Shielded Twisted Pair，STP）和非屏蔽双绞线（Unshielded Twisted Pair，UTP）。屏蔽电缆按其屏蔽层的用材和绕包方式不同，又可分为铝箔总包裹屏蔽电缆（FTP）、铝箔/金属编织网双层总裹包屏蔽电缆（SFTP）和独立分包后外层总包裹双层屏蔽电缆（STP）3种，如图3-3所示。为叙述方便，本书后续内容中，屏蔽双绞电缆统称为STP，STP不单独指铝箔总包裹屏蔽电缆。图3-3中的拉绳用于施工中撕开电缆护套；接地线必须与接地装置相连，用于释放屏蔽层的感应电荷，避免感应电荷附着在屏蔽层形成新的干扰源。

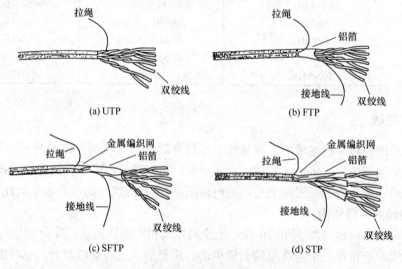

图 3-3　双绞电缆

STP外面由一层金属材料包裹，以减小辐射，防止信息被窃听，同时具有较高的数据传输速率，但价格较高，安装也比较复杂；UTP无金属屏蔽材料，只有一层绝缘胶皮包裹，价格相对便宜，组网灵活。除某些特殊场合（如受电磁辐射严重、对传输质量要求较高等）的布线中使用STP外，一般情况下采用UTP。

2）按双绞线的内含对数分类

综合布线技术的水平布线和工作区布线大量使用4对双绞电缆，当将双绞线用于垂直主干时往往采用大对数双绞电缆。大对数双绞电缆与普通4对双绞线在性能上没有区别，只是可以降低布线的复杂性，减少所占用的竖井空间。随着网络传输速率提升，大对数双绞电缆在布线系统中的应用已经越来越少，主要见于语音传输的干线。图3-4所示为24对UTP外形，图3-5所示为大对数电缆横截面。

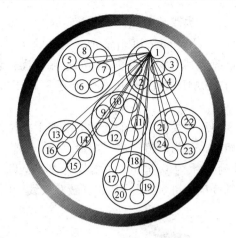

图 3-4　24 对 UTP 外形图　　　　　　图 3-5　大对数电缆横截面

3）按双绞线的电气性能分类

如表 3-3 所示，综合布线技术中是按"类"来区分双绞电缆的电气性能的。数码越大，电缆等级越高。不同电气等级的双绞电缆的导体截面积、外包装尺寸以及护套颜色基本相同，但它们组网时的最大允许布线长度和可以支持的应用体系却截然不同。高等级的电缆可向下兼容低等级的应用。

表 3-3 中 A 级综合布线系统的等级最低，而 F 级是目前国际、国内标准的最高等级。

随着计算机网络应用等级的不断提高，目前 5 类以下等级的配线电缆在新建工程中已很少使用，当前主流布线技术为 6 类非屏蔽双绞线。7 类双绞线与 5 类、超 5 类和 6 类相比虽然具有更高的传输带宽，但除非构建"到桌面"的 10Gbit/s 网络，否则 7 类双绞线很少被采用。下面对目前尚在使用的超 5 类以上的电缆分别进行简单介绍。

表 3-3　不同电气类型的双绞电缆

| 系统分级 | 最高传输频率 | 系统组网传输距离限制（m） | | | | | 应用举例 |
| | | 对绞电缆分级 | | | | | |
		100Ω 3 类	100Ω 4 类	100Ω 5 类	100Ω 6 类	100Ω 7 类	
A	100kHz	2000	3000	3000		3000	PBXX. 21/V. 11
B	1MHz	200	260	260		290	N-ISDN CSMA/CD 1BASE 5
C	16MHz	100	150	160		180	CSMA/CD10BASE-T TokenRing4Mbit/s TokenRing16Mbit/s
D	100MHz			100		120	TokenRing16Mbit/s B-ISDN（ATM）TP-PMD CSMA/CD100BASE-T
E	250MHz				100	110	CSMA/CD1000BASE-T
F	600MHz					100	

（1）超 5 类双绞电缆。

超 5 类（Enhanced Category 5，CAT 5e）双绞线是对原有 5 类双绞线部分性能加以改善后的电缆，其不少性能参数，如近端串扰、衰减串扰比、回波损耗等都有所提高，但传输带宽仍为 100MHz，因此其本质上还是属于 5 类双绞线，是千兆网向万兆网升级的过渡技术。

超 5 类双绞线具有 4 个绕对电缆和 1 根拉线（也称剥皮拉绳），线对的颜色与 5 类双绞线完全相同，分为白橙、橙、白绿、绿、白蓝、蓝、白棕和棕（简称橙对、绿对、蓝对和棕对）。裸铜线径为 0.51mm（线规为 24AWG），绝缘线径为 0.92mm，UTP 电缆直径为 5mm。图 3-6 为超 5 类 UTP 非屏蔽双绞线，图 3-7 为超 5 类屏蔽 FTP 双绞线。

 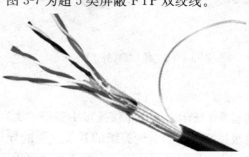

图 3-6　超 5 类 UTP 非屏蔽双绞线　　　　图 3-7　超 5 类屏蔽 FTP 双绞线

（2）6 类双绞线。

6 类（Category 6）非屏蔽双绞线比超 5 类线的各项电气性能指标都有较大提高，带宽也扩展至 250MHz 或更高。超 5 类和 6 类电缆系统都与现在广泛使用的 RJ-45 接插模块兼容。6 类双绞线在外形上和结构上与 5 类或超 5 类双绞线都有一定差别，不仅中间增加了绝缘的十字骨架，而且将双绞线的 4 对线分别约束于十字骨架的 4 个凹槽内，如图 3-8 所示。

图 3-8　6 类 UTP 双绞线

10G over UTP 是由 IEEE 协会的 802.3an 协议所规范。10G 代表其在以太网上的数据传输速率。10G Base-Fiber（802.3ae）标准是光纤作为传输介质的规划，10G Base-T（IEEE 802.3an）标准是双绞线传输的标准。

IEEE 802.3an 标准规定，可适用于 10Gbit/s 传输的缆线包括 CAT 6e 和 CAT 6a。其中，CAT 6e 支持 55m 以内的线路；CAT 6a 通过提高双绞线扭转率、增加缆线直径，从而达到 625MHz 高频率表现，并可在 100m 以上的线路实现 10Gbit/s 的传输速率。

CAT 6a 类和 CAT 6 的主要区别包括：CAT 6a 将频带扩展至 500MHz，而 CAT 6 可能

停步于 250MHz，因为 6 类线技术没有进行针对更高频率的测试。虽然 CAT 6a 和 CAT 6e 都适用于 10G Base-T 的网络传输标准，但 CAT 6e 已经慢慢淡出市场。

6 类线是目前不采用单独线对屏蔽形式而提供最高传输性能的技术。对于绝大多数的商业应用，6 类的 250MHz 带宽在整个布线系统生命期内对于用户来说是足够的，因此 6 类双绞线缆目前是商业大楼布线的最佳选择。

（3）7 类双绞线。

7 类双绞线（Category 7）是欧洲近年提出的一种电缆标准，并在美洲得到越来越多的承认。7 类线缆技术提供高达 600MHz 的带宽，相对于 100MHz 的 5e 类标准和 250MHz 的 6 类标准，无疑提升了铜缆布线技术更广阔的发展空间。

与现行的超 5 类、6 类双绞布线系统相比，7 类布线系统具有以下特点：

① 至少 600MHz 的带宽。

在 7 类标准中规定了最低的传输带宽为 600MHz，而采用"非 RJ 型" 7 类布线技术可以达到 1.2GHz。如图 3-9 所示，7 类双绞线要求使用双屏蔽电缆，即每线对都单独屏蔽，而且总体也屏蔽的双绞电缆，以保证最好的屏蔽效果。此种 7 类系统的强大噪声免疫力和极低的对外辐射性能使得高速局域网不需要更昂贵的电子设备来进行复杂的编码和信号处理。

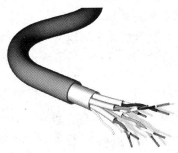

图 3-9 CAT 7 S/STP 屏蔽双绞线

双屏蔽的 7 类电缆在外径上比 6 类电缆大得多，并且没有 6 类电缆的柔韧性好。这要求在设计安装路由和端接空间时要特别小心，要留有很大的空间和较大的弯曲半径。此外，7 类线对连接硬件的要求也比较高，要求连接头要在 600MHz 时，提供至少 60dB 的线对之间的串扰隔离。

② 节约成本。

与一个光纤局域网的全部造价相比，"非 RJ 型" 7 类布线具有明显优势。对 SYSTEM7（SYSTEM7 采用双屏蔽的 TERA 连接头，是一个每一线对可达 1GHz 传输性能的标准双绞布线系统解决方案）系统和 $62.5/125\mu\text{m}$ 多模光纤信道系统的安装成本进行比较后发现，二者的安装成本接近。但一个光纤局域网设备的成本大约是双绞线设备的 6 倍。综合考虑全部的局域网络安装成本时，SYSTEM7 仅为多模光纤的一半。

另一方面，由于"非 RJ 型" 7 类的每线对均单独屏蔽，极大地减少了线对之间的串扰，这样允许 SYSTEM7 能在同一根电缆内支持语音、数据、视频多媒体三种应用。在工作区或电信间，TERA 有 1 对、2 对和 4 对模块化连接插头形式，实现了在同一插座口内直接连接多种应用设备口。

③ 应用广泛。

由于"非 RJ 型"7 类布线系统采用双屏蔽电缆，它能满足那些以屏蔽双绞线系统为主的地区的需要。双屏蔽解决方案主要应用于严重电磁干扰环境，如一些广播站、电台等。另外，也可应用于那些出于安全目的，要求电磁辐射极低的环境。此外，宽带智能小区和商业大楼也是潜在的市场。

4）按是否阻燃分类

根据电缆是否阻燃，可以将电缆分为阻燃电缆与非阻燃电缆。在火灾时，分布在天花板隔层密闭空间和电缆井垂直空间的易燃线缆会成为火势蔓延的最大帮凶，并且同时产生大量浓烟。国内外一系列重大火灾的调查表明，对于建筑物内的人和设备来说，火灾发生时威胁最大的不是明火和热量，而是各种材料在燃烧时产生的烟雾。滚滚浓烟不仅模糊了逃生的通路，使人中毒窒息，其中裹杂的细小烟雾颗粒和导电碳粒子更可弥漫到远离火场的设备间和办公场所，污染并短路敏感的微电子线路和其他部件，其不利影响可能持续困扰用户相当长的时间，潜在损失更是无法估量。

目前，国内大多数用户对通信线缆的选择都是基于电气性能要求，对线缆的防火设计往往被忽视。然而随着社会对消防安全和环境保护的重视，在近年的工程案例及招投标过程中，特别是新建办公大楼，明确提出对线缆的防火要求并逐渐形成了共识，在一些重要项目中通常明确使用阻燃级别线缆或者低烟无卤线缆。

一般将阻燃（Fire Retardant）、低烟无卤（Low Smoke Halogen Free，LSOH）或低烟低卤（Low Smoke Fume，LSF）、耐火（Fire Resistant）等具有一定防火性能的电缆统称为阻燃电缆。

（1）阻燃电缆的结构。

阻燃电缆的结构和普通电缆基本相同，不同之处在于它的绝缘、护套、外护层以及辅助材料（包带及填充）全部或部分采用阻燃材料。图 3-10 为阻燃电缆的结构示意图。

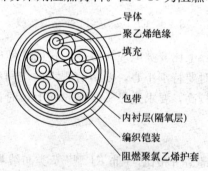

导体
聚乙烯绝缘
填充

包带
内衬层(隔氧层)
编织铠装
阻燃聚氯乙烯护套

图 3-10　阻燃电缆的结构

（2）阻燃电缆技术标准及等级。

电缆涉及火灾安全保护的主要技术指标是阻燃性、烟雾浓度和气体毒性。欧洲和美国对火灾安全有着完全不同的观点，美国防火标准较关注前两个问题，认为火灾的根源在于燃烧过程一氧化碳（CO）毒气的产生以及其后转化为 CO_2 的热释放，因此控制燃烧过程中的热释放量可减少火灾的危害；欧洲则深信在燃烧中产生的卤酸（HCl）释放量、气体腐蚀性、烟雾浓度及气体毒性是决定人们能否安全脱离火灾现场的主要因素。

为了定量评定线缆的阻燃逃生时间性能，国际电工委员会分别制定了 IEC 60332-1、IEC 60332-2 和 IEC 60332-3 三个标准。IEC 60332-1 和 IEC 60332-2 分别用来评定单根线缆按倾斜和垂直布放时的阻燃能力（国内对应 GB12666.3 和 GB12666.4 标准）。IEC 60332-3（国内对应 GB 12666.5）按照不同燃烧温度分为 A、B、C、D 四类，用来评定成束线缆垂直燃烧时的阻燃能力，相比之下成束线缆垂直布放燃烧时对阻燃能力的要求要高得多。

在国内综合布线技术中，目前主要的防火等级划分综合采用了美国国家电气规程 NEC 制定的 CMP、CMR、CM 及欧洲的低烟无卤 LSOH 等类型。分类齐全的北美标准被广泛采用，如表 3-4 所示，线缆的防火等级在表格中由左至右为自高到低排列，其中 CMP 级别的阻燃线缆被公认为防火性能最好的电缆。

表 3-4　北美阻燃线缆的测试标准及分级表

测试标准		UL910	UL1666	UL1581	VW-1
NEC 标准	电缆分级	CMP（阻燃级）	CMR（主干级）	CM、CMG（通用级）	CMX（住宅级）
	光缆分级	OFNP	OFNR	OFN	

（3）阻燃电缆的护套材料及其防火性能。

近年来全新的护套材料生产技术提升了线缆的防火安全性能。目前三种最常用的线缆材料为：聚乙烯（PE）、聚氯乙烯（PVC）和氟化乙丙烯（FEP）。PE 材料为绝缘铜芯线提供了极佳的电气绝缘特性，但在火灾中是高度可燃的，燃料热载荷非常高，并容易产生浓烟，对生命和设备的安全形成重大威胁；PVC 材料的电气绝缘特性较差，但是比 PE 材料提供了较好的防火性能，在制造过程中可增加其他材料以适于加工，并更富适应性、耐老化。这种合成的 PVC 化合物材料价格不贵，防火性能相对较高，但本质上还是可燃的。

CMP 级别线缆又称阻燃线缆的结构如图 3-11 所示，绝缘层采用 FEP 材料，外护套采用低发烟的 PVC 或 FEP 材料。FEP 材料在燃烧冒烟解体之前可以忍受 800℃以上的高温，比通常无卤线缆最高可承受 150℃的温度高数倍，只有 FEP 材料符合在火焰蔓延、燃料载荷和烟雾量方面的最高防火性能标准，同时 FEP 也是一种高效能的电气绝缘体。因此，FEP 非常适用于制作隐蔽空间的高速数据线缆，与 PE、PVC 材料相比其性能优势如表 3-5 所示。

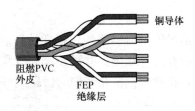

图 3-11　阻燃双绞电缆 CMP（OFNP）的构造

表 3-5　CMP（OFNP）阻燃线缆的特性

低蔓延性	·CMP 缆线不会燃烧、蔓延 ·较少的设备损害和较短的宕机损失 ·CMP 的原材料氟树脂 FEP 是塑料中最难燃烧的一种材料

低发烟性	·CMP 几乎不产生烟雾 ·能确保人员逃生时的视野
低发热量	·即使强制使 FEP 燃烧所产生的热量也只有 PE 的 1/9
耐油性	·CMP 的原材料 FEP 是最优秀的耐油、耐热的材料
低燃烧毒性	·强制使 CMP 燃烧所释放气体的毒性与其他材料的缆线大致相同 ·其他缆线在火灾初期的低温情况下（250～350℃）会产生刺激性气体
施工方便	·可不套金属管线敷设，施工、维护都方便 ·FEP 有着优良的电气特性和强度，无论作绝缘还是作护套都能做到最薄，且线径小
节约成本	·可不套金属管槽采用开放式敷设，因此包括施工、管线在内的建设总成本与套金属管槽时的总成本基本相同

3. 双绞线的电气参数

1）直流环路电阻（Resistance）

任何导线都存在电阻，直流环路电阻是指一对双绞导线的线电阻之和。当信号在双绞线中传输时，会消耗一部分能量且在导体中转变为热量。直流环路电阻的测量原理是将每对双绞线远端短路在近端取数，其值应与电缆中导体的长度和直径相符合。

标准规定 100Ω 非屏蔽双绞电缆直流环路电阻不大于 19.2Ω/100m，150Ω 屏蔽双绞电缆直流环路电阻不大于 12Ω/100m。

2）特性阻抗（Impedance）

特性阻抗是电缆对高频信号所呈现的阻抗，与线上的分布电感和分布电容有关，所谓 100Ω UTP 中的 100Ω 就是指该电缆的标称特性阻抗值。正常情况下，整条电缆在测试频率范围内的测量值不超过标称值的 15％都算合格。

线上任一点的特性阻抗不连续、不匹配都会导致链路信号反射和信号畸变，最严重的情况是开路或短路，它们会产生信号全反射，在网络上造成信号碰撞或帧破损。使用测试仪器上的时域反射技术可以很快进行特性阻抗故障点的定位，如果沿电缆发出的脉冲信号没有反射说明特性阻抗均匀，否则利用脉冲信号返回的时间可以计算出不连续点的距离，反射脉冲的幅度可以告之不匹配的程度。

3）衰减（Attenuation）

衰减又称插入损耗，是对信号能量沿链路传输损耗的量度，取决于双绞线的分布电阻、分布电容、分布电感等分布参数和信号频率，并随频率和线缆长度的增加而增大，用 dB 表示。信号衰减增大到一定程度，将会引起链路传输的信息不可靠，例如网络速度下降、间歇地找不到服务器等。

4）串音（Crosstalk）

串音又译串扰，是高速信号在双绞线上传输时，由于分布互感和电容的存在，在邻近线对中感应到的信号，是电缆中一个线对中的信号在传输时耦合（辐射）到其他线对中的能量损失度量。从一个发送信号的线对（比如 1、2 线对）泄漏到相邻线对（比如 3、6 线对）的这种串音被认为是给相邻线对附加的噪声，因为它会干扰相邻线对中原来的传输信号。

5）传播时延（Propagation Delay）

传播时延代表了信号从链路的起点传输到链路的终点所用的时间，这一参数过大将导致传输信号相位漂移，即脉冲的变形、信号的失真。这也是局域网水平布线有长度限制的另一原因。

传播时延的大小与链路长度和信号传播速度有关，距离一定时不同种类和等级的电缆所用的介质材料决定了相应的传播速度。

6）回波损耗（Return Loss，RL）

回波损耗主要是指电缆与接插件连接处的阻抗不匹配导致的一部分信号能量的反射值。当沿着链路的阻抗发生变化时，比如接插件的阻抗与电缆的特性阻抗不一致时，就会出现阻抗突变时的特有现象。信号到达此区域时必定消耗掉一部分能量来克服阻抗的偏移，由此会出现两个后果，一个是信号被损耗一部分，另一个则是少部分能量被反射回发送端。以1000Base-T 为例，每个线对都是双工通信——既担负发射信号的任务也担负接收信号的任务。因为信号的发射线对同时也是接收线对，那么由于阻抗突变后被反射回到发送端的能量对于接受信号就会成为一种干扰噪声，这将导致接收的信号失真，降低通信链路的传输性能。

4. UTP 双绞线的连接标准

4 线对 UTP 用不同的颜色对来区分各线对，它们分别是：白绿－绿、白橙－橙、白蓝－蓝、白棕－棕。TIA/EIA 布线标准中规定了两种双绞线的连接线序 T568-A 与 T568-B。

标准 T568-A 的线序排列是：

白绿－1、绿－2、白橙－3、蓝－4、白蓝－5、橙－6、白棕－7、棕－8。

标准 T568-B 的线序排列是：

白橙－1、橙－2、白绿－3、蓝－4、白蓝－5、绿－6、白棕－7、棕－8。

5. 双绞线的应用

双绞线的主要应用场合主要包括以下几个方面。

1）局域网

目前在局域网的组建中广泛使用的主要是 6 类双绞线与超 5 类双绞线这两种。在同一楼层内布线没有特殊要求，双绞线应用得较多。

2）电话线

通常情况下，对于电话线来说，3 类线即可满足要求。但在很多智能建筑中，为了布线方便与以后拓展的需要，电话线亦采用与网络布线相同的 6 类线。

3）现场总线

由于双绞线价格便宜，性能优越，在 CAN、LonWorks 等现场总线应用中，都支持基于双绞线的通信连接方式。

3.1.3　光纤

光纤（Optical Fiber，OF）是光导纤维的简称，是一种新型的光导波装置。光缆（Optical Cable）是由单芯或多芯光纤构成的缆线。在综合布线系统中，光纤不但支持 FDDI 主干、1000Base-FX 主干、100Base-FX 到桌面、ATM 主干到桌面应用，还可以支持CATV/CCTV 及光纤到桌面，因而成为综合布线系统中的主要传输介质。由于光纤中传输的不是电信号，而是光信号，下面首先对光纤中信号的传输原理进行介绍，然后依次说明光纤的物理结构、光纤的分类、光纤的性能参数与光纤的主要应用。

1. 光纤的传输原理

光纤的裸纤一般包括三个主要部分：中心的玻璃芯径称为纤芯，其折射率比包层稍高，损耗比包层低，光能量主要束缚在纤芯内传输；中间为硅玻璃形成的包层，为光的传输提供反射面和光隔离，并起一定的机械保护作用；外面是保护性的树脂涂覆层。由于这三个部分之间关系紧密，通常一起生产，如图 3-12 所示。

光波在不同介质中传播时的速度不同，以真空中的传播速度最快。某种介质的折射率定义为光在真空中的传播速度与在该介质中的传播速度之比，折射率是区别不同物质物理特征的重要参数，用 n 来表示。光纤的折射率仅与材料的制造工艺有关。

光纤的纤芯由高纯度二氧化硅制造，并掺杂极少量的二氧化锗等，折射率为 n_1。事实上，还有许多材料可以用来制造光纤的纤芯，不同材料的主要区别在于它们的化学成分，在纤芯中掺杂的目的是提高折射率。包层紧包裹在纤芯的外面，通常也用高纯二氧化硅制造，并掺杂氧化硼等以降低其折射率，折射率为 n_2。

根据物理学可知，当进入光纤的光线射入纤芯和包层界面的入射角为 θ 时，则在入射点 O 的光线可能分成两束，一束为反射光 B，另一束为折射光 C。如图 3-13 所示，根据反射定律和折射定律可以求得反射角 θ'' 和折射角 θ' 分别为

$$\theta = \theta'' \tag{3-1}$$

$$n_1 \sin\theta = n_2 \sin\theta' \tag{3-2}$$

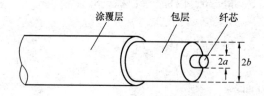

图 3-12　裸纤的结构

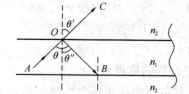

图 3-13　光线在光纤中的折射和反射

在传播过程中反射光将回到纤芯中，又射向纤芯中另一侧包层界面，不断重复 O 点情况，不断往复的结果使光波向前传输；折射光穿过纤芯-包层分界面进入包层中并衰减掉而不能远距离传输。

从式（3-2）可以看出，由于 $n_1 > n_2$，折射角大于入射角，即 $\theta' > \theta$。如果逐渐增大光线对界面的入射角 θ 并达到某一大小数值时，折射角 θ' 将达到 90°，这意味着折射线不再进入包层，而是沿界面向前传播，此时的入射角称为全反射临界角，并用 θ_c 表示。如果继续增大光线的入射角，则光线将全部反射回纤芯中。入射光全部返回纤芯中的反射现象称为"全反射"现象。根据反射定律及几何学原理，反射回纤芯中的光线向另一侧界面入射时，入射角保持不变，换言之这种光线可以在纤芯中不断发生反射而不会折射出光纤外，从而光信号可以全部被束缚在纤芯中得到传输。

当折射角 $\theta' = \pi/2$ 时，根据折射定律，可以求解入射角的正弦值，进而进一步解出折射角度的大小，即

$$\sin\theta_c = (n_2/n_1) \tag{3-3}$$

$$\theta_c = \arcsin(n_2/n_1) \tag{3-4}$$

由式（3-4）可知，光纤的临界入射角 θ_c 只与其材料决定的折射率有关，一旦制造成型，则光纤的 θ_c 将为定值。

综上所述，为了使光波能够在光纤中远距离传输，必须要造成反复发生全反射的条件，即：

（1）光纤纤芯的折射率 n_1 一定要大于光纤包层的折射率 n_2。

（2）进入光纤的光线向纤芯——包层界面入射时，入射角 θ 应大于临界角 θ_c。

除了纤芯和包层外，在包层外面通常还分别有一次涂覆层、缓冲层和二次涂覆层。一次涂覆层的厚度为 $5\sim40\mu m$，其材料是环氧树脂或硅橡胶，作用是增强光纤的机械强度，在光纤受到外界振动时保护光纤的物理和化学性能，同时又可以增加柔韧性、隔离外界水气的侵蚀。缓冲层的厚度约为 $100\mu m$，用以提高光纤的抗拉能力，二次涂覆层即为套塑层。

2. 光缆的物理结构

套塑后的光纤若用于实际工程，还必须对光纤加以包装保护，把若干根光纤疏松地置于特制的塑料绑带或铝皮内，再覆以塑料或用钢带铠装，加上外护套构成光缆。如图 3-14 所示，光缆是由缆芯、加强构件、护套和填充物组成。

1）缆芯

带有涂覆层再外套塑料层后的光导纤维称为光纤芯线，一般有单芯和多芯两种，可以满足一定的机械强度要求，主要完成传输信息任务。单根或多根光纤芯线的不同形状组合在一起称为缆芯，如图 3-14 所示的束状、带状、绞式、骨架式等。

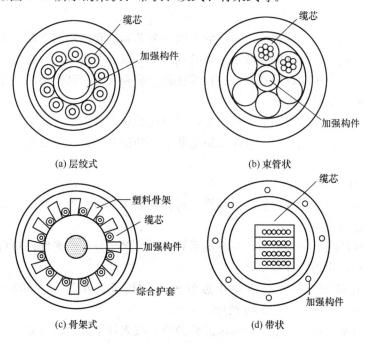

图 3-14　光缆的结构

2）加强构件

加强构件用来增强光缆的抗拉强度，提高光缆的机械性能，通常使用具有屈服应力较大、质量较轻、挠曲性能较好的钢丝，如镀锌钢丝、不锈钢丝。在某些电气设计中，为了防止强电和雷击的影响，加强构件也可采用纺纶丝或玻璃增强塑料等非金属的合成纤维材料。加强构件一般位于光缆的中心，其外面还要再包一层塑料，以保证与缆芯接触的表面光滑、有弹性。

3）护套层

光缆的多层护套是光纤的二次覆盖层，其作用与电缆的护套基本一致，主要用于对缆芯的综合保护，不仅使其免受外界机械侵害和环境因素影响，而且较硬的护套内层还用来防止钢带、加强构件对缆芯造成的损伤。

在结构上，光缆的护套种类很多。按光纤的被二次覆盖方式和光纤在光缆中被约束状态不同，可将光缆分为紧套光缆和松套光缆。目前在工程中多使用松套结构光缆，这种光缆中的光纤有一定的自由移动空间，有利于减小外界机械应力对一次涂覆光纤的影响。根据护套层是否要有较大机械强度的使用要求，可分别选择具有双面涂塑压纹钢带的铠装光缆或无铠装光缆。

为了满足不同使用部位的布线需要，室内光缆和室外光缆分别为特定的应用环境提供了最经济有效的护套保护。室内光缆的护套对环保和阻燃性能要求较高；室外光缆按敷设方式要求的机械保护特性不同可分为架空光缆、管道光缆、直埋光缆和水底光缆多种。室外光缆也可作为建筑物接入光缆。针对不同的环境要求，室外光缆有不同的保护要求。如在雷电多发地区，应选用在加强构件和护套中均不含金属材料的室外非金属光缆，因为强大的雷电流在金属材料中将转换为热能，产生的高温使金属熔融或穿孔；同时，在附近土壤中转换的热能使周围的水分迅速变成蒸汽而产生类似气锤的冲击力，致使光缆变形。

4）填充物

为了提高室外光缆的防潮性能，传统的光缆在缆芯和护套之间的空隙注满油膏之类的憎水复合填充物。它们具有良好的高低温工作特性，60℃以下不流出；在光缆允许的最低工作温度下不僵硬。填充阻水油膏的缺点是进行端接施工前需要清除油膏和清洁光纤，带来操作麻烦的同时也增加了光缆的自重。

近年来出现了不用填充阻水油膏的光缆，其结构是从光缆中心至光缆护套层依次为光纤带、空气、高级吸水膨胀阻水带、皱纹金属铠装层、两根平行金属加强钢丝和高密度聚乙烯外护层。

3. 光纤的分类

光纤的种类很多，分类方法也各种各样。可按照制作材料、工作波长、折射率分布和传输模式等对它们进行分类。

按照制造光纤所用的材料分类，有石英系列光纤、多组分玻璃光纤、塑料包层石英芯光纤、全塑料光纤和氟化物光纤等。

按光纤的工作波长分，光纤可使用近红外光的以下几个波段：800～900nm 波段、1250～1350nm 波段和 1500～1600nm 波段。

下面结合折射率，重点讨论按传输模式的分类。按光纤中信号的传输模式的多少，可分为多模光纤（Multi Mode Fiber，MMF）和单模光纤（Single Mode Fiber，SMF）两类。所谓"模式"指的是光波场在纤芯中的分布形态，在图 3-15 中光纤的受光角内，以某一角度 φ 射入纤芯端面并能在纤芯至包层交界面上产生全反射的传播光线，就称为光的一个传输模式，其数量与点光源照射到光纤端面的入射角 φ 直接相关，如图 3-16 所示，入射光线越多则纤芯中分布的光波传输模式就越多。

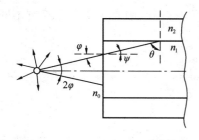

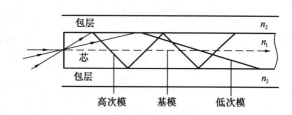

图 3-15　照射到光纤端面的入射光　　　　　图 3-16　多模光纤中的传输模式

多模光纤可以传输若干个模式，而单模光纤对给定的工作波长只能传输一个模式。目前常用的多模光纤纤芯直径主要有 $50\pm3.0\mu m$ 与 $62.5\pm3.0\mu m$ 两种，包层外径 $125\pm2.0\mu m$，通常表示为 $50/125\mu m$ 或 $62.5/125\mu m$。ITU 建议单模光纤的纤芯直径为 $8.6\sim9.6\mu m$，不允许超过 $\pm10\%$ 的误差，包层外径 $125\pm2\mu m$，通常表示为 $9/125\mu m$。

1）多模光纤及分类

多模光纤的纤芯较粗，由于其纤芯直径远远大于光波波长，光纤中会存在着几十种乃至几百种传播模式。同时因为其模间色散较大，限制了传输频率，而且随距离的增加会更加严重。因此，多模光纤传输的距离就比较近，一般只有几公里。

按照横截面上的折射率分布情况多模光纤有突变型和渐变型之分，如图 3-17 所示。

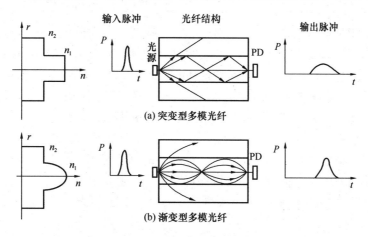

图 3-17　两种光纤的折射率分布及光波传输模式

在突变型光纤中，纤芯到包层分界面两边的折射率是突变的。这种光纤结构最为简单、成本低但其中的传输模式很多，各种模式的传输路径不一样，经传输后到达终点的时间也就不相同，从而使光脉冲功率受到分散，这种现象称为色散现象。

在渐变型光纤中，纤芯中心的折射率最大，沿纤芯半径方向逐渐减小，纤芯到包层分界面两边的折射率是连续的，这种光纤能减少模式之间的色散，提高光纤带宽，增加传输距离，但生产成本较高。

多模光纤多用于传输速率相对较低、传输距离相对较短的网络中。例如，局域网等，这类网络中通常具有结点多、接头多、弯路多，而且连接器、耦合器的数量多，单位光纤长度使用的有源设备多等特点，使用多模光纤可以降低网络成本。依照 ISO 组织对于多模光纤应用的分类，为 OM1、OM2 和 OM3 多模光纤，不同的标准组织对于多模光纤有不同的规范，TIA、IEC 和 ISO 对于光纤的分类如表 3-6 所示。

表 3-6　多模光纤应用分类

标准机构	文件号	说明
TIA	492AAAA	160/500MHz·km 满注入带宽的 62.5μm 光纤
	492AAAB	500/500MHz·km 满注入带宽的 50μm 光纤
	492AAAC	850nm 的有效注入带宽为 2000MHz·km 的激光优化 50μm 光纤
IEC	60793-2-10	A1a.1 光纤－满注入带宽范围的 50μm 光纤 850nm 工作波长的满注入带宽 200～800MHz·km 1300nm 工作波长的满注入带宽 200～1200MHz·km
		A1a.2 光纤－850nm 的有效注入带宽为 2000MHz·km 的激光优化 50μm 光纤
		A1b 光纤－满注入带宽范围的 62.5μm 光纤 850nm 工作波长的满注入带宽 100～800MHz·km 1300nm 工作波长的满注入带宽 200～1000MHz·km
ISO	11801	OM1－满注入带宽 200/500MHz·km 的光纤（实际上 OM1 光纤是 62.5m 光纤）
		OM2－满注入带宽 500/500MHz·km 的光纤（实际上 OM2 光纤是 50μm 光纤）
		OM3－850nm 的有效注入带宽为 2000MHz·km 的激光优化 50μm 光纤

随着网络应用带宽需求的提高，OM3 万兆多模光纤是当前采用较多的一种多模光纤。OM3 类别是 ISO 于 2002 年 9 月正式颁布的多模光纤标准等级，这类光纤基于 50/125，将光纤对 LED 和激光的传输窗口的两种带宽模式都进行了优化，采用新型的光收发器，可以使 OM3 标准的光纤系统能够在多模方式下至少支持万兆传输至 300m。

需要说明的是，光纤系统在传输光信号时，光纤和两端的有源设备是不可或缺的，随着 IEEE802.3ae 的公布，50/125μm 光纤的应用取得了积极进展，这得益于光纤供应商提出的支持距离超过了规范定义的原始设定距离。标准中提到的距离是最小链路距离，只有所有相关的指标都达到公布的标称值时，才可以保证系统支持更长的传输距离。

表 3-7 列出了常用多模光纤在以太网和 ATM 协议应用时，不同的传输性能与传输距离。

表 3-7　多模光纤应用传输距离

网络与光纤				信道长度（m）					
光纤类型				50/125			62.5/125		
工作波长				850nm		1300nm	850nm		1300nm
模式带宽（MHz·km）				500	2000	500	160	200	500
应用标准	标称速率 （Mbit/s）	波特率 （Mbit/s）	光源类型						
IEEE 802.3 以太网系列									
1000BASE-SX	1000	1250	850nm VCSEL	550	860	—	220	275	—

续表

网络与光纤			信道长度（m）					
1000BASE-LX	1000	1250	1310nm FP	—	—	550	—	—	550
10GBASE-SR	10000	10312.5	850nm VCSEL	82	300	—	26	33	—
10GBASE-LX4	10000	4×3125	1310nm DFP	—	—	300	—	—	300
ITU/T - 异步转移模式（ATM）				600	1000	550	300	500	550

2）单模光纤及分类

单模光纤的纤芯较小（一般为 $9\mu m$ 左右），如图 3-18 所示，只能传送一种模式的光。因此，其模间色散很小，适用于远程通信，但还存在着材料色散和波导色散，单模光纤对光源的谱宽和稳定性有较高的要求，要求谱宽要窄、稳定性能好。单模光纤多用于传输距离长、传输速率相对较高的线路中，如长途干线传输、城域网建设等。

图 3-18 单模光纤传输图

按照国际电信联盟（ITU-T）的定义，单模光纤分为 G.652、G.653、G.654、G.655、G.656 与 G.657 六种。其中，G.652 为非色散位移单模光纤，简称标准单模光纤；G.653 为色散位移单模光纤；G.654 为截止波长位移单模光纤；G.655 为非零色散单模光纤；G.656 为宽带光传输用的非零色散位移单模光纤；G.657 为接入网用抗弯损耗单模光纤。

（1）G.652 单模光纤。

G.652 光纤是零色散点在 $1.31\mu m$ 的单模光纤，根据色散和在 1383nm 处衰耗的要求不同，可以分为四种类型。目前，无中继放大器的单模光系统传输距离可以达到 120km。根据理论计算，在普通的单模 G.652 光纤中，对于以 1550nm 波长来传输光信号的光纤系统来说，当传输速率达到 2.5Gbit/s 时，光纤的色散受限传输距离为 960km；当传输速率达到 10Gbit/s 时，光纤的色散受限传输距离为 60km；当传输速率达到 40Gbit/s 时，光纤的色散受限传输距离大约为 4km。

G.652.C 和 G.652.D 消除了光纤 1385nm 的 OH^- 离子吸收峰（俗称"水峰"），将工作波长扩展至整个 1285～1625nm 范围，因此也称全波光纤。G.652.D 是单模光纤的最新规范，因此也是所有 G.652 级别中指标最严格的并且完全向下兼容的。G.652 单模光纤的应用波长如表 3-8 所示。

（2）其他类型单模光纤。

其他类型单模光纤的应用与特点如表 3-9 所示。

4. 光缆的分类

光缆结构的主旨在于想方设法保护内部的光纤，不受外界机械应力、水以及潮湿的影响。因此，在光缆设计、生产时，需要综合考虑光缆的应用场合、敷设方法来确定光缆的结构。不同材料构成了光缆不同的机械、环境特性，有些光缆需要使用特殊材料从而达到阻燃、阻水等特殊性能。

光缆可以根据应用场合、敷设方式与结构进行分类，通常有如下几种分类方法：

表 3-8　单模光纤应用波长

光缆类型		G.652.A	G.652.B	G.652.C	G.652.D
衰减	1310nm	0.5	0.4	0.4	0.4
	1383nm	不适用	不适用	参见注2	参见注2
	1550nm	0.4	0.35	0.3	0.3
	1625nm	不适用	0.4	0.4	0.4
	最大宏弯损耗				
	最大成缆 PMD（ps/km）[1]	0.5	0.2	0.5	0.2

注：1. 光纤的 PMD 是指光纤中的两个正交偏振模之间的差分群时延，由于光纤并非是理想的圆形从而使两偏振光
　　　到达终点时产生时延，这种时延会使光纤传输中使脉冲展宽而产生误码。

　　2. 1383nm 处的衰减值必须小于或等于 1310nm 处的衰减值。

表 3-9　单模光纤特点与应用

光纤类型	名称	描述
G.653	色散位移单模光纤	将 G.652 单模光纤的零色散点从 1.31μm 波长移到 1.55μm，因为该色散会使光信号严重畸变，限制传输速率和距离
G.654	截止波长位移单模光纤	为了实现跨洋洲际海底光纤通信，以 G.652 单模光纤为基础，开发的截止波长位移单模光纤，其特点是：①在 1.55μm 工作波长的衰减系数仅为 0.15dB/km 左右；②截止波长位移方法改善了光纤的弯曲附加损耗
G.655	非零色散单模光纤	为解决 G.653 单模光纤四波混频严重的问题，开发了非零色散单模光纤，主要为满足采用 WDM 和光纤放大器的光纤通信系统进行高速率、大容量和远距离传输的单模光纤
G.656	宽带光传输用的非零色散位移单模光纤	ITU-T 颁布的宽带光传输用的非零色散位移单模光纤光缆的建议，将其定义为 G.656 光纤，其特点是可以在 S+C+L 三个波段（S 波段：1460～1530nm，C 波段：1530～1565nm，L 波段：1565～1625nm），即 1460～1625nm 范围工作
G.657	接入网用抗弯损耗单模光纤	为了满足光纤到户的发展需要，ITU-T 定义的抗弯曲单模光纤。特点是保证其他性能不变的前提下，降低了光纤在长波长区的弯曲损耗，使光纤在 1625nm 的允许弯曲半径由 30mm 降到 15mm、7.5mm 甚至更低，目前已经被大量应用于光纤接入系统中

（1）按照应用场合为：室内光缆、室外光缆、室内外通用光缆等。

（2）按照敷设方式分为：架空光缆、直埋光缆、管道光缆、水底光缆等。

（3）按照结构分为：紧套型光缆、松套型光缆、单一套管光缆等。

5. 光纤的传输特性

描述光纤传输特性的指标一般为衰减、色散、偏振模色散、带宽、截止波长、非线性效应等，在此主要介绍与综合布线相关的几个参数。

1）光纤信道的衰减

光纤信道的衰减是指光信号从发送端经过光纤信道传输后到达接收端的损耗，它直接影响综合布线的传输距离，用单位长度的光纤输出端光功率 P_o 与输入端光功率 P_i 的比值描述，用分贝（dB）表示为

$$\alpha = -10 \lg \frac{P_i}{P_0}/L \text{ (dB/km)} \tag{3-5}$$

例如，光功率经过长 1km 的光纤传输后，输出光功率是输入的一半，则此光纤信道的衰减为：$\alpha = 3\text{dB/km}$。

引起光纤信道衰减的主要原因有以下几种：

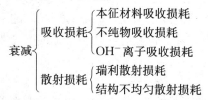

光波传输损耗测试结果表明，光纤的损耗与所传输的光波波长有关。在某些波长附近光纤的损耗最低，这些波段称为光纤的低损耗"窗口"或"传输窗口"。多模光纤一般有两个窗口，即两个最佳的光传输波长，分别是 $0.85\mu\text{m}$ 和 $1.3\mu\text{m}$；单模光纤也有两个窗口，分别是 $1.31\mu\text{m}$ 和 $1.55\mu\text{m}$。对应于这些窗口波长，选用适当的光源，可以大大降低光能的损耗。

2）光纤的带宽和色散

尽管采用渐变折射传输技术，但在多模光纤中模态散射依然存在，只是程度不同而已。即使是单模光纤在拐弯处也是有反射的，而一有反射就牵扯到路径不同，因此色散总会有。所以，光脉冲经过光纤传输之后，不但幅度会因衰减而减小，波形也会发生越来越大的失真，发生脉冲展宽现象即色散现象。

由图 3-19 可见，两个原本有一定时间间隔的光脉冲，经过光纤传输之后产生了部分重叠。为避免重叠的发生，输入脉冲有一最高速率限制。定义相邻两个脉冲虽重叠但仍能区别开时的最高脉冲速率所对应的频率范围为该光纤线路的最大可用带宽。脉冲的展宽不仅与脉冲的速度有关，也与光纤的长度有关。所以，用光纤的传输信号频率 S 与其传输长度 L 的乘积来描述光纤的带宽特性 B，单位为 GHz·km 或 MHz·km，其含义是对某个 B 值而言，当距离增大时，允许的 S 值就得相应地减小，信号的保真度就降低。例如在 850nm 波长的情况下，一根光纤最小带宽是 160MHz·km，这意味着当这根光纤长 1km 时，最大可以传输的信号频率是 160MHz；当长度是 500m 时，最大可传输 160MHz·km/0.5km＝320MHz 的信号；当长度是 100m 时，最大可传输 160MHz·km /0.1km＝1600MHz＝1.6GHz 的信号。IEEE 802.3 C 中规定光纤应用于千兆以太网时不得超过 220m。

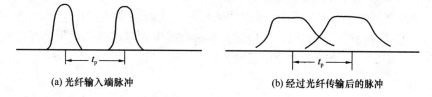

(a) 光纤输入端脉冲　　　　　　　　　　(b) 经过光纤传输后的脉冲

图 3-19　光脉冲的展宽

光脉冲波形在光纤中传输后被展宽是由于色散的存在，这极大地限制了光纤的传输带宽。从机理上说，色散主要有以下 3 种：

（1）模间色散（模式畸变）。

在多模光纤中，传输的模式很多，不同模式有不同的传输路线。如果一个脉冲的能量是分布在多个模式上进行传输，使得光脉冲沿着光纤传输到光电检波器时，有的模式先到，有的后到，这就会出现脉冲畸变，即脉冲展宽。光纤传输的模式越多，脉冲展宽就越严重，对光纤传输带宽的限制也就越严重。同样，传输距离越长，脉冲展宽也越严重。

（2）材料色散。

材料色散是由制造光纤的材料特性引起的，是由光纤材料的折射率随传输的光波长而变化所造成的。折射率不同，传输速度也不同，因而对于光源的一定频谱宽度将产生另一种脉冲展宽。应该注意的是，在测量光纤带宽时，必须选定标准光源，因为用不同谱线的光源所测得的光纤带宽是不同的。

（3）波导色散。

由于光纤的几何结构、纤芯尺寸、几何形状、相对折射率差等方面的原因，使一部分光在纤芯中传播，而另一部分光则在包层中传播。由于在纤芯中和在包层中传播的速度不同而造成光脉冲的展宽，称为波导色散。

通常，多模光纤的模式畸变占主导地位，波导色散可以忽略不计；而单模光纤无模式色散，其带宽仅由材料色散和波导色散两者决定，波导色散的影响就不可忽略。

3）截止波长 λ_c。

通常单模光纤工作在给定的波长范围内，信号传导在纤芯中，由纤芯和包层的界面来导行，沿轴线方向传输。当波长超出给定范围，导波不能有效地封闭在纤芯中，将向包层辐射，在包层里的导波按指数率迅速衰减，这时就认为出现了辐射模式，导波处于截止状态，此波长称为截止波长。只有当工作波长大于截止波长时，即信号频率低于光纤的固有截止频率时，才能保证单模工作状态。

6. 光纤（光缆）的应用

随着技术的发展与人们对带宽的追求，光纤的应用已经深入各行各业。随着 FTTH 业务的开展，光纤将在未来几年内，延伸到大部分家庭中。光纤的应用场合可以分为几个方面：

（1）单体建筑物。在《综合布线系统设计规范》（GB 50311—2007）中已经定义，主要是以垂直干线子系统中的数据传输为主，配以光纤到桌面的水平光纤配线系统。

（2）建筑楼群。在《综合布线系统设计规范》（GB 50311—2007）中，光纤的应用包含在建筑群干线子系统。通过这个子系统，可以将各种单体建筑物中的信息网络连接成一体，以满足各种大型企事业单位、工矿企业、机场、医院、校园、体育场馆、城市交通、城市监控和智能小区内部的自用信息通信业务需求。

（3）住宅及住宅小区。随着 FTTH 技术的发展，光纤在住宅与住宅小区中将得到日益广泛的应用。它可以使得计算机网络、电话交换和有线电视网络全部采用光纤传输，以达到管道资源共享、简化线路、节省造价的目的。

3.2　布线连接器件

3.2.1　电缆布线连接器件

1. 信息插座

信息插座（Telecommunications Outlet，TO）是终端设备与水平布线子系统之间的连接设备，同时也是水平布线的终接点，为用户提供网络和语音接口。信息插座有面板、底盒和信息模块三部分组成，如图 3-20 所示。信息模块应与线缆的等级一致，对于 UTP 电缆而言，通常使用 T568-A 或 T568-B 标准的信息模块，其型号为 RJ-45，内有 8 导体针状结构。

根据所连接线缆种类的不同，信息插座可分为光纤信息插座和双绞线信息插座；根据安装环境的不同，信息插座可分为墙面型、桌面型和地面型三种，如图 3-21 所示。

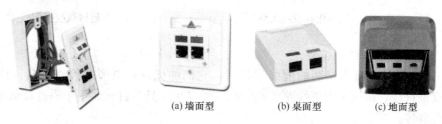

(a) 墙面型　　　　(b) 桌面型　　　　(c) 地面型

图 3-20　信息插座组成　　　　　　　图 3-21　信息插座的面板形式

2. RJ-45 连接器

RJ-45 连接器俗称水晶头，用于制作双绞线跳线或终端设备的接线，实现与配线架、信息插座、网卡或其他网络设备的电缆连接。水晶头作为网络布线的重要部件，其品质对网络传输速率也有很大的影响。图 3-22（a）为非屏蔽布线系统的水晶头，图 3-22（b）为屏蔽布线系统的水晶头，后者与前者的区别在于拥有相应的屏蔽结构，以保证屏蔽设施在布线系统的完整性。

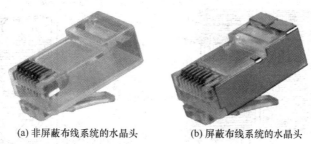

(a) 非屏蔽布线系统的水晶头　　　　(b) 屏蔽布线系统的水晶头

图 3-22　水晶头

3. 电缆配线架

根据使用传输介质的不同，配线架分为电缆配线架和光缆配线架两种，用于端接、固定光缆和电缆，并为不同路由光缆或电缆互连或与其他设备连接提供接口，使综合布线系统变得更加容易管理。

1）模块化双绞线配线架

双绞线配线架大多用于水平布线管理。模块化配线架又称快接式配线架，多用于大型综合布线系统，其前面板有若干用于连接集线设备、交换设备的 4 对双绞线 RJ-45 信息模块端口，后面板连接从信息插座延伸过来的水平布线，图 3-23 为 12 口、48 口、72 口模块化配线架的前面板。

如图 3-24 所示，在屏蔽布线系统中，应当选用屏蔽型配线架，以确保屏蔽体系的完整性。

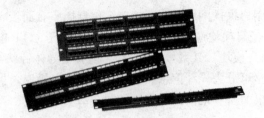

图 3-23 模块化双绞线配线架   图 3-24 屏蔽型双绞线配线架

2）110 系列双绞线配线架

110 系列是综合布线早期的配线架技术，它们的优点是电缆端接密度高，价格相对便宜；缺点是打线、端接和变更线路等操作都需要专用工具，目前多用于语音和低速率的网络应用线缆端接。

（1）夹接式（110A）配线架。110A 配线架是装有若干行齿形条的塑料件，每行齿形条上有金属片的夹子，可端接 25 对双绞线。将待端接的导线沿着配线架的理线器经不干胶色标从左向右放入齿形条间的槽缝里，再用一个专用冲击工具把连接块"冲压"到配线架上，以实现电缆在配线架上的固定与连接，110A 装置图如图 3-25（a）所示。

（2）接插式（110P）配线架。110P 配线架与 110A 不同，它没有"支撑腿"，有水平过线槽及背板组件，这些槽允许安装者自顶布线或自底布线，如图 3-25（b）所示。与 110A 一样，110P 也是每行可以端接 25 对线。

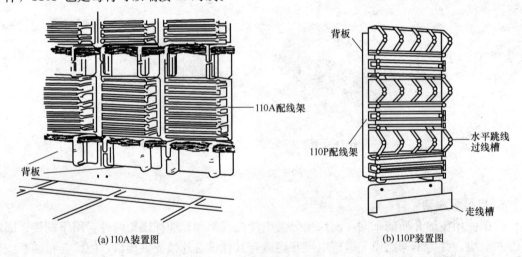

(a) 110A 装置图   (b) 110P 装置图

图 3-25 110 配线架装置图

对一些小型网络的线缆管理（如家庭网络、SOHO 网络），可以选择 110A 壁挂式配线架，无需将其安装于机柜中，从而节约成本和空间。

3）110 连接块

110 连接块是 110 配线架的必需品，如图 3-26 所示，有 3 对线、4 对线和 5 对线三种规格，用于将电缆固定在配线架上。它是一个小型、阻燃的塑料段，内含上下连通的熔锡（银）的接线柱，可压到配线架齿形条上去。连接块中采用了接触点技术，如图 3-27 所示，刀状尖夹子割破外皮建立电气的触点，将连线与连接块的上端接通而无需剥除线对的绝缘护

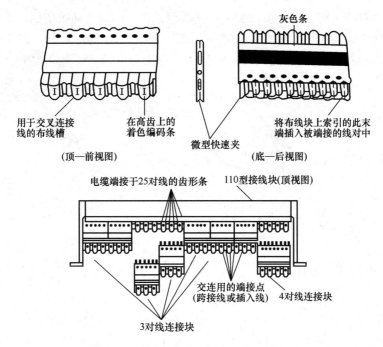

图 3-26　110 连接块及其在配线架的安装

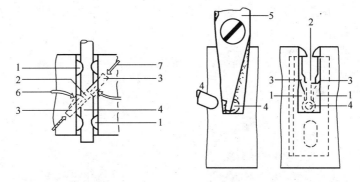

图 3-27　接触点技术

1—夹住点；2—接触缝；3—弹性接触片；4—导线；5—插入工具；6、7—扭转力和恢复力

皮。连接块是双面端接的，故交叉连接跳线可用工具压到它的前面。

　　从图 3-27 中可以看出，110 连接块与导线之间的接触，由接触缝 2 和有弹性的接触片 3 组成。它们与嵌入导线的轴线成 45°角。用插入工具 5 把导线 4 压入接缝时，切刀自动割开导线的保护层，并将导线压入接触簧片的两个接触面之间。通过绝缘层的压移，接触簧片 6、7 产生恒定的扭转力和恢复力，与导线建立了两个永久性的、与空气隔离的接触点。夹点 1 从两面把导线紧紧地夹持住，保证了机械连接的稳固性。对接线工具的一次简单的压入动作，就能不用焊接、不用剥皮地端接好导线，并切断端头的余导线。

4. 双绞线跳线

　　跳线用于实现配线架与集线器交换机之间、信息插座与计算机之间、集线器之间以及集线器交换机与路由器之间的连接。

通常使用的双绞线跳线的材质较水平布线电缆柔韧，以利于插拔变更，其两端均为统一的标准 RJ-45 接头，为了便于区分和管理不同楼层或 VLAN 的计算机，建议采用不同颜色的跳线[图 3-28(a)]。对于 110 配线架，也有专门的跳线[图 3-28(b)]，俗称为鸭嘴头跳线。

(a) 不同颜色的RJ-45跳线　　　　　　(b) 鸭嘴头跳线

图 3-28　跳线

3.2.2　光缆布线连接器件

1. 光纤信息插座

光纤信息面板主要固定和保护光纤现场连接器。光纤信息面板可以固定在墙面或者弱电箱等固定结构内，以墙装 86 式面板为主。也可以选择其他安装方式，备有多种适配器类型可以选择，须提供足够空间保证光纤的 25mm 最小弯曲半径以免光缆物理损伤。为了避免光源对人眼的损伤，并减少光纤跳线被损坏的机会，光纤面板多采用斜口面板或者侧面出纤的方式，如图 3-29 (a) 和 (b) 所示。

(a)斜口光纤面板正面和背面图

(b)侧面出纤光纤面板内部结构图

图 3-29　光纤面板构成图

2. 光纤配线架

光纤配线架用于端接光缆，大多被用于垂直干线和建筑群布线。根据结构的不同，光纤配线架可分为壁挂式和机架式。

壁挂式光纤配线架如图 3-30 所示，可以直接固定于墙体上，一般为箱体结构，适用于光缆条数和光纤芯数都较小的场所。

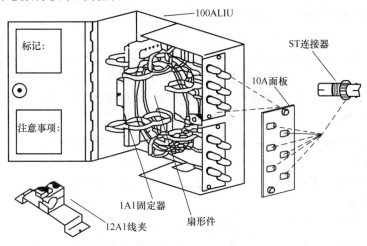

图 3-30　壁挂式光纤配线架

机架式可直接安装在 19in（1in＝2.54cm）标准机柜中，适用于大型光纤网络。一种是固定配置的终端盒，光纤耦合器被直接固定在机箱上；另一种采用模块化设计（如图 3-31 所示），用户可根据光缆的数量和规格选择相对应的模块，便于网络的调整和扩展。

图 3-31　机架式光纤配线架

3. 光纤跳线

光纤跳线用于从网络设备到光纤布线链路的跳接线。有较厚的保护层，一般用在光端机和配线架之间，如图 3-32 所示。

图 3-32　单模光纤跳线和多模光纤跳线

71

光纤跳线主要分为单模和多模两类，单模光纤跳线一般用黄色表示，接头和保护套为蓝色，传输距离较长；多模光纤跳线一般用橙色或灰色区分，接头和保护套为米色或黑色，传输距离较短。

使用光纤跳线时应注意以下几点：

1）收发波长

光纤跳线两端光模块的收发波长必须一致，也就是说光纤两端必须是相同波长的光模块，简单的区分方法是光模块的颜色要一致。一般的情况下，短波光模块使用多模光纤（橙色的光纤），长波光模块使用单模光纤（黄色光纤），以保证数据传输的准确性。

2）不要过度弯曲

光纤在使用中不要过度弯曲和绕环，这样会增加光在传输过程的衰减。

3）用后保护

光纤跳线使用后一定要用保护套将光纤接头保护起来，灰尘和油污会影响光的耦合。

4. 光纤连接器

光纤连接器的主要用途是实现光纤的接续，其种类众多，结构各异。通常使用的单芯光纤连接器的结构基本是一致的，采用高精密组件（由两个插针和一个适配套管共三个部分组成）实现光纤的对准连接。连接器结构如图 3-33 所示。

连接器插芯

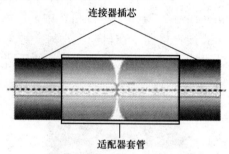

适配器套管

图 3-33　连接器结构

这种方法是将光纤穿入并固定在连接器插芯中，并将插针表面进行研磨抛光处理后，在适配器中实现对准。目前使用的插针的外组件通常使用陶瓷加金属托架的材料制作，适配器套管由陶瓷材料制成的"C"型圆筒形构件做成，为精确地对准光纤，对插针和适配套管的加工精度要求很高。

按传输媒介的不同可分为常见的硅基光纤的单模、多模连接器，还有其他如以塑胶等为传输媒介的光纤连接器；按连接头结构形式可分为 FC、SC、ST、LC、DIN、MU 等多种形式，其中 ST 连接器通常用于布线设备端，如光纤配线架、光纤模块等，而 SC 和 MT 连接器通常用于网络设备端；按光纤端面形状分有 FC、PC（包括 SPC 或 UPC）和 APC；按光纤芯数划分还有单芯和多芯之分。在实际应用过程中，一般按照光纤连接器结构的不同来加以区分。

1）FC 型光纤连接器（图 3-34）

FC 型光纤连接器的外部采用金属套，紧固方式为螺丝扣；FC 型连接器采用的陶瓷插针的对接端面通常采用呈球面的插针（PC），使得插入损耗和回波损耗性能有了较大幅度的提高。

2）SC 型光纤连接器（图 3-35）

SC 型光纤连接器的外壳呈矩形，采用的插针与适配套筒的结构尺寸与 FC 型完全相同；紧固方式是采用插拔销闩式，不需旋转。插拔操作方便，介入损耗波动小，抗压强度较高，安装密度较高。

图 3-34 FC 型连接器   图 3-35 SC 型连接器

3）ST 型光纤连接器（图 3-36）

ST 型光纤连接器的外部采用金属套，紧固方式为刀式转锁的连接器，在原有的系统中应用较为广泛，目前应用逐渐减少。

4）MT-RJ 型连接器（图 3-37）

图 3-36 ST 型连接器   图 3-37 MT-RJ 型连接器

MT-RJ 型连接器带有与铜缆 RJ-45 型连接器相同的闩锁机构，通过插芯两侧的导向销对准光纤，便于与光收发信机相连，连接器端面光纤为双芯

5）LC 型连接器（图 3-38）

LC 型连接器采用操作方便的模块化插孔闩锁机理制成，其所采用的插针和套筒的尺寸为 1.25mm。这样可以提高光纤配线架中光纤连接器的密度。目前，在 LC 型连接器在小型化连接器方面占据了主导地位，应用增长迅速。

6）MU 型连接器（图 3-39）

图 3-38 LC 型连接器   图 3-39 MU 型连接器

MU 型连接器以 SC 型连接器为基础，开发的小型化单芯光纤连接器，采用 1.25mm 直径的套管和自保持机构，其优势在于能实现高密度安装。

7）SG（VF-45）型连接器（图 3-40）

SG（VF-45）型连接器属于小型光纤连接器。它的外观与 RJ-45 相似，尺寸是双工 SC

连接器的一半。它运用 V 型槽技术,采用精密的几何学原理实现光纤端面的准确接续,不需要陶瓷芯和陶瓷套管。光纤的连接由插头和插座实现,不需要法兰盘。

8)MTP/MPO 连接器(图 3-41)

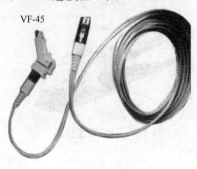

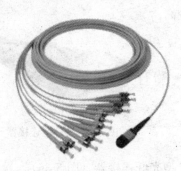

图 3-40　SG(VF-45)型连接器　　　　图 3-41　MTP/MPO 连接器

MTP/MPO 连接器是目前在用的最高密度的光纤连接器,一个连接器可以同时进行 12 芯光纤的连接,结构和原理与 MT-RJ 连接器类似,通过光纤阵列两侧的导向针实现两个连接器的精密对接。

5. 光分路器

光分路器是 FTTx 和 HFC 网络中的核心光纤无源器件,目前市场主要有两种技术实现的不同类型的光分路器:一种利用传统的拉锥耦合器工艺生产的熔融拉锥型光纤分路器(FBT),一种是基于光学集成技术生产的平面光波导型分路器(PLC)。这两种器件各有优点,用户可根据使用场合和需求的不同,合理选用这两种不同类型的分光器件。

1)熔融拉锥型光纤分路器

熔融拉锥法是将两根(或两根以上)除去涂覆层的光纤以一定的方法(打结、特殊夹具平行烧等)靠拢,在高温加热下熔融(烧氢、微型陶瓷电加热器、CO_2 激光),同时由步进电机带动夹具向两侧拉伸,最终在加热区形成双锥体形式的特殊波导结构,实现传输功率耦合的一种方法,可以封装在分路器模块或者 19in 标准机箱中。熔锥型光分路器的主要优缺点如表 3-10 所示。

表 3-10　熔锥型光分路器优缺点分析

优点	缺点
较长的历史和经验,工艺较为成熟,开发成本较低; 原材料简单,石英基板、光纤、热缩管、不锈钢管和固化胶等,设备投资折旧较少,1×2 、1×4 等低通道分路器成本低; 分光比可以根据需要实时监控,可以制作不等分路器	均匀性较差,1×4 标称最大相差 1.5dB 左右,1×8 以上相差更大,造成设计与实施困难; 损耗对光波长敏感,要根据波长选择器件,在多波长传输系统中存在较大的问题; 插入损耗随温度变化变化量大; 多路分路器(如 1×16、1×32)体积比较大,可靠性也会降低,安装空间受到限制

FBT 光分路器构成如图 3-42 所示。

2)平面波导型光纤分路器

平面光波导技术是用半导体工艺制作光波导分支器件,分路的功能在芯片上完成,可以

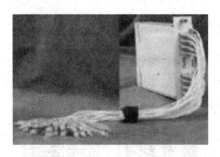

图 3-42　1×32 FBT 光分路器模块（φ2.0 光缆输出）

在一只芯片上实现多达 1×32 以上分路，然后，在芯片两端分别耦合封装输入端和输出端多通道光纤阵列。PLC 光分路器构成示意图如图 3-43 与图 3-44 所示。

图 3-43　PLC 1×32 光分路器结构示意图

图 3-44　PLC 1×32 光分路器外观图

波导型光分路器的主要优缺点如表 3-11 所示。

表 3-11　波导型光分路器优缺点

优点	缺点
损耗对传输光波长不敏感，适用不同波长的传输需要； 分光均匀，将信号均匀分配给用户； 结构紧凑，体积小，可以直接安装在各种交接箱、接头盒内，不需特殊安装空间； 单只器件分路通道很多，可以达到 32 路以上； 多路成本低，通道数越多，成本优势越明显	工艺复杂，技术要求较高； 相对于熔融拉锥型光纤分路器成本较高，尤其在低通道分路器方面

3.2.3　其他布线连接器件

1. 机柜

机柜是用于综合布线配线架、网络设备、通信器材和电子设备叠放管理的设备。如图 3-45所示，机柜通常采用全封闭或半封闭结构，具有增强底层屏蔽、削弱设备工作噪音、减少设备占地面积等优点，一些高档机柜还具备空气过滤功能，可改善精密设备的工作环境质量。

机柜的结构比较简单，主要包括基本框架、内部支撑分层系统、接地系统、通风系统、电源系统等几部分。最常见的为 19in（1in＝2.54cm）面宽的标准机柜，其常规指标包括高度和深度。

机柜的深度视机柜内设备的深度尺寸而定，一般为 600～1000mm。常见的成品机柜深度为 800mm 和 1000mm，前者用于安装机架式网络设备，后者用于安装机架式服务器。

机柜高度视机柜内设备的数量和规格而定，一般为 700～2400mm。常见的成品机柜高

图 3-45　机柜

度为 1600mm 和 2000mm。

机柜内设备安装所占用高度用一个特殊的单位 "u" 表示，1u＝44.45mm。通常来说，19in 标准机柜的设备面板一般都是按 nu 的规格制造的。常见的机柜高度有 20u、30u、35u 和 40u 等几种规格。

如果信息点数量比较少，也可以采用壁挂式机柜，从而减少对地面空间的占用，特别对于房间窄小的环境，要优先考虑壁挂式机柜。

2. 机架

机架（图 3-46）仅被用于综合布线，可安装配线架和理线器，从而实现对电缆和光缆布线系统的管理。机架的宽度通常也是标准的 19in，深度却大大降低，从而可减少占地面积并节省费用。

图 3-46　机架

机架一般为敞开式结构，不适于在空气洁净程度比较差的环境中置放价格昂贵的网络设备。

3. 理线器

理线器的作用是为线缆提供平行进入连接模块的通路，使电缆在压入模块之前不再多次直角转弯，减少了电缆自身的信号辐射损耗，同时也减少了对周围电缆的辐射干扰。如图 3-47 所示，由于理线器的应用使水平双绞线可以有规律地、平行地进入模块，从而使得在今后扩充线路时，将不会因一根电缆变动而引起大量电缆的变动，提高了系统的可扩充性与整体可靠性。

图 3-47　理线器

4. 线槽与管道

为了保护线缆不因挤压变型而影响其连通性和电气性能，同时为了阻燃防火等目的，无论在吊顶内和地面垫层内布线，还是在墙壁上敷设，都必须将线缆置于线槽和管道中。因此，综合布线系统会大量使用线槽或套管。

1）线槽

线槽是布线系统不可或缺的辅助设备之一，主要包括金属槽和 PVC 槽两种。将凌乱的线缆置于线槽内既可以起到美化布线环境的作用，又可以应用于某些特殊场景，起到阻燃、抗冲击、抗拉化、防锈等作用。

PVC 线槽（如图 3-48 所示）的品种规格较多，主要以线槽宽度进行划分。与 PVC 线槽配套的附件有阳角、阴角、直转角、平三通、左三通、右三通、连接头、终端头、接线盒（暗盒、明盒）等。

图 3-48　PVC 线槽

金属线槽由槽底和槽盖组成，一般每根金属线槽长为 2m，槽与槽连接时使用相应尺寸的铁板和螺丝固定（某些新型产品采用了无螺丝接口，避免了螺丝部分损坏造成的损失）。

2）管道

管道的作用与线槽相似，也是综合布线的重要辅助设备，也分为金属管和塑料管两大类。在金属管内穿线比线槽布线的难度要大，因此在选择金属管时应选择直径大一些的，一般管内填充物占金属管直径的 30% 左右。还有一种金属软管（俗称蛇皮管），供转弯之处使用。

塑料管分为两大类，即 PE 阻燃管和 PVC 阻燃管。PE 阻燃管是一种半硬导管，外观为白色，具有强度高、耐腐蚀、绕性好、内壁光滑等优点，明、暗穿线兼用。

PVC 阻燃多孔梅花管（如图 3-49 所示）是以聚氯乙烯树脂为主要原料，经加工挤压成

图 3-49　PVC 阻燃多孔梅花管道

型的刚性导管，具有穿线方便、相互间隔、抗压性高、防冻性强、密封性好等优点，广泛适用于电信、移动、宽带网络、军事通信、铁路、交通等通信管道。

5. 扎带和标签

1）扎带

扎带，即束线带的作用在于将成束的光缆或双绞线分类绑扎、固定，从而避免使布线系统陷于混乱，并便于日后的维护和管理。捆扎时，应当根据线缆功能、用途的不同，将位于室内的各种线缆进行分类，并采用不同颜色的扎带，以便于识别，同时设置标识。如图 3-50所示，扎带分为锁扣式和夹贴式两大类。

图 3-50　扎带

2）标签

机柜、配线架、光缆、双绞线、跳线、信息插座等诸多位置都必须贴上相应的标签，使其拥有唯一的标识，从而便于测试、使用和管理。

为了便于识别，标签应当使用不同颜色的专用不干胶标签纸，并且使用标签打印机打印标识。

3.3　网络互联设备

网络互联通常是指将不同的网络或相同的网络用互联设备连接在一起而形成一个范围更大的网络。如图 3-51 所示，根据网络互联设备所在 OSI 参考模型层次及用途的不同，可将其划分为不同类型，主要有中继器、集线器、网桥、交换机、路由器和网关等，它们的任务就是完成信号和信息在多个同类网或异类网之间的传送。现代建筑中网络设备之间常见的连接方式如图 3-52 所示。由图可见，在计算机网络中，用于计算机之间、网络与网络之间的常见连接设备主要为交换机与路由器，本节将对其分别进行简单介绍。

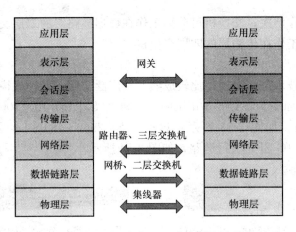

图 3-51　网络互联设备与 OSI 参考模型之间的关系

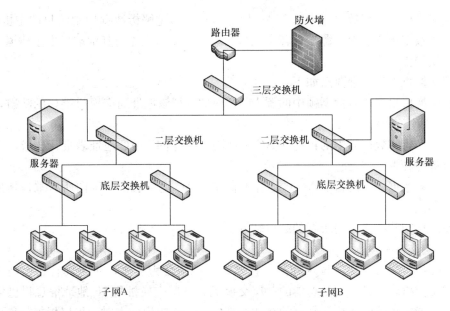

图 3-52　网络设备的连接关系

3.3.1　交换机

　　交换机是一种基于介质访问控制（Media Access Control，MAC）地址识别，能够封存、转发数据包的网络设备。交换机通过分析数据包携带的 MAC 信息，在数据始发者和目标接收者之间建立临时通信路径，使数据包能够在不影响其他端口正常工作的情况下从源地址直接到达目的地址。它改变了集线器向所有端口广播数据的传输模式，从而可以节约网络带宽，并能提高网络执行效率。

　　交换机最主要的功能就是连接计算机、服务器、网络打印机、网络摄像头、IP 电话等终端设备，并实现与其他交换机、无线接入点、网络防火墙、路由器等网络设备的互连，从而构建局域网络，实现所有设备之间的通信。

1. 交换机分类

根据交换机的工作层次，交换机可分为工作在数据链路层的二层交换机、工作在网络层的三层交换机，以及工作在传输层的四层交换机。

1）二层交换机

目前，二层交换技术已经发展得比较成熟，被广泛应用于各种规模的局域网络，市场上成熟的产品也较多，如华为 S5700-10P-LI-AC，具有 8 个 10/100/1000Base-T 端口和 2 个 1000Base-X SFP 端口，如图 3-53 所示；思科 WS-C2960S-48TS-L，具有 8 个以太网 10/100/1000 端口和 4 个 1G SFP 上行链路，如图 3-54 所示。

图 3-53　华为 S5700-10P-LI-AC　　　　图 3-54　思科 WS-C2960S-48TS-L

二层交换机能识别数据包中的 MAC 地址信息，通过解析数据帧中的目的主机的 MAC 地址，能将数据帧快速地从源端口转发至目的端口，从而避免与其他端口发生碰撞，提高了网络的交换和传输速度。

二层交换机工作原理要点如下：

（1）交换机根据收到数据帧中的源 MAC 地址进行该地址通交换机端口的映射，并将其写入 MAC 地址表中。

（2）交换机将数据帧中的目的 MAC 地址同已建立的 MAC 地址表进行比较，以决定由哪个端口进行转发。

（3）如果数据帧中的目的 MAC 地址不存在 MAC 地址表中，则向所有端口转发，这一过程称为洪泛。

（4）广播帧和组播帧向所有的端口转发。

2）三层交换机

三层交换机将二层交换技术和路由技术有机地结合为一体，使之具有路由功能。可以说，三层交换机就是具有路由功能的二层交换机。三层交换机将 IP 地址信息提供给网络路径选择，并能实现不同网段间数据的线速交换。当网络规模较大时，可以根据特殊应用需求划分为小面独立的虚拟子网段，以减小广播造成的影响。

应用三层交换机的最重要目的是加快大型局域网内部的数据交换，所具有的路由功能也是为这目的而服务的，能够做到一次路由、多次转发。对于数据包转发等规律性的过程由硬件高速实现，而路由信息更新、路由表维护、路由计算、路由确定等功能，则由软件实现。在大中型网络中，三层交换机已经成为基本配置设备。三层交换机的典型产品如图 3-55 和图 3-56 所示，图 3-55 为思科 WS-C3750V2-24TS-S，图 3-56 为华为 LS-S5324TP-SI-AC。

图 3-55　思科 WS-C3750V2-24TS-S　　　　图 3-56　华为 LS-S5324TP-SI-AC

3）第四层交换机

第四层交换决定传输不仅仅依据 MAC 地址（第二层网桥）或源/目标 IP 地址（第三层路由），而且依据 TCP/UDP（第四层）应用端口号。四层交换机所支持的协议是各种各样的，如 HTTP、FTP、Telnet、SSL 等。

在第四层交换中为每个供搜寻使用的服务器组设立虚拟 IP 地址（VIP），每组服务器支持某种应用。在域名服务器（DNS）中存储的每个应用服务器地址是 VIP，而不是真实的服务器地址。当某用户申请应用时，一个带有目标服务器组的 VIP 连接请求发给服务器交换机。服务器交换机在组中选取最好的服务器，将终端地址中的 VIP 用实际服务器的 IP 取代，并将连接请求传给服务器。这样，同一区间所有的包由服务器交换机进行映射，在用户和同一服务器间进行传输。

2. 交换机的连接

随着网络规模的扩展，网络中交换机的数量通常不止一台，成百上千的用户需要使用更多的交换机来连接，交换机间的连接方式有级联和堆叠之分。

1）交换机的级联技术

级联是指使用普通的网线将交换机的接口连接在一起，实现相互之间的通信。一方面，级联技术连接网络，解决了单交换机端口数量不足的问题；另一方面，级联技术延伸网络直径，解决了远距离的客户端和网络设备的连接。需要注意的是，交换机是不能无限制地级联的，若交换机的级联数量超过一定的限制，会因为信号在线路上的衰减导致网路性能严重下降。

从实用角度来看，建议最多部署三级交换机级联：核心交换机、汇聚交换机、接入交换机。如图 3-57 所示。当然，这里的三级并不是说只能允许最多三台交换机，而是从层次上讲三个层次。连接在同一交换机上不同端口的交换机都属于同一层次，所以每个层次又能允许几个，甚至几十台交换机级联。

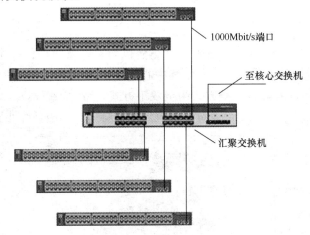

图 3-57　高速端口向上级联

2）交换机的堆叠技术

当网络规模急剧扩张，需要使用高密度的端口时，固定端口的交换机可扩展性受到极大挑战，交换机的堆叠技术则解决了这一问题。堆叠交换机组可视为一个整体的交换机进行管理，可以成倍地提高网络接口端密度和端口带宽，满足大型网络对端口的数量要求。

不是所有的交换机都可以堆叠，堆叠时要使用专用的堆叠线缆与专用的堆叠模块，把交换机的背板带宽通过模块聚集在一起，堆叠后交换机的总背板带宽就是几台堆叠交换机的背板带宽之和。

目前流行的堆叠模式主要有菊花链模式和星形模式两种。

（1）菊花链式堆叠。

菊花链式堆叠是一种基于级联结构的堆叠技术，通过堆叠模块首尾相连。堆叠连接时，每台交换机都有两个堆叠接口，通过堆叠电缆和相邻的交换机堆叠接口相连，从而形成环路，如图 3-58 所示。菊花链式堆叠形成的环路可以在一定程度上实现冗余。堆叠的交换机数量越多，通信时需要转发的次数也就越多。而数据的多次转发，将大量占用每台交换机的背板带宽，并有可能使堆叠端口成为传输瓶颈，影响网络内数据的传输速率。

另外，由于所有的交换机之间都只有一条链路，当堆叠内的任何一台交换机、堆叠模板或电缆发生故障时，都将导致整个网络通信的中断。为了提高网络的稳定性，可以在首尾两台交换机之间再连接一条堆叠电缆作为链接冗余。当中间某一台交换机发生故障时，冗余电缆立即被激活，从而保障网络的畅通。

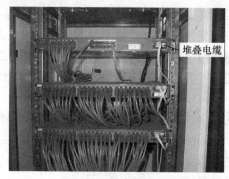

图 3-58　菊花链式堆叠

（2）星形堆叠。

星形堆叠技术是一种高级堆叠技术，对交换机而言，需要提供一个独立、高速堆叠中心，所有的堆叠机通过堆叠模块端口与堆叠中心连接，堆叠中心一般是采用一台多千兆端口的交换机。如图 3-59 所示，该堆叠方式为全双工方式，带宽可以达到 2Gbit/s。

星形堆叠技术使所有的堆叠组成员交换机到达堆叠中心的级数缩小到一级，任何两个端

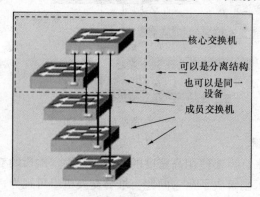

图 3-59　星形堆叠

结点之间的转发需要且只需要经过三次交换，转发效率与一级级联模式的边缘结点通信结构相同。因此，与菊花链式结构相比，它可以显著地提高堆叠成员之间数据的转发速率。同时，星形堆叠提供统一的管理模式，一组交换机在网络管理中，可以作为单一的结点出现。

3. 交换机的选择

交换机是网络中的主要设备之一，在选择交换机时，需要认真分析其有关技术指标，针对网络的实际需求，选择合适的设备。高品质的交换机是网络成功的关键，通常来说，选择以太网交换机主要从以下几个方面去考虑：

(1) 交换能力的选择。常用的交换机的端口速率有 10M、100M、10/100M、1000M 四种。在大型企业网络中，由于数据流量大，传输频繁，适合采用千兆以太网交换机作为主干，以便有效地减少网络瓶颈，保证网络的畅通；而在中小型企业网络中，由于数据流量较小，选用用性价比较高的百兆以太网交换机作为网络主干即可。

(2) 背板带宽的选择。背板带宽是衡量交换机数据吞吐能力的一个重要指标，其值越大，说明该交换机在高负荷下数据交换的能力越强。在全双工工作模式下，交换机的背板带宽只有大于或等于端口数×端口速率×2 时，方可提供真正意义上的交换能力。目前市场上有很多低档交换机虽然也号称百兆交换机，但是其背板带宽很低，无法实现真正意义的百兆交换。

(3) 交换端口的数量的选择。根据应用需要，确定实际所需带宽，画出相应网络拓扑结构图，将服务器、管理站等重要设备都放置在主干交换机上，其他设备则连接在分支交换机上。以此为依据计算出主干交换机、分支交换机实际所需端口数。为了便于扩展，应适当加一些余量，以确保所有设备都能够连接到合适的端口上。

(4) 网络扩展能力的选择。高扩展能力是选择大型企业网络主干交换机的重要指标之一。从扩展角度考虑，网络交换机分为模块化交换机和固定配置交换机。模块化交换机具有很强的扩展性能，通过在交换机的扩展槽内插入不同的扩展模块，比如千兆以太网模块、快速以太网模块、FDDI 模块、ATM 模块、光纤模块等，增加网络端口数量和类型，实现不同网络之间的互连。在网络建设中，模块化交换机逐步成为大型网络主干交换机的首选。固定配置交换机具有固定数量的端口，无法进行端口的扩充，但其物美价廉，可满足限定范围内的网络需求，是中小型网络主干交换机及大型网络分支交换机的首选产品。

(5) 交换方式的选择。交换机的交换方式，应根据网络的实际需求去选择。由于存储转发方式是目前应用最为广泛的一种交换方式。因此在实际应用中支持存储转发方式的交换机是首选，当然如果选择同时支持多种交换技术的交换机是最好不过的。

3.3.2　路由器

路由器是互联网的主要结点设备，其通过路由决定数据的转发。转发策略称为路由选择，这也是路由器名称的由来。路由器在两个局域网之间按帧传输数据，完成网络层中继或第 3 层中继的任务，转发帧时需要改变帧中的地址。作为不同网络之间互相连接的枢纽，路由器系统构成了基于 TCP/IP 的国际互联网络 Internet 的主体脉络，也可以说，路由器构成了 Internet 的骨架，路由器的处理速度是网络通信的主要瓶颈之一，它的可靠性则直接影响着网络互连的质量。

路由器的主要作用包括以下三方面。

1. 实现网络的互连和隔离

路由器工作在 OSI 参考模型的第三层，即网络层。路由器利用网络层定义的逻辑地址（即 IP 地址）来区别不同的网络，实现网络的互连和隔离，保持各个网络的独立性。路由器不转发广播消息，而把广播消息限制在各自的网络内部。发送到其他网络的数据先被送到路由器，再由路由器转发出去。

IP 路由器只转发 IP 分组，把其余的部分挡在网内（包括广播），从而保持各个网络相对的独立性，这样可以组成具有许多子网互连的大型网络。由于是在网络层的互连，路由器可方便地连接不同类型的网络，只要网络层运行的协议相同，通过路由器就可互连起来。

2. 根据 IP 地址来转发数据

网络中的设备用它们的网络地址（TCP/IP 网络中为 IP 地址）互相通信。IP 地址是与硬件地址无关的逻辑地址，路由器只根据 IP 地址来转发数据。IP 地址的结构有两部分，一部分定义网络号，另一部分定义网络内的主机号。目前，在 Internet 网络中采用子网掩码来确定 IP 地址中网络地址和主机地址。子网掩码与 IP 地址是一一对应的，子网掩码中数字为"1"所对应的 IP 地址中的部分为网络号，为"0"所对应的则为主机号。网络号和主机号合起来，才构成一个完整的 IP 地址。同一个网络中的主机 IP 地址，其网络号是相同的。

通信只能在具有相同网络号的 IP 地址之间进行，要与其他 IP 子网的主机进行通信，则必须经过同一网络上的某个路由器或网关出去。不同网络号的 IP 地址不能直接通信，即使它们接在一起，也不能通信。

路由器有多个端口，用于连接多个 IP 子网。每个端口的 IP 地址的网络号要求与所连接的 IP 子网的网络号相同。不同的端口为不同的网络号，对应不同的 IP 子网，这样才能使各子网中的主机通过自己子网的 IP 地址把要求出去的 IP 分组送到路由器上。

3. 选择数据传送的线路

在网络通信过程中，选择通畅快捷的近路，能大大提高通信速度，减轻网络系统通信负荷，节约网络系统资源，提高网络系统畅通率，从而让网络系统发挥出更大的效益来。

路由器的主要工作就是为经过路由器的每个数据帧寻找一条最佳传输路径，并将该数据有效地传送到目的站点。由此可见，选择最佳路径的策略即路由算法是路由器的关键所在。为了完成这项工作，在路由器中保存着各种传输路径的路由表供路由选择时使用。路由表中保存着子网的标志信息、网上路由器的个数和下一个路由器的名字等内容。路由表可以是由系统管理员固定设置好的，也可以由系统动态修改，可以由路由器自动调整，也可以由主机控制。

事实上，路由器除了上述的功能外，还具有数据包过滤、网络流量控制、地址转换等功能。另外，有的路由器仅支持单一协议，但大部分路由器可以支持多种协议的传输，即多协议路由器。由于每一种协议都有自己的规则，要在一个路由器中完成多种协议的算法，势必会降低路由器的性能。因此，用户购买路由器时，需要根据自己的实际情况，选择自己需要的网络协议的路由器。

3.4　智能配线系统

随着网络的日渐普及，信息化建设逐步完善，网络系统的稳定运行及维护工作变得越来越重要，而数据中心承载着企业的核心计算、信息资源管理、信息资源服务及企业对外通信联络等功能，对企业可持续运营的重要性日益加强，所以数据中心信息点的管理维护工作变得非常重要。

在日常的网络维护工作中，维护人员主要使用的工具是普通的网络管理及捕捉软件（如Sniffer）。网络捕捉软件和线缆测试仪都是通过流量测试、非法入侵检测、在线监测等方式达到对整个网络系统的网络层、传输层及应用层的维护管理。但对于物理层和数据链路层综合布线系统出现的故障，如何迅速找到故障点的位置，并清晰显示链路之间复杂的连结关系，网管工具无法满足相应需求，而经过统计发现大多的网络故障是由综合布线系统引起的。数据中心信息点非常密集，且采用大量光纤和铜缆，虽然数据中心在建设过程中，对数据中心每个数据端口都明确标注路由，但是查找跳线标签判断走线路由工作非常繁琐，管理和维护非常不方便。若在数据中心内部布置智能配线系统，可以大大减轻数据中心线路维护的工作量，有助于网络管理人员的网络维护服务。智能配线系统结构如图 3-60 所示，下面分别对其主要组成部分及应用进行介绍。

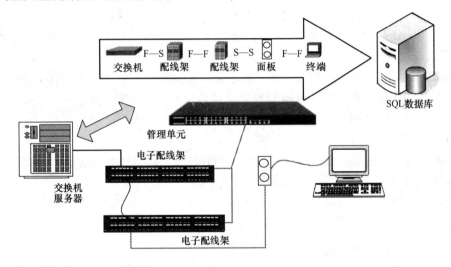

图 3-60　智能配线系统结构示意图

3.4.1　智能配线管理系统构成

智能配线管理系统由电子配线架、信号接收或采集设备、管理软件三部分组成。根据需要，还可通过网络远程登录管理软件，实施管理。智能布线系统通常包括软件和硬件两大部分。

1. 硬件组成

智能配线系统的硬件通常包括铜缆或光缆电子配线架及控制器两部分。

电子配线架支持的线缆种类很多，包括 5e 类、6 类、6A 类及以上等级的非屏蔽电缆与屏蔽电缆，多模光缆和单模光缆，也支持常用电缆 RJ-45 与光缆 LC、ST、SC、MTRJ 等连接器件在每个配线架端口内置传感器，且与接口线缆连接，用于提供实时的连接信息。

2. 管理软件

管理软件是智能配线管理系统中的必要组成部分。布线管理软件数据库将布线系统中的产品属性系统结构连接关系端口的位置等数据加以存储，并用图形的方式显示。网管人员可通过对数据库软件操作，实现数据录入、网络更改、系统查询等功能，使用户随时拥有最新的电子数据文档。

3.4.2 电子配线架采用的主要技术

目前，电子配线架的成熟技术主要采用端口技术、链路技术、芯片技术。

1. 端口检测技术

通过端口内置的微开关，对标准跳线的连接状态信息实时感应。端口技术适用于单配线架和双配线架两种模式。

2. 链路检测技术

通过跳线中的附加导体接触形成回路，进行检测。对于光缆跳线，也需要附加一根金属针来探测链路。使用链路技术时，一般建议采用双配线架模式。

上述两种技术的共同点是：管理信号与物理层的通信无关；智能布线系统的运行不影响铜缆或光缆的物理层通信。通常，管理信号通过独立的总线系统和相关信号接收或采集设备通信完成管理工作。随着项目和信息点数的扩大，需要增加信号接收或采集设备的数量。

3. 嵌入式技术

在标准的铜缆及光纤布线系统的连接器上嵌入微型芯片，而芯片中包含了与线缆及跳线唯一标志相关的信息，并能够自动检测和记录端口位置、线缆长度、光纤极性、线缆类型、外皮颜色，以及与生产相关的信息。

4. 电子标签检测技术

在跳线设置电子标签，配线端口天线通过射频技术对跳线的状态进行实时监测。芯片与电子标签技术可为管理软件数据库提供更多的信息资源。

当然，其他技术手段也在研发阶段，但核心是解决状态及固有信息的采集与显示信息的传输与控制软件平台的可用性与集成、通信端口与通信协议的开放性等问题。

3.4.3 智能配线管理系统应用

智能配线管理系统弥补了网管系统在物理层管理监测中的不足，使管理人员能够实施 7 层网络协议的全面管理。在此基础上，智能布线管理与网络管理相融合的趋势也越来越明显。

对于数据中心布线系统来说，预连接产品和智能配线管理系统变得越来越不可或缺。布线联盟网所做的一项相关调查表明，47.2％的受访者将智能布线系统视为数据中心布线方案中必不可少的重要产品类型。此外，智能管理软件和硬件产品也将为高密度的连接器件应用铺平道路。

在布线系统的安全性可靠性和可维护性得到充分提高时，集成化的智能配线管理系统得到进一步应用，可针对数据中心机房的网络连接安全、IT 资产、容量、电源、环境等多个方面，实现实时管理，并完全掌控数据中心的环境，保障数据及其他关键设备的安全。同时，可进一步降低运营成本，并且很好地满足了数据中心机房的绿色节能需求。引入物联网的理念，将电子标签射频技术应用于整个配线系统〔包括线缆、桥架、模块、箱（盒）体、机柜等〕的资产管理、工作状态管理，同样起到节约运维成本、降低人力消耗的作用。

电子配线管理系统适合应用于大型工程。一般来说，电子配线管理系统主要应用于系统点数较多的大型工程中。在调查中，68.6％的用户认为电子配线管理系统在 3000 点以上的大型工程项目中应用是比较经济合理的。在工程项目中产品的选用上，价格仍然是一个主要考虑因素。在调查中发现，电子配线架的价格远远高于传统配线架，这成为制约电子配线架广泛应用的瓶颈。其中，63.2％的用户表示，电子配线架的价格比传统配线架的价格高 1 倍左右时，优先考虑使用电子配线架。因此，随着技术的成熟及研发成本的降低，电子配线架的价位随之有更多的下降空间，与传统配线架相比，将会拥有更强的市场竞争力。

3.5　布线设计工具软件

3.5.1　AutoCAD

AutoCAD 是由美国 Autodesk 公司于 20 世纪 80 年代初开发的计算机辅助设计软件包，主要用于二维绘图、设计文档管理，经过不断地完善升级又推出三维设计版本，不仅沿袭了经典 CAD 软件的风格与功能，而且赋予其数据库管理、性能分析、碰撞检测与模拟效果功能，已经成为国际上的主流工程设计工具。用户可以使用 AutoCAD 来创建、浏览、管理、打印、输出、共享设计图形。

AutoCAD 是一个灵活的软件，可以通过一些编程接口来扩展当前没有的功能。AutoCAD 设计时并没有规划综合布线工程应用的特殊要求，所以在综合布线工程应用中，如果要规划一些高级的结构，而 AutoCAD 又没有相应的功能时，则可以通过编程接口扩展其功能。

AutoCAD 具有良好的用户界面，当前的最新版本是 2014 版，其主要功能如下：

1. 平面与三维绘图

能以多种方式创建直线、圆、椭圆、多边形、样条曲线等基本图形对象，并能创建 3D 实体及表面模型，能对实体本身进行编辑。

2. 绘图辅助工具

AutoCAD 提供了正交、对象捕捉、极轴追踪、捕捉追踪等绘图辅助工具。正交功能使用户可以很方便地绘制水平、竖直垂线，对象捕捉可帮助拾取几何对象上的特殊点，而追踪功能使画斜线及沿不同方向定位点变得更加容易。

3. 编辑图形

AutoCAD 具有强大的编辑功能，可以移动、复制、旋转、阵列、拉伸、延长、修剪、缩放对象等。

4. 文字书写与尺寸标注

使用 AutoCAD 能轻易地在图形的任何位置、沿任何方向书写文字，并可自行设定文字字体、倾斜角度及宽度缩放比例等属性。在进行尺寸标注时，可以创建多种类型的标注尺寸，并能自行设定标注的外观。

5. 图层管理功能

图形对象可分别位于不同图层上，并设定图层颜色、线型、线宽等特性，以便于不同专业的人员分别阅读。

6. 网络功能

可将图形在网络上发布，或是通过网络访问 AutoCAD 资源。

7. 数据交换

AutoCAD 提供了多种图形图像数据交换格式及相应命令。

8. 二次开发

AutoCAD 允许用户定制菜单和工具栏，并能应用内嵌语言 Auto Lisp、Visual Lisp、VBA、ADS、ARX 等进行二次开发。

在进行综合布线系统设计时使用 AutoCAD，可以降低劳动强度，提高设计精度，并易于整合 AutoCAD 在建筑图绘制方面的优势，但对于综合布线设计的一些特殊需求，在应用 AutoCAD 时还存在一些不方便的地方，如在进行电气工程设计、工程造价的计算时，使用者还是会感觉到非常不智能。

综合布线技术属于新兴技术，在智能建筑综合布线行业全面推广 CAD 技术，特别是在综合布线工程施工图设计中推广 CAD 技术，还有很多工作要做，还需要智能建筑综合布线专业的科研和工程技术人员的继续共同努力。相信在不久的将来，CAD 技术一定能够在综合布线行业得到普及应用，也一定能给综合布线行业带来巨大的经济和社会效益。

3.5.2 Netviz

Netviz 是一款综合布线专用的计算机辅助设计工具，其提供了一种可制作网络图形、系统及流程文件的有效方案，通过易于理解的图形方式，来创建一个"虚拟现实"的环境。图 3-61 给出了 Netviz 的操作界面，该软件将绘图及动态数据管理功能集合在一起，提供网络的组织及访问，便于管理各种对象、数据以及相互之间复杂的连接关系。Netviz 直观的"拖拉放"的用户界面可以轻松地建立图形文件，能对大规模系统的文件采用独特的多层次图表并方便地在各层间浏览。

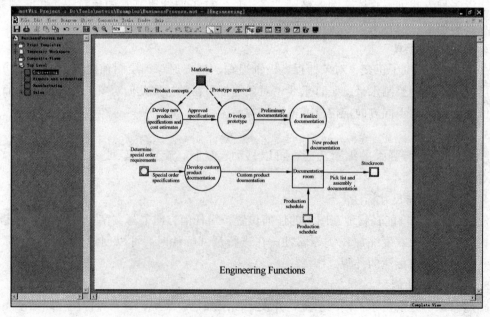

图 3-、Netviz 的操作界面

使用 Netviz 进行综合布线系统设计时，可采用一种全新的计算机辅助设计方法，基本步骤如下：

（1）调查用户需求及投资建设能力，根据网络应用需求及未来发展趋势，确定综合布线系统类型、工程进度计划，这一步与传统的设计流程一样。

（2）获取建筑群（建筑物）布局图和楼层平面结构图，如果是纸质的图纸，则通过复印、扫描的形式将其转为电子图形文件，格式可为 bmp、wmf、jpg 等；如果是电子的 AutoCAD 文件，则可直接采用。

（3）建立物件图形，包括结点图形和连线图形，例如各种规格的配线架、信息模块、水平配线电缆、垂直主干线缆、建筑群线缆及连接器、机架、机柜等图形。综合布线系统中常用的物件已经存在工具软件的图形库中，特殊的图形可以采用扫描、网络下载等方法自建，建立时注意将所有物件对象图形组成图形目录。

（4）定义物件属性，包括结点属性和连线属性。这个步骤实际上是在架构材料的数据库结构，每一项属性即是数据库记录的域。属性的内容可由设计者定义，如信息模块可以定义所在的编号、楼层、房间号、对应的配线架端口号、用途、价格等；线缆可以定义它两端连接的模块编号、线缆长度、连接的配线架端口号、单价等。有些确定的属性项目可直接在设计期间就记入，如品牌、单价等。

（5）设计综合布线系统结构和布线路由图，采用树状结构思想，从上往下进行设计，具体设计步骤如下：

① 在建筑群的背景图上从图形目录中拖放结点建筑物图形，最好是建筑物的效果图或建筑物照片，这样更形象。在其对应的数据库记录窗口填入相应的数据与资料，如楼高、信息点数量等有关此楼的有用的属性资料。再从图形目录拖放连线光纤图形，此种连线一旦和结点图形连上，结点就会感应到，因为结点是一种物件对象，而且它们总是连在一起，除非人为将其分开，这和综合布线系统中的实际情况是一致的。再在光纤连线对应的数据库记录窗口填入相应的数据、资料，如光纤类型、光纤长度、连接起点终点、接头类型等有关属性值。建筑群子系统设计示例如图 3-62 所示，在线连接好后，此建筑群图中建筑物数量、光纤的根数、长度就已经由软件自动统计出来。

② 在步骤①设计出的建筑群图中，建筑物类似于超文本链接的图形结点，可以链接到它的下一层次，即建筑物的楼层。

③ 将步骤①设计出的楼层进一步展开就可以进行综合布线系统中水平子系统的设计。在水平子系统设计时，首先加入作为背景的楼层平面图，在楼层平面图上从图形目录拖放信息模块物件图形以及楼层管理间图形，放在相应的位置。在模块对应的数据库记录窗口填入相应的数据与资料，如模块编号、所在楼层、房间号、对应配线架的端口号、用途、价格等。再从图形目录中选择代表所选线缆的图形，连接信息模块至管理间。缆线路由走向可以由设计者轻松改变，而此条缆线的数据与资料可以从其对应的数据库记录窗口填入。

④ 对管理间结点进行设计，非常方便的是此设计工具对连线具有继承功能，可以使设计步骤③中线缆继承功能起作用，能够自动在管理间中产生线缆和连着线缆一侧的信息模块的镜像图形，但不会重复作为材料清单进行统计。

通过上述这种局部不断细化的方法，就可以做出整个综合布线系统所需的各种图纸和施工材料清单统计。不管多大的工程，它最终都是一个工程项目文件，并且工程全部材料明细清单

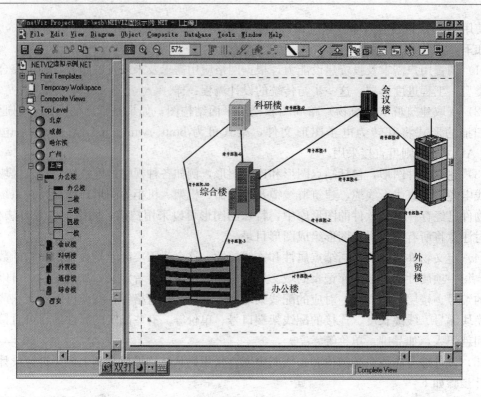

图 3-62　建筑群子系统示意图

的每一项和图形是一一对应的，不会出现任何偏差。材料的数量以及所在的位置等施工方和最终客户关心的资源都会自动统计和显示出来。图 3-63 为软件生成的材料设备清单的示例。

	Cable ID	Cable Type	Data Rate
1	Rm 201 data	UTP	10
2	Rm 201 voice	UTP	Voice
3	Rm 202 data	UTP	100
4	Rm 203 data	UTP	10
5	Rm 203 voice	UTP	Voice
6	Rm 205 data	UTP	10
7	Rm 205 voice	UTP	Voice
8	Rm 207 data	UTP	10
9	Rm 207 voice	UTP	Voice
10	Rm 208 data	UTP	10
11	Rm 208 voice	UTP	Voice
12	Rm 209 data	UTP	10
13	Rm 209 voice	UTP	Voice
14	Rm 211 data	UTP	10
15	Rm 211 voice	UTP	Voice
16	Rm 212 data	UTP	10
17	Rm 212 voice	UTP	Voice
18	Rm 213 data	UTP	10
19	Rm 213 voice	UTP	Voice
20	Rm 215 data	UTP	10
21	Rm 215 voice	UTP	Voice
22	Rm 216 data	UTP	10
23	Rm 216 voice	UTP	Voice
24	Rm 218 data	UTP	10
25	Rm 218 voice	UTP	Voice

图 3-63　NetViz 材料设备清单

（6）根据设计出的图纸和自动生成的材料清单，组织实施和管理布线工程。

（7）甲、乙方以及监理方对工程进行测试验收及竣工文档递交。此时递交的可以是电子文档，即工程项目文件。

习题 3

1. 综合布线工程中主要应用哪几种线缆？各有哪些特点？

2. 同轴电缆的结构特点是什么？为什么同轴电缆一直没有被双绞线代替？

3. 同轴电缆主要用于什么应用场合？为什么同轴电缆没有屏蔽与非屏蔽之分？

4. 双绞电缆如何抗干扰的？

5. 屏蔽电缆分为哪些种类？分别用于哪些应用场合？

6. 双绞电缆是如何按照电气性能分类的？目前哪类电缆应用比较多？

7. 哪几类双绞电缆支持千兆以太网传输？

8. 简述光纤的组成结构，其传输的原理是什么？

9. 光纤的纤芯与包层掺杂有何不同？

10. 光纤是怎么满足全反射条件的？

11. 按照光波在光纤中的传播模式，光纤可分为哪几类？各有什么特点？

12. 什么是光纤的衰减、带宽和色散？

13. 引起光纤信道衰减的主要原因有哪些？

14. 目前光纤主要应用于哪些应用场合？

15. 电缆配线架分为哪两大类？它们分别适用于哪种应用？

16. 交换机的工作原理是什么？简述接入层交换机与汇聚层交换机有何不同。

17. 什么是二层交换机？什么是三层交换机？二者的主要区别是什么？

18. 交换机的级联与堆叠分别有何特点？

19. 在综合布线系统应用中，怎么选择合适的交换机？

20. 路由器的工作原理是什么？路由器与汇聚层交换机有什么不同？

21. 综合布线系统中常用哪种软件进行制作？

22. 智能配线管理系统有哪些组成部分？各部分的主要作用是什么？

第4章 综合布线系统的规划与设计

学习目标

综合布线系统的规划设计是综合布线系统工程建设流程的重要环节，为了使项目建设少走弯路，在施工前必须进行合理的规划设计。本章主要介绍综合布线系统总体规划与各子系统设计的要点与方法，通过设计实例让读者充分了解各子系统的设计要点，掌握各子系统的设计方法。

4.1 需求分析与总体规划

综合布线系统建设的第一个阶段为规划阶段。此阶段的主要工作包括用户需求分析和系统总体规划，此阶段以相关单位提供的项目可行性研究报告为终结。

4.1.1 需求分析

在综合布线系统工程的规划和设计之前，首先要对用户信息需求进行调查和预测，这也是系统规划、工程设计和以后维护管理的重要依据之一。

1. 需求分析的方法

需求分析的基础在于与用户交流与现场勘察，具体来说，主要包括以下几个方面：

(1) 直接与用户交谈：这是了解需求最简单，也是最直接的方式。

(2) 问卷调查：通过请用户填写问卷来获取有关需求信息，问卷调查要建立在沟通和交流的基础上。

(3) 专家咨询：有些需求用户讲不清楚，分析人员又猜不透，这时需要请教专家。

(4) 现场勘察：有些现场状况用户可能也不清楚，需要直接到实地进行勘察。

(5) 吸取经验教训：有很多需求可能客户与分析人员想都没想过，或者想得太幼稚。因此，要经常分析优秀的综合布线工程方案，看到了优点就尽可能吸取，看到了缺点就引以为戒。

2. 需求分析的内容

需求分析时，通过对相关建筑物的实地考察，根据用户方提供的建筑工程图，了解相关建筑结构，分析施工难易程度，并估算大致费用。需求分析的内容主要包括以下几个方面：

(1) 综合考虑造价、建筑物距离、带宽要求和现场环境确定线缆的类型。

(2) 根据用户方建筑楼群之间的距离、马路隔离情况、电线杆、地沟和道路状况，分析建筑楼群间线缆的敷设方式是架空、直埋或是地下管道敷设。

(3) 对各建筑物的信息点数进行统计，确定室内布线方式和配线间的位置。当建筑物楼层较低、规模较小、点数不多时，如果所有的信息点距离设备间的距离均在 90m 以内，信息点布线可直通配线间；而当建筑物楼层较高、规模较大、点数较多时，有些信息点距离主配线间的距离超过 90m 时，则可以采用信息点到中间配线间、中间配线间到主配线间的分布式综合布线系统。

3. 需求分析的要求

需求分析对于任何项目的设计都是一个必需的过程，不管是对建设单位、集成商还是对于厂商，充分了解双方的情况，充分了解网络需求的情况，都具有实际的意义。在进行需求分析时，需要注意以下几个方面的要求：

（1）通过用户调查，确认建筑物中工作区的数量和用途。

在对用户进行需求分析时，其中一个重要的调查内容就是了解信息点的数量和相应的功能位置，因此必须了解建筑物中各工作区的数量和用途。如果某一个工作区作为办公场所，则应在工作区中配置较多的信息点；而如果该工作区只是作为一个值班室使用时，则可配置较少的信息点。通过用户调查和分析就能大体判断出整个工程所需要的信息点的数量和位置。

（2）实际需求应满足当前需要，但也应有一定发展空间。

在进行需求分析时，应以用户的当前需求为主，必须满足当前的实际需求，但在设计的过程中，还应留有一定的发展空间，即当智能建筑的某些空间需要进行扩建或相关功能发生了变化时，需要设计方案对此有一定的应变和冗余能力。

（3）需求分析时要求总体规划、全面兼顾。

在进行设计时，应该能够从智能建筑的整体设计出发，充分发挥综合布线系统的兼容性特性，在设计时将语音、数据、安防、消防等设备集中在一起考虑。例如，在目前的综合布线工程中，数据和语音传输经常采用同样的双绞线进行敷设，以便日后进行互换操作。

4. 现场勘察的任务

在需求分析中，有一个非常重要的任务就是现场勘察。根据建设单位的需求、提出的信息点位置和数量要求，参考建筑平面图、装修平面图等资料，结合综合布线经验，考查待建布线施工的现场情况，初步预定信息点数目与位置，以及主干路由和机柜的初步定位，结合建设单位的需要，确定综合布线的建设目标。

现场勘察时，工程负责人到工地现场参照"平面图"查看大楼，逐一确认以下任务：

（1）各楼层、走廊和房间、电梯厅、大厅等吊顶的情况，包括吊顶是否可以打开、吊顶高度、吊顶距离梁的高度及其他。然后根据吊顶的情况确定水平主干线槽的敷设方法。对于新楼要确定走吊顶上线槽，还是走地面线槽；对于旧楼改造工程需确定水平主干线槽的敷设路线，找到布线系统要用的电缆竖井，看竖井有无楼板，询问同一竖井内有哪些其他线路的情况（包括空调、消防、闭路电视、保安监视、音响等系统的线路）。

（2）计算机网络线路可与哪些线路共用槽道，特别注意不要与电话以外的其他线路共用槽道，如果需要共用，要有隔离设施。

（3）如果没有可用的电缆竖井，则要和甲方技术负责人商定垂直槽道的位置，并选择垂直槽道的种类是梯架、线槽还是钢管等。

（4）在主机房，要确定主机配线箱（柜）的安放位置，确定到配线箱的主干线槽的敷设方式，确定主机房有无高架地板，取得层高数据（一般主楼和裙楼有所不同，一层和其他层有所不同）。

（5）如果在竖井内墙壁上挂装配线箱，要求竖井内有电灯，并且有楼板，而不是直通的。如果是在走廊墙壁上暗嵌配线箱，则要看墙壁是否要贴大理石，是否有墙围要做特别处理，是否离电梯厅或房间门太近而影响美观。

（6）讨论大楼结构方面尚不清楚的问题。一般包括：哪些是承重墙，大楼外墙哪些部分有玻璃幕墙，设备间放在哪个楼层，大厅的地面材质，各墙面的处理方法（如喷涂、贴大理石、木墙围等），柱子表面的处理方法（如喷涂、贴大理石、不锈钢包面等）。

4.1.2　总体规划

综合布线总体规划是整个工程建设的蓝图，将直接影响到工程的质量和性价比。目前，国际上大多数综合布线系统都只提出 15 年的质量保证，少数提供 30 年的质量保证，但一般没有提出多少年的投资保证。为了保护建筑物投资者的利益，应当采取"总体规划，分步实施，水平布线尽量一步到位"方针。

综合布线的配线间以及所需的电缆竖井、孔洞等设施都与建筑结构同时设计和施工，它们都是建筑物的基础性永久设施，因此在具体实施综合布线的过程中，各工种之间应共同协商，紧密配合，切不可互相脱节。

在设计综合布线系统时，一定要从实际出发不可盲目追求过高的标准，以免造成浪费，使系统的性价比降低。科学技术的发展日新月异，很难预料今后信息技术发展的速度，但只要管道、线槽、路由设计合理，日后的升级改造就相对容易。

1. 总体规划的前提与基础

在总体规划时，必须充分调查和认真研究，收集相关资料，真正掌握工程建设的使用对象和工程建设项目的基本概况，这些是做好工程设计的前提条件和重要基础。具体内容包括以下几个方面：

1）综合布线系统的使用对象的功能和性质

在总体规划时，首先需要了解综合布线系统使用对象的功能与性质，建设项目的使用性质可能是商贸综合大厦、文体公益设施、校园式智能化小区或住宅建筑智能化小区等，对于不同功能与性质的使用对象需要考虑不同的规划方案。

2）建筑物的基本情况

建筑物的基本情况主要包括房屋建筑的结构、楼层平面布置、内部装修要求、预埋管路和线槽以及洞孔等建筑物内部的图纸和有关资料。对于新建和既有建筑应有所区别，对于新建建筑，综合布线系统的整体布局和缆线路由在土建设计中应一并考虑，以便在房屋结构施工中同时把布线所需的管路、洞孔和线槽的支撑设施同时浇筑，有利于后期的布线安装施工。对于既有建筑，应设法收集其原有图纸和资料，以便考虑技术方案。

此外，根据使用对象的功能和性质及建筑物的基本情况，决定该工程所用线缆类型和布线的设计等级。这一步骤是后续工作及所有子系统设计的基础，它决定了系统的规模和工程的造价。

3）用户信息需求和今后发展

规划需要在了解用户需求的基础上进行。需了解目前用户的信息需求和今后信息业务发展趋势等预测结果（包括信息点的分布和数量等），并了解用户有无特殊要求（如需考虑采用屏蔽性能的布线部件、无线网络等）。

4）建设单位提供的资料

建设单位提供的委托设计的有关文件和会议纪要等文件，内容应涉及对综合布线系统的工程建设范围、具体建设规模和工程建设进度以及建设投资限额等主要问题提出明确的要求。

5）其他相关系统的建设

在智能建筑中，很多系统都会涉及布线，如计算机网络系统、有线电视系统、建筑设备自动化系统、安全防范自动化系统等，在综合布线系统工程设计和施工中要注意互相配合协调，满足它们的使用要求，防止发生矛盾和脱节现象。

2. 总体规划的内容

进行总体规划时，需要编制综合布线系统工程总体建设方案，做好综合布线各个子系统以及其他部分的总体规划。

1）综合布线系统总体建设方案规划

总体方案是综合布线系统工程设计的关键部分，它直接影响智能化建筑和智能化小区的智能化水平高低和通信质量优劣。总体方案设计的主要内容有通信网络总体结构、各个布线子系统的组成、系统工程的主要技术指标、通信设备器材和布线部件的选型和配置等具体方案要点。此外，还应考虑其各方面与各个系统（如房屋主体结构、有线电视等）的特殊要求进行配合协调。

2）综合布线网络总体设计方案规划

综合布线系统工程中，建筑群主干布线子系统、建筑物主干布线子系统和水平布线子系统三部分的设计内容最多且较繁杂。在进行网络总体设计时，主要考虑三个方面的问题：采用什么线缆、采用什么路由以及采用什么敷设方式。对传输距离和传输速率的要求，决定使用光纤还是双绞线、单模光纤还是多模光纤；建筑的物理结构及建筑物的相对位置决定线缆的敷设路由；室内外环境破坏程度的承受能力及现有设施的充分利用决定线缆的敷设方式。

3）综合布线保护设计方案规划

综合布线系统设计时还会涉及屏蔽保护、电气保护、接地与防雷保护等，这些内容因工程范围不同，要求也各不相同，在规划阶段需要作出总体的考虑。

4.1.3　项目可行性研究报告

综合布线项目建设可行性包括经济可行性、政策可行性、技术可行性、组织和人力资源可行性等方面。根据国家发展和改革委员会推行投资体制改革后的规定，审批制只适用于政府投资项目和使用政府性资金的企业投资项目；对于企业不使用政府投资建设的项目，一律不再实行审批制，区别不同情况实行备案制和核准制。

对于审批制的项目可行性研究报告，必须由有"工程咨询资格证书"的单位编制。"工程咨询资格证书"分为"甲级"、"乙级"和"丙级"三个等级，其中"甲级"和"乙级"由中国工程咨询协会审核颁发，"丙级"由各省（直辖市）的工程咨询协会审核颁发。本节附录列出了甲级资质单位编制综合布线项目可行性研究报告大纲。

如果项目不打算使用政府性资金，而且也不是国家所列的重大项目和限制类项目，那么该项目适合于备案制。备案制的程序非常简便，除不符合法律法规的规定、产业政策禁止发展、需报政府核准或审批的项目外，政府都应当予以备案。对于不予备案的项目，政府应当向提交备案的企业说明法规政策依据。

对于核准制项目的可行性研究报告，可以自己编制或委托其他专业公司编制，但主要内容应包括以下方面：

（1）评估项目的投资风险与收益，确定该项目是否值得投资。

（2）对项目如何进行建设进行详细分析。

（3）对项目主要内容和配套条件进行深入分析。

（4）对项目建设中的困难进行预测。

（5）对项目的进度安排作出初始估计。

（6）对项目建成以后的经济效益及社会影响进行预测。

（7）对项目的可行性作出建议。

附录：甲级资质单位编制综合布线项目可行性研究报告大纲（2013 发改委标准）

第一章　综合布线项目总论

1.1　项目基本情况

1.2　项目承办单位

1.3　可行性研究报告编制依据

1.4　项目建设内容与规模

1.5　项目总投资及资金来源

1.6　经济及社会效益

1.7　结论与建议

第二章　综合布线项目建设背景及必要性

2.1　项目建设背景

2.2　项目建设的必要性

第三章　综合布线项目承办单位概况

3.1　公司介绍

3.2　公司项目承办优势

第四章　综合布线项目产品市场分析

4.1　市场前景与发展趋势

4.2　市场容量分析

4.3　市场竞争格局

4.4　价格现状及预测

4.5　市场主要原材料供应

4.6　营销策略

第五章　综合布线项目技术工艺方案

5.1　项目产品、规格及生产规模

5.2　项目技术工艺及来源

5.2.1　项目主要技术及其来源

5.5.2　项目工艺流程图

5.3　项目设备选型

　　5.4　项目无形资产投入

第六章　综合布线项目原材料及燃料动力供应

　　6.1　主要原料材料供应

　　6.2　燃料及动力供应

　　6.3　主要原材料、燃料及动力价格

　　6.4　项目物料平衡及年消耗定额

第七章　综合布线项目地址选择与土建工程

　　7.1　项目地址现状及建设条件

　　7.2　项目总平面布置与场内外运

　　　　7.2.1　总平面布置

　　　　7.2.2　场内外运输

　　7.3　辅助工程

　　　　7.3.1　给排水工程

　　　　7.3.2　供电工程

　　　　7.3.3　采暖与供热工程

　　　　7.3.4　其他工程（通信、防雷、空压站、仓储等）

第八章　节能措施

　　8.1　节能措施

　　　　8.1.1　设计依据

　　　　8.1.2　节能措施

　　8.2　能耗分析

第九章　节水措施

　　9.1　节水措施

　　　　9.1.1　设计依据

　　　　9.1.2　节水措施

　　9.2　水耗分析

第十章　环境保护

　　10.1　场址环境条件

　　10.2　主要污染物及产生量

　　10.3　环境保护措施

　　　　10.3.1　设计依据

　　　　10.3.2　环保措施及排放标准

　　10.4　环境保护投资

　　10.5　环境影响评价

第十一章　劳动安全卫生与消防

　　11.1　劳动安全卫生

　　　　11.1.1　设计依据

　　　　11.1.2　防护措施

　　11.2　消防措施

    11.2.1　设计依据

    11.2.2　消防措施

第十二章　组织机构与人力资源配置

12.1　项目组织机构

12.2　劳动定员

12.3　人员培训

第十三章　综合布线项目实施进度安排

13.1　项目实施的各阶段

13.2　项目实施进度表

第十四章　综合布线项目投资估算及融资方案

14.1　项目总投资估算

    14.1.1　建设投资估算

    14.1.2　流动资金估算

    14.1.3　铺底流动资金估算

    14.1.4　项目总投资

14.2　资金筹措

14.3　投资使用计划

14.4　借款偿还计划

第十五章　综合布线项目财务评价

15.1　计算依据及相关说明

    15.1.1　参考依据

    15.1.2　基本设定

15.2　总成本费用估算

    15.2.1　直接成本估算

    15.2.2　工资及福利费用

    15.2.3　折旧及摊销

    15.2.4　修理费

    15.2.5　财务费用

    15.2.6　其他费用

    15.2.7　总成本费用

15.3　销售收入、销售税金及附加和增值税估算

    15.3.1　销售收入估算

    15.3.2　增值税估算

    15.3.2　销售税金及附加费用

15.4　损益及利润及分配

15.5　盈利能力分析

    15.5.1　投资利润率，投资利税率

    15.5.2　财务内部收益率、财务净现值、投资回收期

    15.5.3　项目财务现金流量表

　　　15.5.4　项目资本金财务现金流量表

　　15.6　不确定性分析

　　　15.6.1　盈亏平衡

　　　15.6.2　敏感性分析

第十六章　经济及社会效益分析

　　16.1　经济效益

　　16.2　社会效益

第十七章　综合布线项目风险分析

　　17.1　项目风险提示

　　17.2　项目风险防控措施

第十八章　综合布线项目综合结论

第十九章　附件

　　1. 公司执照及工商材料

　　2. 专利技术证书

　　3. 场址测绘图

　　4. 公司投资决议

　　5. 法人身份证复印件

　　6. 开户行资信证明

　　7. 项目备案、立项请示

　　8. 项目经办人证件及法人委托书

　　10. 土地房产证明及合同

　　11. 公司近期财务报表或审计报告

　　12. 其他相关的声明、承诺及协议

　　13. 财务评价附表

4.1.4　需求分析案例

1. 项目简介

本教材以 2010 年全国大学生绿色智能建筑大赛的比赛项目——蛇口南海意库 3♯厂房综合布线系统为例，综合西安建筑科技大学代表队与金陵科技学院代表队的设计方案，给出了综合布线系统各部分的设计实例。

蛇口南海意库 3♯厂房，位于改革开放的前沿城市深圳。该建筑前身是建于 1980 年的深圳蛇口日资三洋厂房，是深圳特区为吸引境外投资者建设的最早的多层通用厂房之一。建筑长 109.096m，宽 81.741m，层高 4m。建筑共 5 层，4 层框架结构建筑，1 层为车库、档案室及食堂，2~4 层为办公区域，5 层为新增楼层，全部采用玻璃幕墙搭建，主要用作会议室、活动室、展览室等。大楼总建筑面积约 16000m²，无地下室。此项目属于改建工程，改建完成后将作为办公楼使用。

该项目不打算使用政府性资金，也不是国家所列的重大项目和限制类项目，因而该项目适用备案制，无须编制复杂的可行性研究报告，在建设时只需要到相关政府部门进行备案即可。

3#厂房鸟瞰图及其外观照片如图 4-1 所示。该项目 1 层为车库、档案室及食堂，因此综合布线主要针对 2~5 层进行。

图 4-1　3#厂房鸟瞰图及其外观照片

2. 需求分析

1）信息点分布

3#厂房综合布线系统的信息点主要分为语音点、数据点、无线 AP 点和光纤到桌面信息点四种类型。信息点的设置原则如下：

（1）按照设计要求和厂房建筑布局，在普通独立办公室按照每卡位设置一组信息点（其中一组包括 1 个数据点、1 个语音点，下同）。

（2）在领导办公室设置 2 组信息点，方便领导接入网络以及对其他设备接入的需要，另外在领导办公区预留一个光纤到桌面信息插座，以适应更高带宽和高传输速率应用和提高保密级别工作的需要，并保证其在无线 AP 覆盖区内。

（3）在厂房的各楼层的会议室（小型）、档案室、服务间、资料室、洽谈室、管理室等均设置 1 组信息点。

（4）在一楼停车场出入口各设一组信息点，用于停车管理。

（5）厂房内办公区、工程中心、财务、外地项目办公室等场所均按每 5m² 设置 1 组信息点考虑。

（6）其他场所按照实际及功能的需要设置信息点数量。

（7）各办公区域和办公室配置冗余备份，即满足将来扩展的需要；又为以后"上下班一卡通系统"留足空间。

2）网络需求分析

3#厂房网络综合布线系统对网络的需求如下：

（1）系统要满足实用性、开放性、先进性、安全性、灵活性及经济性。不但要满足当前系统对通信的需求，而且要符合今后技术发展和管理的需要，能为语音、数据及高清晰度图像信息提供高速及宽带的传输能力，为以后的系统升级和"三网合一"留出空间。

（2）网络设计需充分考虑可扩展性要求，包括交换机硬件的扩展能力以及网络实施新应用的能力。

（3）对网络的安全性应充分考虑在应用环境中的信息资源是否得到有效的保护、有效的网络控制访问、灵活地实施网络的安全控制策略等。

（4）网络方案设计首先满足现有规模的网络用户的需求，同时考虑到未来业务发展和规模扩大，网络具有用户端口灵活的扩充能力。

（5）UPS 电源通过 RS-232 接口，配合 UPS 智能监控软件能实现网络管理和远程监控功能。

（6）信息点的布置、水平和主干线缆等的冗余为未来的"三网合一"提供条件。

3. 总体规划

1）拓扑结构设计

综合布线系统的拓扑结构和网络体系结构的关系十分密切，网络体系结构基本确定后，布线系统的拓扑结构才能确定，网络采用什么体系结构，采用何种传输介质都将对布线系统的设计造成重大影响。

根据分级网络设计原则，本计算机网络系统按 3♯ 厂房要求采用树型三层结构，即核心层、汇聚层和接入层，无线与有线结合布置。计算机网络与综合布线系统的对照关系如图 4-2 所示。

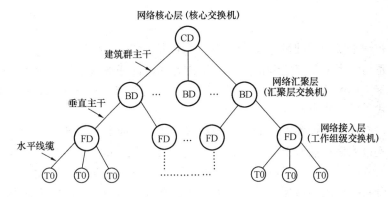

图 4-2　计算机网络与综合布线系统的对照关系

2）总体规划设计

在三楼的弱电中心机房内布置语音总配线架。在楼内设置大对数双绞线作为语音传输干线，从语音总配线架星型辐射到各分配线间，并在分配线间的语音干线配线架上端接。通过语音跳线实现与水平子系统的连接。

综合布线系统采用开放式星型拓扑结构，能满足电话、数据、图文、图像等多媒体业务的需要，根据本项目的应用特点，选用了 6 类非屏蔽＋光纤布线＋局部无线 AP 的布线系统。对系统基本规划如下：

（1）采用 6 类非屏蔽 RJ-45 模块、6 类非屏蔽 4 对双绞线及 6 类非屏蔽配架和 6 类非屏蔽跳线。

（2）数据主干采用多模光缆。

（3）语音主干采用 3 类大对数电缆。

（4）光纤到桌面采用 4 芯多模光纤。

4.2 工作区设计

4.2.1 工作区概述

在综合布线中，需要独立设置终端设备的区域称为工作区。如图4-3所示，工作区子系统由终端设备及其连接到水平子系统信息插座的接插线以及适配器等组成，包括信息插座、信息模块和连接所需的跳线，必要时还需增加相应的适配器。工作区的终端设备可以是电话、计算机网络工作站，也可以是仪器仪表、测量传感器、电视机或办公自动化设备。

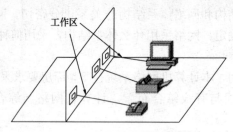

图4-3 工作区子系统

工作区的布线不属于基础设施建设，一般是非永久性的，由用户自行配置。目的是实现工作区终端设备与水平子系统之间的连接。工作区的设计任务是根据用户需求确定系统设计等级，进而确定工作区的位置、数量和每个工作区的信息点（信息插座/连接模块）数量以及信息出口方式。

在工作区，有些终端设备由于插座机械形状不相当，或电气参数不匹配，不能直接使用常规用户电缆连接到信息插座上，这就需要选择适当的适配器进行转换，使应用系统的终端设备与综合布线水平子系统的线缆和信息插座匹配，保持电气性能一致性。

目前，综合布线使用的适配器种类很多，还没有统一的国际标准，因此要根据应用系统的终端设备，选择适当的适配器。

4.2.2 工作区设计要点

工作区设计的主要任务是根据用户需求确定系统设计等级，进而确定工作区的位置、数量和每个工作区信息点（信息插座/连接模块）的数量以及信息出口方式。

1. 设计等级的确定

综合布线系统的设计等级分为基本型、增强型和综合型。所有三种类型的综合布线系统都能支持语音/数据等业务，并能随智能建筑工程的需要升级布线系统，它们之间的主要差异体现在支持语音和数据业务所采用的方式以及在移动和重新布局时实施线路管理的灵活性两个方面。

在进行综合布线各系统设计前，应先根据环境、用户要求来确定相应的设计等级，其要点包括考虑用户的通信要求、楼宇间的通信环境、通信网络的拓扑结构、介质的选用以及在开放的基准上与产品或设备的兼容性。

2. 工作区布线材料

工作区的基本布线材料是连接信息插座与终端设备的连接线和必要的适配器。信息插座虽然不属于工作区的组成部分，但在进行工作区设计时，需确定插座的位置与安装形式。

1）信息插座

信息插座（Telecommunications Outlet，TO）是终端设备与水平子系统连接的接口，也是水平布线的终结。信息插座将水平子系统与工作区子系统连接在一起，它在综合布线系统中的具体位置如图 4-4 所示。

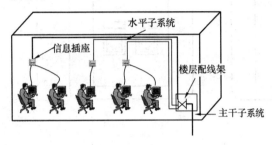

图 4-4　信息插座在布线系统中的位置

信息插座由信息模块、底盒和面板 3 部分组成。对 UTP 电缆，综合布线系统的标准插座是 T568-A 或 T568-B 标准的 8 针模块化信息插座，如图 4-5（a）所示；对光缆，规定使用具有 SC/TC 连接器的信息插座，如图 4-5（b）所示。

(a) 8 针模块化信息插座　　　　　(b) 光纤信息插座

图 4-5　信息插座

安装信息插座时，应该使插座尽量靠近使用者，同时应考虑到电源的位置。如图 4-6 所示，根据综合布线安装规范，暗装信息插座应与其旁边电源插座保持 20cm 以上的距离，且保护地线与零线严格分开，信息插座的安装位置距离地面的高度是 30～50cm。信息插座与连接设备的距离应控制在 5m 范围内，同时工作区电缆、跳线和设备连线长度总共不应超过 10m。

信息插座除信息模块外，还有面板和底座。面板的主要作用是用以固定模块，保护信息

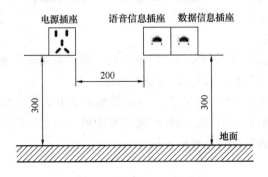

图 4-6　信息插座的安装

103

出口处的线缆，起到了类似屏风的作用。如图 4-7 所示，常用的面板尺寸为 86×86，有单口与多口之分，插座型号有 RJ-45 与 RJ-11 等。底座的作用则是固定面板以及方便走线。

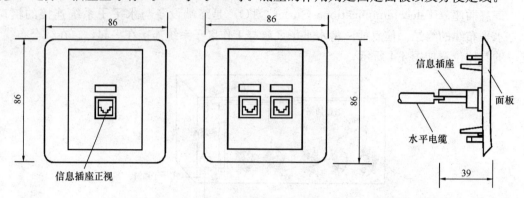

图 4-7　单/双口信息插座面板

信息插座根据安装位置的不同可分为墙面式、地面式和桌面式 3 种类型。信息插座的安装分为嵌入式（暗装）和表面安装式（明装）两种。通常情况下，新建建筑采用嵌入式信息插座；改造工程则采用表面安装式的信息插座。墙上型信息插座为内嵌式，主要安装于墙壁内，适用于新建建筑。桌上型信息插座适用于主体建筑完成后进行的布线工程，既可安装于墙面，也可固定于桌面。地面型信息插座也为内嵌式，主要适用于地面或架空地板。

2）适配器

适配器是一种应用于工作区，完成水平电缆和信息终端之间良好电气配合的接口器件。有些终端设备由于插座机械形状不相当，或电气参数不匹配，不能直接使用常规 4 对双绞用户软电缆接到信息插座上，这就需要选择适当的适配器进行转换，使应用系统的终端设备与综合布线水平子系统的线缆和信息插座匹配，保持电气性能一致性。

对于光纤布线系统需要用到光纤适配器，光纤适配器又称光纤法兰或光纤耦合器，是实现光纤连接的重要器件之一。按功能可分为单工适配器、双工适配器、转换型适配器；按连接头结构形式可分为 ST、SC、MT-RJ、LC、MU、SMA、DDI、DIN4 等形式。在应用时，根据用户需求、应用环境以及与各结构的易用性进行选择。

3. 工作区布线路由

由于工作区属于非基础设施，由用户自行配置，存在功能多样化、用途灵活的特点。在布线时应根据工作区的具体用途、建筑物的结构特点选择合适的布线路由。

工作区的布线路由主要有以下三种：

1）高架地板布放式

若服务器机房或其他重要场合采用防静电地板，则可采用高架地板布放方式。该方式施工简单、管理方便、布线美观，并且可以随时扩充。

如图 4-8 所示，高架地板布放方式首先在高架地板下方安装布线管槽，然后将缆线穿入管槽，再分别连接至地板上方的信息插座和配线架即可。当采用该方式布线时，应当选用地上型信息插座，并将其固定在高架地板表面。

2）护壁板式

所谓护壁板式，是指将布线管槽沿墙壁固定并隐藏在护壁板内的布线方式。该方式由于

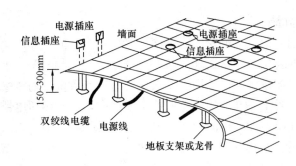

图 4-8　高架地板布放式

无需开挖墙壁或地面，因而不会对原有建筑造成破坏，主要用于集中办公场所、营业大厅等机房的布线。采用护壁板式布线路由时通常使用桌面型信息插座。

当采用隔断分割办公区域时，隔断墙上的线槽可以被很好地隐藏起来，不会影响原有的室内装修。

3）埋入式

埋入式布线方式适用于新建建筑，土建施工时将 PVC 管槽埋入地板水泥垫层中或墙壁内，后期布线施工时再将线缆穿入 PVC 管槽。该方式通常使用墙上型信息插座，并且将底盒暗埋于墙壁中。

4.2.3　工作区设计步骤

根据工作区设计要点，工作区设计步骤可分成：工作区位置与数量的确定、工作区信息点的设计、工作区信息模块选型与安装、适配器的选择以及布线路由的确定。

1. 确定工作区的位置与数量

根据建筑物的用途与平面图，设计人员可以大致确定什么位置需要配置终端设备，不同用途的建筑物的工作区定位是有差别的。每个楼层的工作区确定后，再把所有楼层的工作区数量相加起来，就可以计算出整个建筑物的工作区数量。

建筑物的功能类型较多，大体上可以分为商业、文化、媒体、体育、医院、学校、交通、住宅、通用工业等，因此工作区面积的划分应根据对应用场合的具体分析后有所区别，通常可以参照表 4-1 进行划分。

表 4-1　工作区的面积划分

建筑物类型或功能	工作区面积（m²）
网络中心等终端设备较为集中的场地	3～5
大开间办公区	5～10
会议、会展场馆	10～60
商场、生产机房、娱乐场所	20～60
体育场馆、候机厅、公共设施区	20～100
工业生产区	60～100

注：1. 如果终端设备的安装位置和数量无法确定或布线区域为大客户群租用场地并自设计算机局域网络时，工作区面积可按区域面积集中确定。

　　2. 对于 IDC 机房（数据通信托管业务机房或数据中心机房），可按每个配线架的设置区域考虑工作区面积。由于此类项目涉及数据通信网络设备的安装工程，故应特殊考虑实施方案。

2. 确定信息点的数量

工作区的性质不同，信息点的密度也不同。例如，大厅的工作区信息点密度就不如办公区的信息点密度高。办公楼工作区的服务面积可按 5~10 m^2 估算，每个工作区可设置一部电话机和一部计算机终端设备，或按用户要求设置信息点数量。通常每个工作区信息点数量的变化范围比较大，设置 1~10 个信息点的情况都存在，甚至预留电缆和光缆备份的信息插座。由于建筑物用户性质不同，可能导致功能要求和实际需求不同，所以信息点数量不能一律按办公楼的模式套用，尤其对于专用建筑（如电信、金融、体育场馆、博物馆等）以及当计算机网络区分为内、外网等多种网络时，更应加强需求分析，从而做出合理的配置。

在确定了设计等级和工作区大小之后，再进行工作区信息点总量的计算就很容易了。设 S 为整个布线区域的面积，P 为单个工作区的面积，N 为单个工作区需要配置的信息插座模数，一般取值为 1~10，则可以确定整个布线区域的总信息点数量 M 为

$$M = \frac{S}{P} \cdot N \qquad (4-1)$$

式中，P 一般取 $10m^2$。

系统的总信息点数量 M 是综合布线工程的一项重要数据，它表明了该项目的建设规模和信息化需求程度，也可以据此估算系统的工程造价。

对于办公性质的智能化建筑用户信息点数量的设置，也可根据办公场所的等级与办公室面积的大小，参照表 4-2 的经验数目进行设计；对于智能化小区居住建筑用户信息点数量的设置，可参照表 4-3 进行设计。

表 4-2　办公性质的智能化建筑用户信息点的参考指标

类别		1（一般）	2（中等）	3（高级）	4（重要和特殊）
办公室房间面积		15m² 以下/间	10~20m²/间	15~25m²/间	20~30m²/间
智能化建筑的性质	行政办公类型	1~3	2~4	3~5	4~6
	商贸租赁类型	1~3	3~5	3~5	5~7
	交通运输、新闻、科技类型	1~3	2~4	2~4	4~6
信息业务种类		语音、数据、图像	语音、数据、图像、监控	语音、数据、图像、监控、保安	语音、数据、图像、监控、保安、报警
备注		办公室房间面积一般不小于 10m²/间			办公室房间面积大于 30m²/间时，本表不适用

表 4-3　智能化小区居住建筑用户信息点的参考指标

适用对象	别墅式	商务型	SOHO 一族	普通居民
套型	特大	大	中	小
房间数量（不包括厅）	4 室以上	3~4 室	2~3 室	1~2 室
智能化程度类型	领先型（超前型）	先进型、领先型	普及型、先进型	普及型
用户信息点数	5 个以上	4~5 个	3~4 个	2~3 个
信息业务种类	具备所有智能化功能，有开发性的前景	话音、监控、保安、数据、报警、视频、计算机联网	话音、保安、数据、报警、视频、计算机联网	话音、监控、保安、数据、报警、视频

3. 工作区信息模块的选择与安装方式的确定

信息模块属于信息插座的一部分，信息模块所遵循的通信标准，决定着信息插座的适用范围，如超 5 类模块、6 类模块分别适用于超 5 类双绞线、6 类双绞线。同样的，为了保证屏蔽布线系统中屏蔽的完整性，双绞线信息模块也有屏蔽型号。在光缆布线系统中通常采用光纤模块实现水平布线光缆与跳线之间的连接。

桌上型、墙上型或地面型信息插座的区别在于使用的面板和底盒不同，可根据工作区的实际安装情况选用不同的安装方式。

根据信息模块支持的传输带宽与连接线缆的不同，下面列出了各种信息模块的支持带宽与典型应用：

- 3 类信息模块：支持 16Mbit/s 信息传输，主要用于语音信号传输；
- 超 5 类信息模块：支持 1000Mbit/s 信息传输，主要用于网络数据传输；
- 6 类信息模块：支持 1000Mbit/s 信息传输，主要用于网络数据传输；
- 光纤插座模块：支持 1000Mbit/s 以上信息传输，适合语音、数据和视频应用。

信息模块的需求量一般为

$$m = n + n \times 3\% \tag{4-2}$$

式中，m 为信息模块的总需求量；n 为信息点的总量；$n \times 3\%$ 为备用余量。

4. 根据需要，选择相应的适配器。

考虑到设备的连接插座可能与连接电缆的插头不匹配，必要时在不同的插座与插头之间加装适配器。

工作区适配器的选择应符合以下要求：

（1）当终端设备的连接器类型与信息插座不同时，可以用专用的电缆适配器。

（2）在需要进行信号的数模转换、光电转换、传输速率转换等相应装置时，应当采用适配器。

（3）当不得已在单一信息插座上连接两个终端设备时，可用"Y"型适配器。

（4）在解决网络规程的兼容性问题时，采用协议转换适配器。

（5）各种不同的终端设备或适配器均安装在工作区的适当位置，并应考虑电源与接地。

4.2.4　工作区设计实例

1. 工作区和信息点的确定

根据 3♯ 厂房办公环境以及提出的系统需求，整个布线包含数据和语音两大系统，数据和语音信息点分布在各个楼层的办公室及办公区域以及各个功能区。在提供的设计技术文件中，3♯ 厂房经过改建后各层的平面布局已经基本确定（参见 4.1 节），每层都设计有两个弱电间，各层的房间以及大开间区域已经基本确定了功用。

根据 GB 50311 的基本规定，结合用户房间及区域的功能划分，综合布线系统共设计布线信息点 3458 个，其中数据点 1734 个，语音点 1724 个。

通常情况下，各区域和各房间信息点均为语音与数据各半设置。房间信息点布放在房间的中部；会议室信息点布放在会议室的两头；大开间区域的信息点均匀布设在区域中立柱的四面。信息点的设置原则如表 4-4 所示。

表 4-4　综合楼信息布点原则

房间功能	布点原则
大开间办公区域	2 个信息点/办公卡位，办公卡位的面积按 1.8m×1.8m 计算
小办公室	根据实际面积，每 5m^2 布置 2 个信息点
会议室	20m^2 设 4 个，40m^2 设 6 个，80m^2 设 16 个
领导办公区域； 大会议室； 1 层行政休闲区； 2 层超水平布线限制的办公区域	无线 AP 覆盖（共用了 8 个）
其他	根据实际需要指定布点（如茶水间仅设 2 个语音信息点）

2. 模块的选择和安装方式的确定

本子系统全部采用非屏蔽型 6 类模块，由于系统采用 6 类布线产品，对跳线的质量要求较高，不宜自己制作。因此，所有的跳线均直接进行采购。具体设计要求如下：

（1）3#厂房共计划布设信息点 3458 个，其中数据点 1734 个，语音点 1724 个。考虑到安装损坏，共订购 6 类信息模块 3600 个。

（2）根据统计，位于大开间办公区的信息点有 2222 个，因为信息点需求密集，尽量安装四口面板，其他区域则安装双口面板。因此，需要双口面板 619 个，四口面板 555 个。面板均具有防尘功能。

（3）本次设计中的信息插座可以满足高速数据及语音信号传输的需要，每个语音信息点可由信息点插座通过订购的双绞跳线引出至各自的桌面电话转换插座。

3. 适配器的选用

本项目未涉及适配器的选用，所以此处不做设计说明。

4. 布线路由的确定

在各工作区内的信息插座均采用墙面暗装于办公点附近的墙面；对于布设在大开间区域承重柱面上的四口信息插座，由于暗装存在实际困难，可以采取半暗埋或是明敷的方式，布设在立柱的表面，待办公区装修时，统一暗包在装饰板内。在立柱的表面布设时，应根据布设数量，尽量统一均设在立柱的各面。

4.3　水平子系统设计

4.3.1　水平子系统概述

水平子系统又称配线子系统，在建筑综合布线系统中相当于接入网，用于将干线线路延伸到用户工作区。水平子系统通常是指楼层配线间至工作区信息插座之间的水平走线，包括工作区的信息插座模块、信息插座模块至电信间配线设备的配线电缆和光缆、电信间的配线设备及设备缆线和跳线。水平子系统的布线区域如图 4-9 所示。

但在某些建筑面积较小，楼层数较少，信息点数不太多的综合布线工程中（比如校园网或企业网中的一栋楼）可能整栋楼只设一个配线间，从该配线间到各层的每个信息之间的线缆不仅经过水平走向，也要经过垂直布放。因此，严格地讲，水平子系统是指末级配线架到信息插座之间的布线区域。

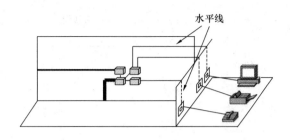

图 4-9 水平子系统

4.3.2 水平子系统设计要点

水平子系统是综合布线的分支部分，具有面广、点多、线长等特点。它的布线路由遍及整个智能建筑，且与建筑结构、内部装修和室内各种管线布置密切相关，它是综合布线系统工程中工程量最大、最难施工的一个子系统。

1. 水平子系统设计总体要求

水平子系统设计的内容包括网络拓扑结构、设备配置、线缆选用和最大长度、路由选择、管槽的设计等，它们既相互独立又密切相关，在设计中要充分体现相互间的配合，在设计中一般应根据下列因素进行设计：

（1）根据用户对工程提出的近期和远期的系统应用要求。

（2）每层需要安装的信息插座及其位置。

（3）终端设备将来可能要增加、移动和重新安排的详细使用计划。

（4）一次性建设与分期建设的方案比较。

（5）在资金允许的条件下，子系统应尽可能配置较高等级的线缆，争取一步到位。

2. 水平子系统的拓扑结构

水平布线子系统通常采用星型网络拓扑结构，它以楼层配线架 FD 为主结点，各工作区信息插座为分结点，二者之间采用独立的线路相互连接，形成以 FD 为中心向工作区信息插座辐射的星型网络。通常用双绞线敷设水平布线系统，此时水平布线子系统的最大长度为90m（图 4-10）。

水平布线不允许有接续点，也不可以有分接点。接续点和分接点会在电缆布线中增加损失，造成信号反射。工作区一个面板上如果安装了两个信息插座，在连接时，不允许用水平线缆中的线对来端接多个信息插座处需要的电气器件（如阻抗匹配器件）。这些电气器件不能作为水平布线的一部分安装；如果需要，它们只能接在信息插座外部，起到转接作用。

3. 水平子系统布线距离

水平子系统的最大缆线长度为90m，该距离与配线子系统的传输介质类型无关。水平电缆、水平光缆的最大长度90m是指楼层配线架上电缆、光缆机械终端到信息插座之间的电缆、光缆长度，如图 4-11 所示。

包含多个工作区的较大房间，如设置有非永久性连接的集合点，在集合点处允许用工作区电缆直接连接到终端设备。如图 4-12 所示，这种集合点到楼层配线架的电缆长度不应过短（至少15m），而整个水平电缆最长90m的传输特性仍应保持不变。

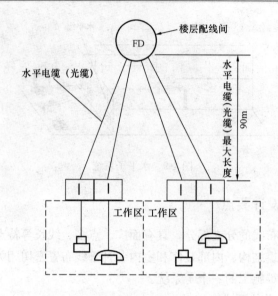

图 4-10 水平子系统布线的拓扑结构

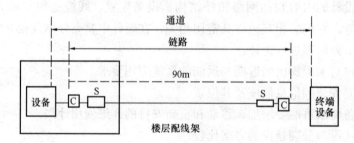

图 4-11 水平布线距离

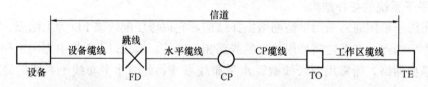

图 4-12 水平双绞电缆布线模型

4. 水平子系统缆线类型选择

选择水平子系统的缆线，要依据建筑物信息的类型、容量、带宽和传输速率等来确定，以满足话音、数据和图像等信息传输的要求。综合布线设计时，应将传输介质与连接部件综合考虑，从而选用合适的传输缆线和相应的连接硬件。

在水平子系统中推荐采用的双绞线电缆和光纤形式有以下几种：

· 100Ω 双绞电缆；

· 8.3μm/125μm 单模光纤；

· 62.5μm/125μm 多模光纤。

在水平子系统中允许采用双绞线电缆和光纤形式有以下几种：

· 150Ω 双绞电缆；

- $10\mu m/125\mu m$ 单模光纤；
- $50\mu m/125\mu m$ 多模光纤。

在水平子系统楼层电信间和工作区信息插座之间的水平缆线应优先选择 4 对双绞线电缆。这种双绞线可以支持话音和大多数数据传输的要求，而且与工作区普遍应用的双绞线连接器 RJ-45 模块相一致。对于有特别高速率要求的应用场合，可以采用光纤直接布设到桌面的方式。

5. 水平子系统的布线路由

水平布线时将线缆从楼层配线间接到各自工作区的信息插座上，根据建筑的结构特点，从路由最短、造价最低、施工方便、布线规范、扩充方便等几个方面选择走线方式。通常来说，对于新建筑物采用暗敷设布线方法，对于既有建筑物则采用明敷设布线法，下面分别进行详细说明。

1) 暗敷设布线

暗敷设方法适用于新建建筑物，主要考虑到布线的隐蔽和美观，通常沿楼层的地板、吊顶、墙体内预埋管布线。暗敷设布线方式主要包括三种类型：直接埋管方式、先走吊顶线槽再走支管方式以及地面线槽方式，其余方法都是这三种方式的改型和综合应用。

(1) 直接埋管布线方式。

直接埋管布线方式在土建施工阶段预埋金属管道在现浇混凝土里，待后期内部装修时再通过地面预留的出线盒向金属管内穿线，如图 4-13 所示。这些金属管道从电信间向信息插座的位置辐射。直接埋管布线方式可以采用厚壁镀锌或薄型电线管。同一根金属管内，宜穿一条综合布线水平电缆。在老式的建筑中常使用直接埋管方式，不仅设计、安装、维护非常方便，而且工程造价较低。

现代建筑物每层楼的信息点越来越多，包括话音、数据、图像等多种信息，因此综合布线的水平缆线都会比较粗，而缆线在管道占空比一般取 $30\%\sim50\%$。对于目前使用较多的镀锌钢管和阻燃高强度 PVC 管，直接埋管布线方式存在以下问题：排管在地面垫层中，不可能在走廊垫层中放过线盒，而排管至少有两个弯管处，为了能够拉线，排管的长度不能大于 30m，限制了水平缆线的长度。

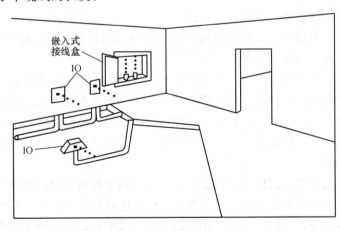

图 4-13　直接埋管布线法

由于现代建筑物房间内的信息点较多，由弱电配线间引出来的穿线管就较多，常规做法是将这些管子埋在走廊的混凝土垫层中形成排管，再经分线盒埋入房间，但由此会产生下列问题：

① 由于排管打在地面垫层中，不可能在走廊垫层中埋放穿线用的中间过线盒，为了能够拉线，排管的长度不宜大于30m，因此远端房间到弱电间的距离不宜超过30m。为了保证数据传输的可靠性，综合布线尽量不使用分区配线箱，因此一个弱电间覆盖的半径不超过40m（包括支管长度），对于面积较大的楼层就得使用两个以上的弱电间，这与现代建筑尽量减小非使用面积的趋势是矛盾的。

② 由于排管的数量较多，这就要求有较厚的地面垫层，否则会造成垫层开裂，这又与现代建筑尽量减小楼板及垫层厚度的要求相矛盾。如果楼板较薄，就会造成下层吊顶的吊杆打入上层排管中。

③ 变更不容易。垫层做完，摆放办公用具或家具后，如再要增加信息点，就不能走垫层再次穿线，只能另辟路径，破坏装饰且影响美观。

④ 对施工质量和工艺要求高。钢管的截口不能有毛刺，否则会在拉线时划破双绞电缆的绝缘层；管子接口处需焊接，否则打垫层时如果有缝隙，就会渗入水泥浆，造成堵塞，给穿线施工带来很大的麻烦，延误工期。

⑤ 由于地面垫层空间有限，容易与电源管及其他管交叉碰撞。

由于排管数量比较多，钢管的费用相应增加，相对于吊顶线槽方式的价格优势不大而局限性较大，在现代建筑中慢慢被其他布线方式取代。不过在地下设备层、信息点比较少、没有吊顶时，一般还继续使用直接埋管布线方式。

此外，直接埋管的改进方式也有应用，即由弱电间到各房间的排管不打在地面垫层中，而是吊在走廊的吊顶中，到达各房间的位置后，再用分线盒分出较细的支管沿房间吊顶再剔墙而下到信息出口。由于排管走吊顶，可以先过一段距离再加过线盒以便穿线，所以远端房间离弱电间的距离不受限制。吊顶内排管的管径也可选择较大的尺寸，如SC50。但这种改良方式明显不如先走吊顶线槽后走支管的方式灵活，一般用在塔楼的面积不大而且没有必要架设线槽的场合。

（2）先走吊顶内线槽再走支管布线方式。

在走廊吊顶内布有线槽，线槽由阻燃高强度PVC材料制成，有单件扣合方式和双件扣合方式两种类型，并配有各种转弯线槽、T字形线等。

线槽通常安装在吊顶内或悬挂在天花板上方的区域，用在大型建筑物或布线系统比较复杂而有额外支持物的场合。用横梁式线槽将缆线引向所需要布线区域。由电信间出来的缆线先走吊顶内的线槽，到各房间后，经预埋在墙体分支线槽将电缆沿墙而下引向各屋的信息出口；或沿墙上引到上一层的信息出口，最后端接在用户的信息插座上，如图4-14所示。

（3）地面线槽方式。

地面线槽方式就是电信间出来的缆线走地面线槽到地面出线盒或由分线盒出来的支管到墙上的信息出口，由于地面出线盒或分线盒不依赖墙体或柱体直接走地面垫层，因此这种方法适用于大开间或需要打隔断的场合。在地面线槽方式中把长方形的金属线槽打在地面垫层中，每隔4～8m设置一个分线盒或出线盒（在支路上出线盒也起分线盒作用），直到信息出口的接线盒。线槽的占空比取30%，分线盒与过线盒有两槽和三槽两种，均为正方形，每

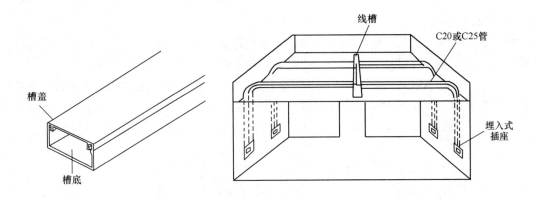

图 4-14　先走吊顶内线槽再走支管布线方式

面可接两根或三根地面线槽，如图 4-15 所示。

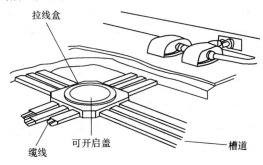

图 4-15　预埋地面线槽方式

① 地面线槽方式的优点。

a. 用地面线槽方式，信息出口离弱电井的距离不限，地面线槽每 4～8m 设置一个分线盒出线盒，布线时拉线非常容易，因此距离不限。

b. 强、弱电可以同路由，而且可接到同一出线盒内的各自插座。当然，地面线槽必须接地屏蔽，产品质量也要过关。

c. 适用于大开间或需要后打隔断的场合，如大厅面积大，计算机离墙较远，用较长的线接墙上的网络出口及电源插座，这时用地面线槽在附近留个出线盒，联网及用电都解决了。

② 地面线槽方式的缺点。

a. 地面线槽做在地面垫层中，需要至少 6.5cm 以上的垫层厚度，这对于尽量减少挡板及垫层厚度是不利的。

b. 不适合楼层中信息点特别多的场合。如果一个楼层中信息点多，线槽就多，因此建议超过 300 个信息点，应同时用墙面线槽与吊顶内线槽两种方式，以减轻地面线槽的压力。

c. 不适合石质地面。地面线槽的路由应避免经过石质地面或不在其上放出线盒与分线盒，影响布线的美观。

d. 造价昂贵。为了美观，地面出线盒的盒盖应是铜的。出线盒的售价较高，相对于墙上出线盒，造价是吊顶内线槽方式的 3～5 倍。

2) 明敷设布线

明敷设的布线方法用于建筑物无吊顶、无预埋管槽的布线系统，通常是对已建好的建筑物的布线，为了不损坏已建成的建筑物结构，综合布线可采用如下布线方法：

（1）护壁板电缆管道布线。护壁板电缆管道是一个沿建筑物护壁板敷设的金属管道或塑料管道，如图 4-16 所示。这种布线结构有利于布放电缆，通常用于墙上装有较多信息插座的楼层区域。电缆管道的前面盖板是活动的可以移走，插座可以安装在沿管道的任何位置上。

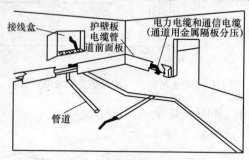

图 4-16　护壁板管道布线法

（2）地板导管布线法。这种布线方法将金属导管固定在地板上，电缆穿放在导管内加以保护，如图 4-17 所示。信息插座一般安装在墙上，地板上安装的信息插座应在不影响活动的地方。地板上导管布线法具有快速和容易安装的优点，适用于通行量不大的区域。一般不要在过道或主楼层区使用这种布线法。

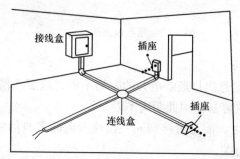

图 4-17　地板导管布线法

（3）模制电缆管道布线法。模制电缆管道是一种金属模压件，固定在接近天花板与墙壁接合处的过道和房间的墙上，如图 4-18 所示。管道可以把模压件连接到电信间。在模压件后面，小套管穿过墙壁，以便使小电缆通往房间。在房间内，另外的模压件将连到插座的电缆隐蔽起来。虽然这种方法一般来说已经过时，但在旧建筑物中仍可采用，因为保持外观完好对它很重要的。但是，这种方法的灵活性较差。

为了满足当今电信的需求水平，布线应便于维护和改进，以适应新的设备和业务变化。水平线缆的类型和设计的选择对于大楼布线的设计来说相当重要，为避免和减少因需求变化带来水平布线的变动，应考虑水平布线应用的广泛性。同时还要考虑水平布线离电气设备多远会造成高强度的电磁干扰，大楼内的电气设备（如发电机和变压器以及工作区的复印设备）很多都属于这类电气设备。

① 根据建筑物的结构、用途确定配线子路由方案。有吊顶的建筑物，水平直线尽可能

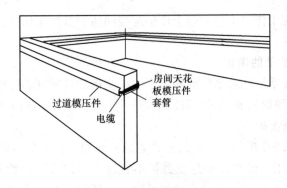

图 4-18　模制电缆管道布线法

走吊顶,一般建筑物可采用地板管道布线方法。

②　在能满足通信速率与带宽要求时,水平子系统缆线可采用非屏蔽双绞线,在高应用的场合,根据需要时采用屏蔽双绞线或者室内光缆。

③　水平子系统的布线电缆总长度不应超过 90m,在能保证链路性能情况下,水平光缆距离可适当延长。

④　1 条 4 线对双绞线电缆应全部固定终结在 1 个信息插座上,不允许将 1 条 4 线对双绞线电缆终结在两个或更多的信息插座上。

⑤　水平线缆应布设在线槽内,线缆布设数量应考虑只占用线槽面积的 70%,以方便以后线路扩充的需求。

⑥　为了方便以后的线路管理,在线缆布设过程中,应在线缆两端贴上标签,以标明线缆的起源和目的地。

3) 区域布线法

区域布线是大开间布线常见的形式之一。区域布线是针对开放的办公区域信息点位不能确定时,通过设置区域配线设备而不用具体布置信息点的一种布线方式。区域布线法灵活性高,但是不适用于信息点较多的场合,因为这时区域配线设施如果设置在吊顶之上,较多的工作区跳线需要从天花板上牵引下来会显得凌乱而不美观。

4.3.3　水平子系统设计步骤

1. 确定线缆布放路由

根据建筑的结构、用途,确定水平子系统路由设计方案。新建建筑的平面底图设计完成后,就可设计水平子系统布线方案。档次比较高的建筑物一般都有吊顶,水平走线尽可能在吊顶内进行。住宅建筑物,水平子系统采用直接埋布线方法。

2. 确定信息插座的数量和类型

(1) 根据建筑物结构和用户需求,确定每个楼层配线间的服务区域及可选用的传输介质。

(2) 根据楼层平面图计算可用空间及确定信息插座位置。

(3) 根据信息应用种类和传输速率确定信息插座类型及其安装方式(墙上/桌面;明装/暗装)。

(4) 估算工作区信息插座的总数。

（5）在干线子系统工作单上注明每个楼层配线间所服务的工作区数量和经过该楼层配线间所服务的全部工作区。

3. 配线间位置和数量的确定

配线间是综合布线系统的水平线缆和主干线缆交接的场所（亦称电信间，下文统称配线间）。通常布置在设计预留的弱电间位置。但每一个弱电间在综合布线系统中是否使用，还需要根据布线的实际情况确定。

根据 GB 50311—2007 的规定：配线间设置的一般原则是水平布线的长度控制在 90m 以内，使用面积≥5m²，引入的布线信息点数量不宜过多（以 400 个信息点为宜），以保证设备布置和配线安装的工作面积。在此原则的基础上，还需根据具体实际，适当调整以尽量合并配线间的设置数量。这样设计的优点是：使设备管理更为集中，减少了布线、网络系统设备因分散增加的管理工作量和管理难度。

4. 确定线缆的类型和各楼层平均走线长度

1）确定线缆类型

水平布线设计原则是向用户提供能兼容语音和数据应用的水平通道，也就是说水平配线不分电话还是网络应用，统一按较高要求配置，以便日后互换使用。按照水平子系统对线缆及长度的要求，在水平区段楼层配线间到工作区的信息插座之间，应优先选择 4 对双绞电缆。这种双绞电缆具有支持办公室环境中的语音和大多数数据传输要求所需的物理特性和电气特性。由于水平布线不易更换，故一般选择水平线缆等级时要求一步到位，即按用户的长远需求配置较高规格的双绞电缆。

室内电缆类型的选择是根据布线环境要求决定的。4 对双绞电缆有多种型号，分为非屏蔽双绞电缆与屏蔽双绞电缆，并且有阻燃与非阻燃之分。在选择时，要根据通信速率与带宽的要求选择相应类别的电缆，并根据现场要求选择屏蔽及阻燃与否。

2）确定各楼层电缆的平均走线长度

（1）确立每个楼层配线间所要服务的区域。

（2）按照可能采用的电缆路由，确定距离楼层配线间最远和最近的信息插座的连接电缆走线距离。

（3）计算平均电缆长度，等于最远与最近的 2 根电缆长度和的一半。

（4）计算电缆平均走线长度，等于平均电缆长度加上备用部分（平均电缆长度的 10%）再加上端接容差 6m（可变），这一数据是决定整个工程主要用线量的重要的基础数据。

各楼层电缆平均走线长度的计算公式为

$$P_i = 1.1 \times \frac{(F_i + N_i)}{2} + 6 \tag{4-3}$$

式中，P_i 为第 i 楼层电缆平均走线长度；F_i 为第 i 楼层最远的信息插座距离配线间的走线距离；N_i 为第 i 楼层最近的信息插座距离配线间的走线距离。

例 4-1：某建筑物第 6 楼距离楼层配线间最远和最近的信息插座距离如图 4-19 所示，请计算该楼层的电缆平均走线长度。

解：第 6 层最近走线距离：$N_6 = 4.5m + 5m = 9.5m$；

第 6 层最远走线距离：$F_6 = 4.5m + 15m + 5m = 24.5m$；

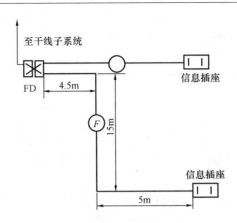

图 4-19 计算线缆平均电缆长度的例子

第 6 层平均布线长度：$(N+F)/2=17\text{m}$；

10％备用长度：1.7m；

端接容差：6m；

第 6 层线缆平均走线长度：$P_6=17\text{m}+1.7\text{m}+6\text{m}=24.7\text{m}$。

5. 订购电缆

目前，国际上生产的双绞线电缆包装长度不等，从 90m（300ft）到 5km（16800ft），一般按箱为单位整箱订购，且有两种装箱形式：一是卷盘（spool）形式；二是卷筒（reel）形式。在订货之前，对包装形式要仔细考虑，在计算出总用线量后还应将其折算为电缆箱数，特别要留意每箱内可获得的平均走线长度和走线数量。

在订购电缆时，先计算各楼层需要的电缆箱数，然后将各楼层所需的电缆箱数相加，即可计算出一栋楼所需的电缆箱数；将一个项目所有楼宇所需的电缆箱数相加，即可计算出一个项目所需的电缆总箱数。

例 4-2：接例 4-1，假如该楼层共有 135 个信息插座，每个信息插座需要 1 根双绞电缆，为实现该楼层布线，需要订购多少箱规格为 305m（1000ft）的电缆？

分析：平均走线长度为 24.7m，则需要的电缆总长度为：$24.7\text{m}×135=3334.5\text{m}$。

现在假定采用常规 305m（1000ft）包装形式，为满足总电缆长度需要，$3334.5/305=10.93<11$，似乎订购 11 箱电缆就能满足要求。但这样计算是不正确的，因为水平布线中不允许出现接续，故而每箱的零头电缆无法使用。

正确的计算方法如下：

解：（1）根据平均走线长度计算每箱电缆的走线根数，并向下取整。

每箱的电缆走线根数＝订购电缆每箱长度÷电缆平均走线长度（向下取整）

$305\text{m}÷24.7\text{m}=12.3$ 根/箱，说明实际上每箱电缆只能布放 12 个信息点。

（2）根据每箱电缆的走线根数计算所需水平电缆总箱数，并向上取整。

所需水平电缆总箱数＝信息插座总数÷每箱的电缆走线根数（向上取整）

$135÷12=11.25$，向上取整，实际应订购 12 箱。

可见在这个例子中，对于平均走线长度为 24.7m、135 个信息点的综合布线工程，所需要的水平配线电缆共计 12 箱，其中每箱电缆大约可以完成 12 个信息点的水平布线施工。

4.3.4 水平子系统设计实例

本系统设计采用某 3# 厂房综合布线实例，设计时主要确定线缆的路由、类型、长度及线缆的订购。

1. 确定线缆路由

考虑到 3# 厂房属于改造工程，水平电缆布放采用吊顶内金属桥架转金属支管布设的方式。如图 4-20 所示，语音和数据线缆共用同一金属桥架，由各配线间出线，经走廊吊顶上的水平金属桥架，伸展到各处。

金属桥架在水平敷设时，在金属线槽的接头处、转弯处，间距 3m 的位置以及距线槽两端出口 0.5m 的位置，都需要设置金属吊架进行支撑。

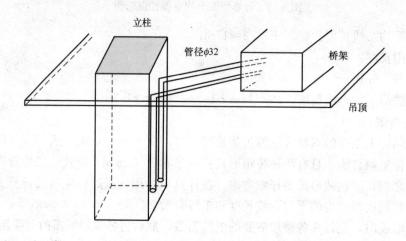

图 4-20　大开间镀锌钢管布线图

各信息点位，由延伸至近处的金属桥架引出镀锌钢管暗埋引入。在各个房间，接至各信息点位的镀锌钢管全部采用暗敷形式；在大开间办公区域，不采用区域布线的方式，而是统一采用沿承重立柱的四壁开槽半暗埋镀锌钢管的形式敷设金属桥架内线缆出线间到位，在办公区装修之时，可通过装饰龙骨与壁板相配合将信息插座及引线管完全暗包。

2. 确定信息插座的数量和类型

信息点的设置原则与数量统计见 4.2.4 节，信息插座的选择与线缆类型相匹配，选用 6 类非屏蔽插座。

3. 配线间位置和数量的确定

在 3# 厂房的改建过程中，在每层都预留了 2 个弱电间，5 层共计 10 个弱电间。经过测算，每个弱电间的面积都在 $7m^2$ 左右，较之建议的标准 $5m^2$ 的面积增加较多。因此，弱电间接入的信息点应较之标准适当增加。由于 3# 厂房的长度是：109.096m，宽度是：81.741m，水平布线长度需要控制在 90m 以内，为此，对 3# 厂房实施分区布线：每层都分为左、右两个布线区域，出于美观的考虑，水平主桥架的主要路由不沿各层的中间通道布设，而是沿每层的左、右通道布置，两侧的布线信息点分别汇集到各层左、右两侧的弱电间内。

4. 确定线缆类型和各楼层平均走线长度

1）线缆类型

根据对用户的需求进行分析，用户不存在安全保密的特殊需要，作为企业应用，决定使用 6 类非屏蔽布线系统。6 类信道提供了整体至少 250MHz 的通频带宽，提供高达 1Gbit/s 的传输速率，完全能够满足数据、语音和图像传输的速率需求，而且自 2002 年 6 月 ANSI/TIA/EIA 568-B2.1 关于铜缆双绞线 6 类标准正式出台以来，6 类布线系统已经成为了当前网络布线市场最为成熟的技术标准，成为了市场的主流应用。

就目前超 5 类布线系统而言，相关标准在 1998 年就已经提出，系统虽然也能够提供高达 1Gbit/s 的数据传输速率，但与 6 类布线系统比较而言，超 5 类系统支持的频带宽仅有 100MHz，6 类系统是 5 类的 2.5 倍，而 6 类布线系统的市场价格仅比 5 类布线系统高出 25％左右。因此，就整体性价比而言，6 类布线系统远远高于 5 类系统。

目前就高于 6 类布线系统，能够支持万兆 10Gbit/s 传输速率的增强 6 类和 7 类布线系统而言，已有的成功用户基本上是：数据中心、高性能科学计算中心等需要大量、密集进行科学计算和数据交换的场合，并不适合企业应用。暂不考虑对应的 10G 网络接口的昂贵成本，仅增强 6 类线缆的成本较之 6 类布线系统就需要增加 50％，而且如果采用 7 类系统的话，由于 7 类系统完全是基于 SFTP 的双屏蔽电缆，线缆成本更高，而且由于屏蔽系统需要严格接地，这样在施工上还会带来更高的安装成本。因此，对于 3＃厂房未来的企业应用而言，采用当前市场上主流的 6 类布线系统，不仅能够使用户享受成熟技术所带来的可靠应用，而且能够为用户带来经济上的节省，系统带宽完全可以满足用户的需要，而且其性能也足以支持未来数据、语音和视频"三网合一"的应用需要。

2）计算各楼层平均走线长度

根据布线信息点的设置位置，层高统一按照 4m 计算，从 3＃厂房每层左右两侧弱电间至该层两侧最远信息点的布线长度统计见表 4-5。

表 4-5　3＃厂房每层水平线缆最远点长度

楼层编号	一层	二层	三层	四层	五层
每层左侧区域信息点数量	38 个	570 个	594 个	502 个	44 个
每层左边最远点线长（m）	84	86	88	87	78
每层右侧区域信息点数量	130 个	510 个	664 个	350 个	56 个
每层右边最远点线长（m）	80	83	84	70	77

因为 3＃厂房 1 层和 5 层布设的信息点数量相对较少，根据以上各层最远信息点布设距离的统计数据，最终设计决定：

3＃厂房 1 层的所有信息点分别向上接入 2 层的相应弱电间，1 层相应的最远线长仍保持不变，分别是 84m 和 80m；3＃厂房 5 层的所有信息点分别向下接入 4 层的相应弱电间，5 层相应的最远线长各自增加一个层高：4m，分别是 82m 和 81m，延伸接入 4 层的相应弱电间后，5 层的最远点水平线长仍不超过 90m。

3＃厂房配线间的设置及其接入信息点的数量详见表 4-6。

表 4-6　3#厂房楼层配线间的设置与接入的信息点统计表

配线间 位置编号	建筑面积 （m²）	信息 点数	本配线间最远点的 水平布线长度（m）	本配线间最近点的 水平布线长度（m）	合计 信息点数
F202	6.96	608	86	11.54	
F210	7.42	640	83	9.54	
F302	6.96	594	88	9.45	3458
F312	7.42	664	84	9.45	
F402	6.96	546	87	9.54	
F413	7.42	406	81	5.45	

以二层配线间（F202）为例，计算平均走线长度。根据表 4-6 可知，最远的信息插座离配线间的走线距离为 86m，最近的信息插座走线距离为 11.54m。

解：

$$P_i = 1.1 \cdot \frac{(F_i + N_i)}{2} + 6;$$

$$N_6 = 11.54\text{m};$$

$$F_6 = 86\text{m};$$

$$P_6 = (N_6 + F_6) \cdot 0.55 + 6 = 59.65\text{m}。$$

其他楼层平均走线长度参照此方法计算，具体计算结果见表 4-7。

5. 订购电缆

电缆长度的计算仍以二楼配线间（F202）为例，该楼层共有 608 个信息插座（表 4-6），由上述计算结果可知，二楼平均走线长度为 59.65m，采用常规 305m（1000ft）包装形式，计算需要订购的电缆数。

解：（1）根据平均走线长度计算每箱电缆的走线根数，并向下取整。

305m÷59.65m=5.1 根/箱（向下取整）说明实际上每箱电缆只能布放 5 个信息点。

（2）根据每箱电缆的走线根数计算所需水平电缆总箱数，并向上取整。

608÷5=121.6（向上取整）实际应订购 122 箱。

其他楼层线缆长度计算方法与此相同，此处不再一一罗列，具体计算结果见表 4-7。

表 4-7　3#厂房 6 类水平双绞电缆的总需求

配线间编号	每个配线间 平均线长	每箱能够布放的 信息点数	该配线间订购的 双绞线箱数	总箱数（M）
F202	59.65	5	122	
F210	56.9	5	128	
F302	59.65	5	119	694
F311	57.45	5	133	
F402	59.1	5	110	
F413	53.6	5	82	

4.4 干线子系统设计

4.4.1 干线子系统概述

干线子系统是综合布线系统中非常关键的组成部分，如图 4-21 所示，干线子系统由设备间至电信间的干线电缆和光缆、安装在设备间的建筑物配线设备及设备缆线和跳线组成。

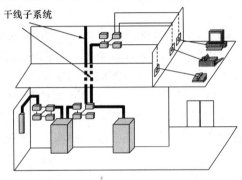

图 4-21 干线子系统的组成

干线是建筑物内综合布线的主馈缆线，是楼层电信间与设备间之间垂直布放（或空间较大的单层建筑物的水平布线）缆线的统称，因此干线子系统又称为垂直子系统。干线线缆直接连接着大量的用户，因此一旦干线线缆发生故障，影响非常巨大。干线子系统一般包括如下几个组成部分：

（1）干线或电信间的设备间之间的横向或竖向的电缆走线通道。

（2）设备间和网络接口之间的连接电缆或设备间与建筑群子系统各设备间的电缆。

（3）设备间与各楼层电信间之间的连接电缆。

（4）主设备间与网络中心主机房之间的干线电缆。

4.4.2 干线子系统设计要点

配线架之间的线缆均属于干线子系统的设计范畴。干线子系统的设计任务是确定干线线缆的类型、数量、长度、拓扑结构和布线路由。

1. 干线子系统的设计要求

为了便于综合布线的路由管理，干线线缆、干线光缆布线的交接不应多于两次。从楼层配线架到建筑群配线架之间只应通过一个配线架，即建筑物配线架（在设备间内）。当综合布线只用一级干线布线进行配线时，放置干线配线架的二级交接间可以并入楼层电信间。

总的来说，干线子系统的设计要求主要包括以下几个方面：

（1）垂直干线电缆应采用星型物理拓扑结构。

（2）在干线子系统中为保证无源信号系统不降级，同时为了管理不至于复杂化，国际标准规定干线系统不允许有超过两级的交叉连接，也就是说从楼层电信间到设备间只能有一级交叉连接，一般在楼层电信间配线架 BD 上进行。

（3）干线子系统中不允许有转接点（TP），配线子系统可以有转接点（TP）。

121

（4）电话语音和数字骨干电缆应该分离，以避免出现串音干扰，方便管理和维护。

（5）保证屏蔽干线电缆只有一端接地。

（6）在铜缆的通信距离及带宽无法满足要求时，应考虑使用光纤。使用光纤垂直布线时，每电信间应用至少 6 芯的光纤，理想配置为 12 芯以上，这 12 芯分配如下：4 芯用于局域网连接；4 芯用于点到点系统连接；剩余 4 芯作为备用或者其他业务。

（7）干线子系统设计要符合国家和当地有关建筑物、电力和消防安全等法律法规。

（8）干线子系统的线路要注意避开高电磁干扰地段。

2. 干线子系统拓扑结构

通常综合布线由主配线架（BD）、分配线架（FD）和信息插座（TO）等基本单元设备用不同子系统线缆连接组成，主配线架放置在设备间，分配线架放置在楼层配线间，信息插座安装在工作区。规模比较大的建筑物，在分配线架与信息插座之间也可设置中间交叉配线架，中间交叉配线架（IC）安装在二级交接间。连接主配线架和分配线架的线缆称为干线；连接分配线架和信息插座的线缆是水平配线。若有二级交接间，连接主配线架和中间交叉配线架的线缆统称为干线；连接中间交叉配线架和信息插座的线缆是水平配线。总之干线是建筑物综合布线关键结点之间的主馈线缆，可以有一级、二级干线之分，所有干线均以各级配线架结点为核心呈星型发散状物理拓扑结构，如图 4-22 所示。

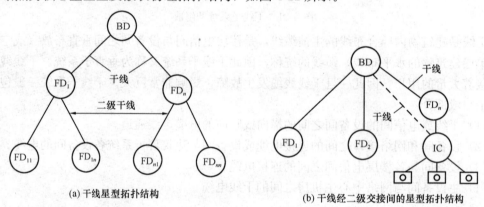

(a) 干线星型拓扑结构   (b) 干线经二级交接间的星型拓扑结构

图 4-22 　干线星型拓扑结构

因为每一条从中心结点到从结点的线路均与其他线路相对独立，所以星型拓扑结构是一种模块化设计。主结点采用集中式访问控制策略，故主结点的控制设备较为复杂，而各从结点的信息处理负担却较小。主结点可与从结点直接通信，而从结点之间必须经中心结点转接才能相互通信。

在主干布线中有主跳接和内跳接两种跳接，主跳接在设备间的主配线架上进行，内跳接在配线间的分配线架上进行。两个管理区间的相互连接要通过 3 个以下的跳接箱，单一的跳接必须达到主跳接。

干线采用星型拓扑结构可以实现集中控制、便于维护管理、扩展修改简单、简化了故障处理流程，缺点是对中心主结点的依赖性太强，主结点的故障将使整个系统失效。但失效后很容易修复，所以在干线中，星型拓扑结构用得较多。

此外，在应用光纤做干线时，为了接续的方便，有些情况下使用环型拓扑结构，如

图 4-23 所示。对于改造项目，若原来为星型物理拓扑结构，可以通过配线架跳线连接的改变来实现环型逻辑拓扑。

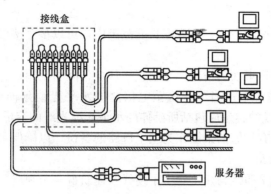

图 4-23　星型布线接成环型结构

3. 干线子系统线缆类型选择

通常情况下应根据建筑物的楼层面积、建筑物的高度以及建筑物的用途来决定选用干线线缆的类型。在干线子系统设计中常用以下 5 种线缆：

（1）4 对双绞线电缆。

（2）100Ω 大对数对绞电缆（25 对、50 对、100 对等 UTP 或 STP）。

（3）63.5/125μm 多模光缆。

（4）8.3/125μm 单模光缆。

（5）75Ω 同轴电缆。

目前，针对电话语音传输一般采用 3 类大对数对绞电缆（25 对、50 对、100 对等规格），针对数据和图像传输采用光缆或 5 类以上 4 线对双绞线电缆以及大对数对绞电缆，针对有线电视信号的传输采用 75Ω 同轴电缆。需要注意的是，大对数线缆对数多，很容易造成相互间的干扰，因此很难制造超 5 类以上的大对数对绞电缆。在 6 类网络布线系统中通常使用 6 类 4 线对双绞线电缆或光缆作为主干线缆，而 5 类或者超 5 类的布线一般采用 25 对大对数线缆。在选择主干线缆时，还要考虑主干线缆的长度限制，如 5 类以上 4 对双绞线电缆在应用于 100Mbit/s 的高速网络系统时，电缆长度不宜超过 90m，否则宜选用单模或多模光缆。

4. 干线线缆容量的计算

在确定干线线缆类型后，便可以进一步确定每个楼层的干线容量。一般而言，在确定每层楼的干线类型和数量时，都要根据楼层配线子系统所有的语音、数据、图像等信息插座的数量来进行计算。具体计算的原则如下：

（1）语音干线可按一个电话信息插座至少配 1 个线对的原则进行计算，对语音业务，大多数主干电缆的对数应按每一个电话 8 位模块通用插座配置 1 线对，并在总需求线对的基础上至少预留约 10% 的备用线对。

（2）计算机网络干线线对容量计算原则是：电缆干线 24 个信息插座配 2 条 25 线对大对数双绞线，每一个交换机或交换机群配 1 条 4 线对双绞线；光缆干线每 48 个信息插座配 2 芯光纤。对于数据业务应以集线器（HUB）、交换机（SW）群（4 个 HUB 或 SW 组成 1

群）或每个 HUB 或 SW 设备设置 1 个主干端口配置。每 1 群网络设备或每 4 个网络设备宜考虑 1 个备份端口。主干端口为电端口时，应按 4 线对容量配置，为光端口时则按 2 芯光纤容量配置。

（3）当楼层信息插座较少时，在规定长度范围内，可以多个楼层公用交换机，并合并计算光纤芯数。

（4）如有光纤到用户桌面的情况，光缆直接从设备间引至用户界面，干线光缆芯数应不包含这种情况下的光缆芯数；当工作区至电信间的水平光缆延伸至设备间的光配线设备（BD/CD）时，主干光缆的容量应包括所延伸的水平光缆光纤的容量在内。

（5）主干系统应留有足够的余量作为主干链路的备份，以确保主干系统的可靠性。

5. 干线子系统的长度

综合布线系统的水平缆线与建筑物主干缆线及建筑群主干缆线之和所构成信道的长度不应大于 2000m。当建筑物或建筑群配线设备之间组成的信道出现 4 个连接器件时，主干缆线的长度不应小于 15m。当主干电缆小于 90m 时，允许有一个中间交接。主交接、中间交接和水平交接都预留 3m 左右的电缆。在建筑群配线架和建筑物配线架上、接插线和跳线长度不宜超过 20m，超过 20m 的长度应从允许的干线最大长度中扣除。把电信设备直接连接到建筑群配线架或建筑物配线架时所用的设备电缆、设备光缆长度不宜超过 30m，如果确定超过这一长度，干线电缆、干线光缆的长度应相应减小。

根据语音点数量一般设置一个语音点 2 对电缆，考虑 50％的预留量，根据需要对数选型，则可计算出需要的大对数电缆根数。对于光纤，一般一个配线间配置一条 6 芯或者 8 芯的光缆。垂直主干光缆的长度＝［距中心机房的层数×层高＋电缆井到中心机房的距离＋端接余量（光缆 10m，双绞线 6m）］×每层需要的根数。

4.4.3　干线子系统设计步骤

在进行干线子系统设计时，要考虑的因素较多，一般来说可以按下列步骤进行。

1. 确定干线子系统的规模

确定干线子系统规模即干线通道和配线间的数目时，主要依据所要服务的可用楼层面积特点和每层楼布线密度。在设计时，根据所需的电信间的数目，采用单干线或者多干线接线系统。如果给定楼层所要服务的所有终端设备都在配线间周围的 75m 半径范围之内，以及需要支持的信息点数在 200 个之内，则采用单干线系统。凡不符合这些要求的，则要采用多干线系统，或者采用经分支电缆与楼层配线间相连接的二级交接间。

2. 估算整个建筑物的干线要求

干线线缆主要有铜缆和光缆两种类型，具体选择要根据布线环境的限制和用户对综合布线系统设计等级的考虑确定。在确定每层楼需端接的网络应用干线光缆和电话应用干线电缆数量时，应根据各种应用的终端设备数量进行计算。在用户需求尚不明确的新建工程设计时，对于计算机网络，每 48 个信息插座在干线上应至少配 2 芯光纤；电话选用大对数干线电缆时，每个信息插座配置 1 对干线电缆，或按用户要求进行配置。在干线根数计算时要考虑适当的备用量。

整座建筑物的干线线缆类别、数量与综合布线设计等级和水平子系统的线缆数量有关，而水平子系统线缆的数量又直接反映了各层的信息应用终端的密集程度。在确定了各楼层干线的规模后，将所有楼层的干线分类相加，就可确定整座建筑物的干线线缆类别和数量。

3. 确定干线路由

干线线缆的布线走向应选择最短、最安全和最经济的路由。路由的选择要根据建筑物的结构以及建筑物内预留的电缆孔、电缆井等通道位置决定。干线子系统通道有垂直和水平两大类型通道。

1）干线子系统垂直通道的选择

（1）电缆孔方式。

该方式通常用一根或数根外径为 63～102mm 的金属管预埋在楼板内，金属管高出地面 25～50mm，也可直接在楼板上预留一个大小适当的长方形孔洞，孔洞一般不小于 600mm× 400mm（也可根据工程实际情况确定）。干线子系统是建筑物内的主干电缆，在大型建筑物内，通常使用的干线子系统通道是由一连串穿过电信间地板且垂直对准的通道组成，穿过弱电间地板的电缆孔如图 4-24 所示。

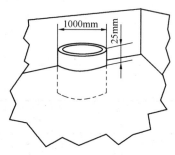

图 4-24　电缆孔

干线通道中所用的电缆孔是很短的管道，通常用一根或数根直径为 10cm 的金属管组成。它们嵌在混凝土地板中，是浇筑混凝土地板时嵌入的，也可直接在地板中预留一个大小适当的孔洞。电缆往往捆在钢绳上，而钢绳固定在墙上已铆好的金属条上。当楼层电信间上下都对齐时，一般可采用电缆孔方法。

（2）电缆竖井方式。

在新建建筑物中，推荐使用电缆竖井的方式。如图 4-25 所示，电缆井是指在每层楼板上开出一些方孔，一般宽度为 30cm，并有 3.5m 高的井栏，具体大小要根据所布线的干线电缆数量而定。与电缆孔方法一样，电缆也是捆绑或箍在支撑用的钢绳上，钢绳靠墙上的金属条或地板三脚架固定。离电缆井很近的墙上的立式金属架可以支撑很多电缆。电缆井比电

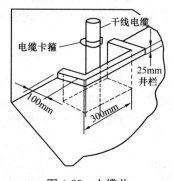

图 4-25　电缆井

缆孔更为灵活，可以让各种粗细不一的电缆以任何方式布设通过。但在建筑物内开电缆井造价较高，而且不使用的电缆井很难防火。

（3）管道方式。

管道方式包括明管或暗管敷设。管道方式就是在建筑物建造时已经安装好线路管道，而电缆竖井电缆孔是布线时安装管道。

若楼层配线间上下未对齐，可采用粗细合适的管道引导延续线缆布放，如图 4-26 所示，每条干线分别穿过相应楼层配线间后到达设备间。在楼层配线间里，要将布放线缆的电缆孔或电缆井设置在墙壁附近，且电缆孔或电缆井不应妨碍施工操作端接。

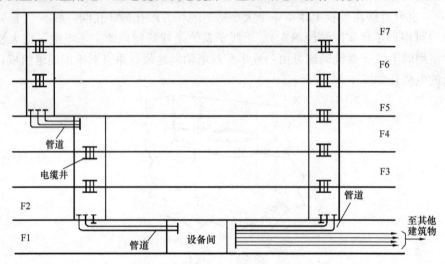

图 4-26　配线间上下未对齐的双干线电缆通道

2）干线子系统水平通道的选择

（1）金属管道方法。

金属管道方法是指在水平方向架设金属管道，水平线缆穿过这些金属管道，让金属管道对干线电缆起到支撑和保护的作用。

对于相邻楼层的干线电信间存在水平方向的偏距时，就可以在水平方向布设金属管道，将干线电缆引入下一楼层的电信间。金属管道不仅具有防火的优点，而且它提供的密封和坚固空间使电缆可以安全地延伸到目的地。但是金属管道很难重新布置且造价较高，因此在建筑物设计阶段必须进行周密的考虑。在土建工程阶段，要将选定的管道预埋在地板中，并延伸到正确的交接点。金属管道方法较适合于低矮而又宽阔的单层平面建筑物，如企业的大型厂房、机场等。

（2）电缆托架方法。

电缆托架是铝制或钢制的部件，外形很像梯子，既可安装在建筑物墙面上、吊顶内、也可安装在天花板上，供干线线缆水平走线，如图 4-27 所示。电缆布放在托架内，由水平支撑件固定，必要时还要在托架下方安装电缆绞接盒，以保证在托架上方已装有其他电缆时可以接入电缆。

电缆托架方法最适合电缆数量很多的布线需求场合。要根据安装的电缆粗细和数量决定托架的尺寸。托架及附件价格较高，而且电缆外露，从美观角度出发需要对线缆做进一步的

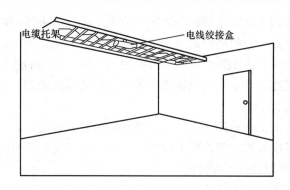

图 4-27　电缆托架方法

处理，较难防火，所以在综合布线系统中，有时使用封闭式线槽来替代电缆托架。它主要应用于楼间距离较短且要求采用架空的方式布放干线线缆的场合。

4. 确定干线线缆的端接方法

干线线缆的端接方式有 3 种，即点对点端接、分支递减端接和电缆直接端接。

1）点对点端接法

点对点端接是最简单、最直接的接合方法，如图 4-28 所示，首先选择一根含有足够数量的双绞电缆或光缆，用来支持一个楼层全部信息插座的需要，而且这个楼层只需设一个配线间；然后从设备间引出这根电缆，经过干线通道，直接端接于该楼层配线间里的连接硬件上。所以，这根电缆的长度取决于它要连往哪个楼层以及端接的配线间与设备间之间的距离。其余楼层也照此自用一根干线线缆与设备间相接。在点对点端接方法中，距离设备间近的楼层干线用缆肯定比距离设备间远的楼层干线用缆短。

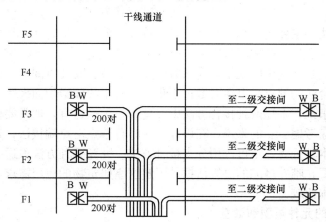

图 4-28　典型的点对点端接方法

选用点对点端接方法，可能引起干线通道中的各根电缆长度不相同，而且粗细也可能不同。在设计阶段，线缆的材料清单应反映出这一情况。此外，还要在施工图纸上详细说明哪根电缆接到哪一楼层的哪个配线间。

2）分支接合方法

分支接合方法就是将干线中可以支持若干个楼层配线间的通信的一根特大对数电缆，经过分配接续设备后分出若干根小电缆，它们分别延伸到每个配线间或每个二级交接间，并端接于目的地配线架的连接方法。这种接合方法可分为单楼层和多楼层两类。

（1）单楼层接合方法。一根电缆通过干线通道到达某个指定楼层配线间，其容量足以支持该楼层所有配线间的信息插座需要。安装人员用一个适当大小的绞接盒把这根主电缆与粗细合适的若干根小电缆连接起来，以供该楼层各个二级交接间使用。该方法适用于楼层面积大，通信业务量大的场合。

（2）多楼层接合方法：通常用于支持 5 个楼层的信息插座需要。一根主电缆向上延伸到中点。安装人员在该楼层的配线间内装上绞接盒，然后把分支后主电缆与各楼层小电缆分别连接在一起，以供上下楼层配线间作用。

典型的分支接合如图 4-29 所示。

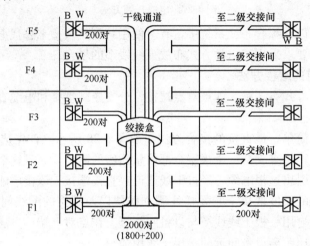

图 4-29 典型的分支接合方法

点对点端接方法的主要优点是可以避免使用特大对数的电缆，在干线通道中不必使用昂贵的分配接续设备，发生电缆故障只影响一个楼层；缺点是穿过干线通道的线缆数目较多。分支接合方法的优点是干线中的主干电缆条数较少可以节省安装空间，建设成本低于点对点端接方法；分支接合法的缺点是电缆对数过于集中，发生故障影响面大。

对一座建筑物来说，上述两种接合方法中究竟哪一种最适宜，通常要根据电缆成本和所需的工程费用来通盘考虑。总的来说，在设计干线时首选点对点端接法，若经过成本分析证明分支接合法的成本较低时，也可改用分支接合方法。究竟哪种方法最适合一组楼层或整座建筑物的结构和需要，唯一可靠的决策依据是了解这座建筑物的应用需求，并对所需的器材和工程费用进行成本比较。

5. 确定所需要的元件类型和数量

干线子系统设计的最后一步就是综合并确定干线系统需要的各种介质和接口插件的类型和数量，并且以清单的形式列出来：

- 主干电缆或光纤的数量（长度）；
- 设备间主干配线架的规格及个数；
- 电信间主干配线架的规格及个数；
- 配线箱的规格及数量；
- 配线模块的数量；
- 各类跳线的数量。

4.4.4　干线子系统设计实例

1. 确定干线子系统的通道规模

在 3♯厂房，由于楼层所要服务的终端设备半径超过了 75m，因此不宜采用单干线系统。4.3.4 节已提及，为将水平布线长度控制在 90m 以内，对 3♯厂房实施分区布线，即每层都分为左、右两个布线区域。与此相对应，在干线设计时，可以采用双干线接线系统，也可采用经分支电缆与楼层配线间相连接的二级交接间方案。

2. 估算整个建筑物的干线要求

3♯厂房改建后将作为办公楼使用，其综合布线系统需提供可靠、高速的数据传输服务，同时也需要提供灵活方便的办公环境。因此，综合布线设计等级设定为综合型。

根据综合型的配置要求，采用光缆和铜芯双绞线组合组网方式。在数据网络应用中，园区网络设计遵循的原则通常是：网络主干带宽要求达到水平带宽的 10 倍。相对于水平 1Gbit/s 的传输速率而言，数据主干光纤通常需要选择支持 10Gbit/s 的 OM3 光缆

但在本次设计中，主干光纤仍采用支持 1Gbit/s 千兆传输速率的 12 芯 OM1 62.5/125μm 的室内多模光纤。这样选择的好处是：

（1）从用户实际使用的角度出发，降低用户的布线和网络使用成本。

（2）12 芯数据主干光纤在全部使用时，能够在两端的交换机之间提供 6 条数据主干链路。只要链路两端的交换机都能够提供 6 个千兆光纤端口，通过交换机的链路聚合技术（802.3ad），就可以灵活地利用这 12 芯光纤将数据主干链路的带宽从初期的双工 2Gbit/s 扩展到双工 12Gbit/s，从而充分保证千兆数据主干传输的需求。千兆以太网技术作为当前的主流应用，交换机产品恰恰都以低廉的成本集成有高密度的千兆光纤端口，以支持用户丰富的千兆应用。

（3）在主干桥架的设计时，应留有足够的空间，以便在万兆以太网的技术与应用成熟、线缆及接口成本大大降低后，通过增设万兆 OM3 光缆，实现以低成本的投入完成网络应用向万兆的迁移。这样也充分体现了综合布线的模块化、灵活性和可扩充性强的特点。

根据目前语音通讯的需求，语音主干采用 3 类 25 对大对数双绞电缆就完全可以满足用户语音的使用需求。

3. 确定干线路由

3♯厂房综合布线系统的干线路由采用电缆井方式，如图 4-30 所示，在每层楼板上开出一些方孔使电缆可以穿过这些电缆井贯穿到各楼层，电缆捆在钢绳上，钢绳靠墙上金属条或地板三角架固定，可以让粗细不同的各种电缆以任何组合方式通过。这种方法灵活，占用面积小。

电缆具体敷设要求如下：

（1）电缆在桥架内敷设时，为了使电缆布置牢靠和美观整齐，对绞电缆、光缆及其他信号电缆应根据缆线的类别、数量、缆径、缆线芯数分束绑扎。绑扎间距不宜大于 1.5m，间距应均匀，但不宜过紧。尤其是对于 6 类以上的水平双绞电缆切忌绑扎过紧，使缆线受到挤压，影响电缆的性能测试指标。

（2）电缆在封闭的槽道内敷设时，要求在槽道内缆线均应平齐顺直，排列有序，尽量互相不重叠或不交叉，缆线在槽道内不应溢出，影响槽道盖盖合。

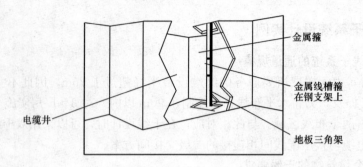

图 4-30 电缆井示意图

（3）在桥架或槽道内的线缆绑扎固定时，应根据缆线的类型、缆径、缆线芯数分束绑扎，以示区别，也便于维护检查。

（4）垂直桥架选用统一桥架，垂直桥架的最大进线量在二层右侧的弱电间（编号：F202），此处垂直桥架的进线量最大包括：17 根 100 对（ϕ50mm 左右），9 根 25 对大对数电缆，130 根 ϕ6.4mm 的 6 类非屏蔽水平双绞电缆（通过垂直桥架，向上接入弱电间 F210），线缆总截面为：43430mm。

考虑到垂直桥架作为主干通道的重要性，选择（宽×高）500mm×200mm 的桥架，桥架的截面积利用率为 43.43%。

4. 垂直主干线缆的计算方法

垂直主干电缆长度＝［距 MDF 层数×层高＋电缆井至 MDF 距离＋端接容限（光纤 10m，双绞线 6m）］×（每层需要根数）（MDF：主设备间）

数据主干采用 OM1 多模光纤，语音主干采用 3 类大对数电缆。根据 GB 50312—2007 的规定，语音主干需要提供至少 10% 的扩充裕量。计算结果见表 4-8。

表 4-8　3＃厂房干线线缆需求

配线间	语音点	数据点	距语音中心距离（m）	大对数电缆	距数据中心距离（m）
F202	304	304	74	3 根 100 对，2 根 25 对	89
F210	319	321	29	3 根 100 对，2 根 25 对	32
F302	296	298	78	3 根 100 对，1 根 25 对	85
F311	332	332	33	3 根 100 对，3 根 25 对	28
F402	273	273	82	3 根 100 对	81
F413	203	203	37	2 根 100 对，1 根 25 对	24
合计			333	17 根 100 对，9 根 25 对	373
需要订购 100 对大对数电缆（305m/轴）				962m，订 4 轴	
需要订购 25 对大对数电缆（305m/轴）				666m，订 2 轴	
需要订购的 12 芯室内多模光纤长度				373m	

注意：由于数据交换机的千兆光接口的成本远远高于千兆铜缆接口，通常在垂直主干施工中，为了降低用户的网络使用成本，额外每层布设 4 根 CAT6 双绞电缆（非大对数）作为备份垂直主干。该备份主干可以直接使用所订购双绞电缆的余线。

5. 确定干线接合方式

本设计采用点对点端接接合方式。在本项目设计中，依据 3# 厂房建筑结构特点以及各弱电系统的运行要求，共设置了 5 个弱电设备间。语音总配线架设置在厂房一层的电讯室（位置坐标 12-13/B-C），通过光缆与电信局连接。由综合布线主机房连接至网络通信机房，再由网络通信机房连接到各楼层弱电设备间，各楼层弱电设备间的语音主干电缆语音干线采用 3 类 25 对大对数电缆，以支持低速计算机网络终端、语音终端、多用户通信终端以及电信局远程通道等应用。数据总配线架设置在厂房四层综合布线总机房（位置坐标：14-15/B-C）。数据总配线架与通讯网络机房之间的数据主干线采用室内多模光纤并连接到各楼层配线间网络设备和核心交换机，构成高速数据通道，满足计算机网络系统及其他各弱电系统的应用。干线沿弱电井内竖直桥架敷设。语音主配线架采用机架式安装，数据主配线架及楼层分配线架全采用 19in 密封式玻璃门标准机柜安装，并配备标准电源插座和散热风扇。机柜安装模块化 24 口 6 类数据配线架、机架式光纤配线架以及 50 对 110A 配线架，并配有线路管理设备单元。铜缆跳线采用 RJ-45 快速跳线，光纤连接采用 ST/SC 连接器单模和多模跳线。配线架留有一定数量的预留端口，以便将来扩充。多模光纤数据主干的最大长度小于 300m。铜缆语音主干的最大长度小于 500m。

4.5　设备间设计

4.5.1　设备间概述

设备间是综合布线系统的主结点，是通信设施、配线设备所在地，也是线路管理的交汇点，是进行综合布线及其他系统管理和维护的场所。设备间是为整栋建筑物或者建筑群提供服务的特殊电信间。设备间须支持所有的电缆和电缆通道，保证电缆和电缆通道在建筑物内部或者建筑物之间的连通性。

典型的设备间如图 4-31 所示。

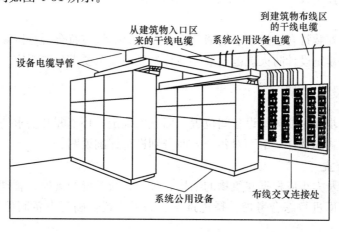

图 4-31　典型的设备间

一般情况下，设备间的主要设备，如程控用户交换机、服务器、网络交换机等，与综合布线配线架共用机柜，也可分别设置。在较大型的综合布线系统中，一般将计算机主机、程控用户交换机、建筑设备自动控制装置分别设置机房，只把与综合布线密切相关的硬件或设备放在综合布线设备间，但计算机网络中的互联设备距离设备间不宜太远。

广义的设备间包括配线间。配线间是放置楼层配线架、网络交换设备的专用房间。水平子系统和干线子系统的线缆在楼层配线架上进行交接。每座大楼配线间的数量，可根据建筑物的结构、布线规模和管理方式而定，并不一定每一层楼都有配线间，但每座建筑物至少要有一个设备间。本节涉及的内容也包含楼层配线间以及二级交接间。

4.5.2　设备间设计要点

设备间的设计应注意以下几点：

（1）设备间的位置及大小应根据建筑物的结构、综合布线规模和管理方式以及应用系统设备的数量等进行综合考虑，择优选择。

（2）在高层建筑物内，设备间宜设置在第二、三层，高度为 $3\sim18m$。

（3）设备间的主要设备，如数字程控交换机、计算机主机，可放在一起，也可分别设置。一般在大型的综合布线中，给计算机主机、数字程控交换机、楼宇自动化控制设备分别设置机房，把与综合布线密切相关的硬件或设备放在设备间，但计算机网络系统中的互联设备，如路由器、交换机等，离设备间的距离不宜太远。

（4）在设备间内安装的配线设备 BD 的干线侧容量应与主干缆线的容量相一致；设备侧的容量应与设备端口容量相一致或与干线侧容量相同。

（5）针对计算机网络系统（包括二层交换机、三层交换机、路由器及设备的连接线），一般采用标准机柜，将这些设备集成到机柜中，以便于统一管理。通常采用跳接式配线架连接各层交换机，通过跳线调整所有干线路由。采用光纤终结架连接网络主机及其他设备。

（6）计算机用房设计可按国家标准《电子信息系统机房设计规范》（GB 50174—2008）执行。程控用户交换机房设计可按《工业企业程控用户交换机工程设计规范》（CECS 09：89）执行。建筑物控制设备用房也可参照国家标准《计算机场地通用规范》（GB 2887—2001）执行。

（7）设备间应安装符合法规要求的消防系统，耐火等级应符合现行国家标准《高层民用建筑防火规范》、《建筑设计防火规范》及《计算站场地安全要求》的规定。

4.5.3　设备间设计步骤

设备间的设计步骤主要包括设备间位置、面积的确定，环境配套要求的设计，设备安装的设计以及供电方式的选择，下面对各个方面分别进行详细说明。

1. 设备间的位置

设备间的位置及大小应根据建筑物的结构、综合布线系统的规模、管理方式以及应用系统设备的数量等方面进行综合考虑，择优选取。一般来说，确定设备间位置时应遵守下列要求：

（1）尽量设在建筑平面及综合布线干线体系的中间位置，以获得更大面积的服务覆盖。

（2）尽量靠近服务电梯，以便装运笨重设备。

（3）尽量避免设在建筑物的高层或地下室以及有水设备的下层。

（4）尽量远离强振动源和噪声源。

（5）尽量避开强电磁场的干扰。

（6）尽量远离有害气体源以及腐蚀、易燃、易爆物。

2. 设备间的面积

设备间面积应该根据智能建筑的规模、使用的各种不同系统、安装的设备数量、设备的体积、维护维修方便、网络结构要求以及今后的发展需要等因素进行综合考虑。

通常来说，设备间的使用面积可按照下述两种方法之一确定。

方法一：

$$S = (5 \sim 7) \sum S_b$$

式中，S 为设备间的使用面积，m^2；S_b 为与综合布线有关并在设备间平面布置图中占有位置的设备面积，m^2；$\sum S_b$ 为指设备间内所有设备占地面积的总和，m^2。

方法二：

$$S = KA$$

式中，S 为设备间的使用面积，m^2；A 为设备间的所有设备台（架）的总数；K 为系数，取值（4.5～5.5）m^2/台（架）。

设备间最小使用面积不得小于 $20m^2$。

3. 设备间的建筑结构

设备间的净高（地板到吊顶之间）一般不得小于 2.5m。设备间门的最小尺寸为 2.1m×0.9m（高×宽），便于体积较大的设备进出。

设备间的楼板载荷依照设备而定，一般分为两级：

A 级：楼板载荷≥5kN/m^2；

B 级：楼板载荷≥3kN/m^2。

4. 设备间的环境要求

1）温、湿度

为了保证电子设备和维护人员的正常工作，要求设备间的温度应保持在 10～30℃，相对湿度应保持在 20%～80%。超出这个范围，将使设备性能下降，甚至寿命缩短，因此设备间的空调应选用恒温、恒湿的空调。

国家标准 GB/T 2887—2011 对计算机机房温、湿度按开机时和停机时分别加以规定，如表 4-9 与表 4-10 所示，同时每种工况又分为 A、B 两级。机房可常年按某一级执行，为了节能也可按某些级综合执行，如可选择开机时按 A 级执行，停机时按 B 级执行。

表 4-9　开机时的机房温、湿度要求

指标　　　　级别　项目	A 级		B 级
	夏季	冬季	
温度（℃）	23±2	20±2	15～30
相对湿度（%）	45～65		40～70
温度变化率（℃/h）	<5，不得凝露		<10，不得凝露

表 4-10　停机时的机房温、湿度要求

指标　　　级别　项目	A 级	B 级
温度（℃）	5～35	15～30
相对湿度（%）	20～80	20～80
温度变化率（℃/h）	<10，不得凝露	<10，不得凝露

2）尘埃

为了防止有害气体（如 SO_2、H_2S、NH_3 和 NO_2 等）侵入，设备间内应有良好的防尘措施。设备间允许有害气体和尘埃含量的限值分别如表 4-11 和表 4-12 所示。

表 4-11　有害气体的限值

有害气体	二氧化硫（SO_2）	硫化氢（H_2S）	二氧化氮（NO_2）	氨（NH_3）	氯（Cl_2）
平均限值（mg/m³）	0.2	0.006	0.04	0.05	0.01
最大限值（mg/m³）	1.5	0.03	0.15	0.15	0.3

表 4-12　尘埃含量的限值

灰尘颗粒的最大直径（μm）	0.5	1.0	3.0	5.0
灰尘颗粒的最大浓度（粒子数/m³）	1.4×10^7	7×10^5	2.4×10^5	1.3×10^5

3）防火

设备间应按防火标准的规定，安装相应的防火自动报警设置。设备间的门应向外开，并使用防火防盗门。地面、楼顶和天花板都应涂刷防火涂料，所有穿放线缆的管材、孔洞和线槽都应用防火涂料堵严密封。

4）照明

在设备间距地面 0.8m 处，其工作照度不应低于 200lx。此外，设备间应安装应急照明，其照度不应低于 5lx。

5）噪声

设备间的噪声应小于 70dB。

如果长时间在 70～80dB 噪声的环境下工作，不但人的身心健康和工作效率会受到影响，还可能造成人为的操作事故。

6）电磁干扰

设备间无线电干扰场强的频率应在 0.5～1000MHz 范围内，强度不大于 120dB。

设备间内磁场干扰场强不大于 800A/m。

5. 设备的安装要求

设备间须支持所有的电缆和电缆通道，保证电缆和电缆通道在建筑物内部或者建筑物之间的连通性。在设备间内安装的配线设备的干线侧容量应与主干缆线的容量相一致；设备侧的容量应与设备端口容量相一致或与干线侧容量相同。针对计算机网络系统，它包括二层交换机、三层交换机、路由器及设备的连接线，一般采用标准机柜，将这些设备集成到机柜中，以便于统一管理。通常采用跳接式配线架连接各层交换机，通过跳线调整所有干线路由。采用光纤终结架连接网络主机及其他设备。

6. 设备间的供配电

设备间的设备和照明供电电源应满足下列要求：

频率，50Hz；

电压，380V/220V。

设备间的供电容量是指将设备间内存放的每台设备用电量的标称值相加后，再乘以系数 3。设备间供电电源根据设备的性能，允许的变动范围如表 4-13 所示。

表 4-13　设备间供电电源级别

指标　　　级别　　项目	A 级	B 级	C 级
稳态电压偏移范围（%）	−5～+5	−10～+10	−15～+10
稳态频率偏移范围（Hz）	−0.2～+0.2	−0.5～+0.5	−1～+1
电压波形畸变率（%）	5	7	10
允许断电持续时间（ms）	0～4	4～200	200～1500

1）常用的几种供电方式

（1）直接供电方式。

直接供电是把市电（通常为 50Hz，380V/220V）直接馈送给设备间配电柜，经配电柜分配后送给用电设备。对于要求中频电源的应用系统，需要将市电送来的 50Hz 交流电经总配电室分成两路：一路直接送设备间配电柜，另一路经中频机输出的中频交流电后送给配电柜，然后再分送给终端设备。

直接供电方式只适用于电网各项技术指标能满足应用系统有源设备用电要求，且附近又没有较大负载的启停、电磁兼容性要求不高的场合。

直接供电具有线路简单、设备少、投资低、运行费用少、维修方便等优点，缺点是对电网质量要求高，易受电网负荷变化的影响等。

实际上电网质量很难满足设备间的应用要求，因此直接供电方式受到很大的限制。

（2）不间断电源（UPS）方式。

不间断电源具有稳压、稳频、抗干扰、防止浪涌等功能。当市电供电时，不间断电源的蓄电池储存一定的能量；一旦市电断电，它能快速切换，将蓄电池的直流电逆变为交流电，供给应用系统继续使用。蓄电池储能的容量和应用系统消耗的功率决定了这种接续供电的时间长短。用这一段宝贵时间可以进行应急处理，也可以再启动其他形式的后备电源，例如柴油发电机组。不间断电源的输出功率分小型、中型和大型，可以从几百伏安到几百千伏安。典型的小型不间断电源，输出功率为 0.5～15kVA，输入电压允许波动±10%，波形失真率不大于 10%，功率因数 0.85～0.9，输出频率稳定度为±0.25%，静态电压调整为±2%，动态电压调整率为±10%。

从图 4-32 不间断电源效率曲线上可知，不间断电源的负载不宜过低。

由于不间断电源的耗资较大，因此其容量选择是必须重视的问题，选小了难以完成在规定时间内的供电任务，选大了不仅不能发挥其效率还会使投资增大，而且它所占用的室内面积也会随之增大，故而应选择容量稍大的不间断电源。选型的基本原则是保证建成初期的设

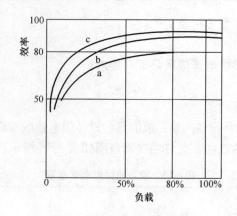

图 4-32　不间断电源效率曲线

a—3～10kVA；b—50～100kVA；c—200～400kVA

备及后期增加设备的应急用电，而且设备启动（非同时）和正常运行都可以满足。

未能预计到的后期设备增设过多时，有可能 UPS 容量不够。不间断电源的后期增容比早期预见性的扩容在经济上是合算的，因为不间断电源有明显的价格逐年下降的趋势。

在一些特殊的应用场合，供电是不允许中断的，当单台不间断电源的可靠性无法保证时，可采用两台或多台冗余式并联运行。当其中一台出现故障时，将自动退出并联系统（有声、光报警提示），另一台继续供电。

（3）直接供电与不间断电源相结合的方式。

为了防止设备间的照明、空调等辅助设备用电干扰程控用户交换机或计算机网络互联设备，降低不间断电源容量的购置造价，可将设备间的辅助用电设备由市电直接供电，信息设备由不间断电源供电，如图 4-33 所示。

例 4-3：某办公楼网络管理中心用电量为 150kVA，其中 75kVA 供两台恒温恒湿空调机，15kVA 供照明、维护设备，40kVA 需稳压、稳频、不间断供计算机及其网络互联设备、程控用户交换机等使用。要求对该设备间的供配电进行设计。

解：根据设计要求，该办公楼宜采用双路供电，并采用直接供电与不间断电源相结合的方式。

① 选用三相电力稳压器 100kVA，输入电压为 380V，允许波动范围为±25%；输出电压为 380V，允许波动范围为±5%。

② 选用不间断电源 40kVA，输入电压为 380V，允许波动范围±10%。若三相输入电压超过±10%，可通过断接卡将不间断电源输入端自动接到三相电力稳压器的输出端，以保证不间断电源输入端电压波动不超过±10%。

③ 市电经缺相保护器后，分 5 路供电。空调机由市电直接供电；维护及照明由三相电力稳压器供电；计算机及其网络互联设备、程控用户交换机和综合布线各配线间的有源设备等由 UPS 供电。

7. 设备间的电源插座设置

为了满足各设备的电源连接要求，设备间要设置一定数量的电源插座。为了保证安全用电，设备间的电源接地线必须通过总配电机房与大楼的接地体相连，且该接地线不能与弱电系统的信号地线、保护地线共线，以防止线上电流对弱电系统的冲击或干扰。设备间、配线

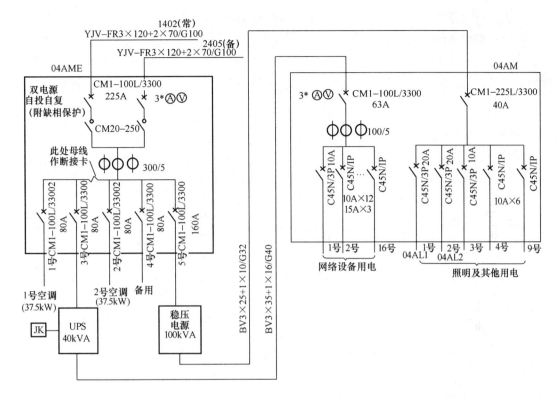

图 4-33　直接供电与 UPS 结合方式

间与办公室的插座设置要求如下：

1）设备间

新建建筑可预埋管道和地面电源盒，电源线的线径可根据负载大小来定，插座数量可按 40 个/100m² 以上考虑（插座必须接地）。

既有建筑物可重新布线，可以采用明装和暗装两种方式，插座数量可按 20～40 个/100m² 以上考虑（插座必须接地线）。

2）配线间

为了便于管理，配线间可采用集中供电方式，由设备间或者机房的不间断电源供给各层配线间的计算机网络互联设备供电，插座数量按 1 个/m² 或按应用设备数目来定。

3）办公室（工作区）

办公室通常用不间断电源供服务器、高档终端设备之用，市电供照明、空调等辅助设施之用。

容量：一般办公室按 60VA/m² 以上考虑；

数量：一般办公室按 20 个/100m² 以上考虑（插座必须接地线），电源插座数量要与信息插座匹配；

位置：电源插座距信息插座一般为 30cm。

8. 设备间的安全要求

设备间的安全要求可分为 A 类、B 类、C 类 3 个基本类别。

A 类：对设备间的安全有严格的要求，设备间有完善的安全措施；

B类：对设备间的安全有较严格的要求，设备间有较完善的安全措施；

C类：对设备间的安全有基本的要求，设备间有基本的安全措施。

设备间的安全要求详见表4-14。根据设备间的使用要求，设备间安全可按某一类执行，也可按某些类综合执行。

表4-14　设备间的安全要求

指标要求　　安全等级 安全项目	C类	B类	A类
场地选择	—	●	●
防火	●	●	●
内部装修	—	●	○
供配电系统	●	●	○
空调系统	●	●	○
火灾报警及消防设施	—	●	○
防水	—	●	○
防静电	—	●	○
防雷击	—	●	○
防鼠害	—	●	○
电磁波的防护	○	—	●

注：—无要求；●有要求；○严格要求

9. 设备间的结构防火

对于C类安全设备间，其建筑物的耐火等级应符合《建筑设计防火规范》（GB 50016—2006）中规定的二级耐火等级。与C类设备间相关的其余基本工作房间及辅助房间，其建筑物的耐火等级应符合GB 50016—2006中规定的三级耐火等级。

对于B类安全设备间，其建筑物的耐火等级必须符合《高层民用建筑设计防火规范》（GB 50045—2005）中规定的二级耐火等级。

对于A类安全设备间，其建筑物的耐火等级必须符合GB 50045—2005中规定的一级耐火等级。

与A、B类安全设备间相关的其余基本工作房间及辅助房间，其建筑物的耐火等级不应低于GB 50016—2006中规定的二级耐火等级。

10. 设备间的内部装潢

设备间装潢材料应符合GB 50016—2006中规定的难燃材料或非燃材料，能防潮、吸音、不起尘、抗静电等。

1）地面

为了方便敷设电缆线和电源线，设备间的地面最好采用抗静电活动地板，其接地电阻应小于1欧姆，具体要求应符合《计算机机房用地板技术条件》（GB 6650—86）。

带有走线口的活动地板称为异形地板，其走线口应光滑，防止拉伤电缆。设备间所需异形地板的块数由设备间所需引线的数量来确定。

设备间地面切忌铺毛质地毯，防止产生静电，而且容易积灰。

2）墙面

墙面应选择不易产生尘埃，也不易吸附尘埃的材料。目前大多数做法是在墙壁上涂阻燃漆或覆盖耐火的铝塑板。

3）吊顶

为了吸音及布置照明灯具，设备间一般要加装吊顶，吊顶材料应满足防火要求。目前，大多数设备间采用铝合金轻钢作龙骨框架，安装吸音微孔铝合金板、阻燃铝塑板或者喷塑石英板等。

4）隔断

根据设备间放置的设备及工作需要，可将设备间隔成若干个房间，以便安装不同的设备。隔断可以选用防火的铝合金或轻钢作龙骨，安装 10mm 厚玻璃，或从地板至 1.2m 高处安装阻燃双塑板，1.2m 以上安装 10mm 厚玻璃。

11. 设备间的火灾报警及灭火设施

A、B 类安全等级设备间内应设置火灾报警装置。在机房内、基本工作房间、活动地板下、吊顶上方、易燃物附近都应设置感烟和感温探测器。

A 类设备间内应设置自动气体灭火装置，并备有手提式二氧化碳灭火器。

B 类设备间内在条件许可的情况下，应设置自动气体灭火装置，并备有手提式二氧化碳灭火器。

C 类设备间内，应备置手提式二氧化碳灭火器。

所有类别安全的等级的设备间，禁止使用水、干粉或泡沫等易产生二次破坏的灭火剂。

为了在发生火灾或意外事故时方便设备间工作人员迅速疏散，对于规模较大的建筑物，在设备间应设置直通室外的安全出口。

4.5.4　设备间设计实例

1. 设备间面积与位置的确定

设备间的面积，标准要求使用面积不应小于 10m²，但考虑到中心管理人员工作的场地，以及与设备的分隔空间（避免设备工作时噪音的影响），原则上以不小于 20m² 为适宜。

3#厂房的语音中心机房设置在一层的电讯间（位置坐标：12-13/B-C，长：4450mm，宽：3450mm），建筑面积为 19.8m²。

数据机房设置在四层中心机房（位置坐标：14-15/B-C），分为两个房间，工作间长：4950mm，宽：2350mm，建筑面积：11.6325m²；工作间或机房长：4950mm，宽：4000mm，建筑面积：19.8m²。因此，数据中心的总建筑面积为 31.4325m²。

2. 设备间（机房）的环境要求

根据综合布线系统有关设备和器件对温、湿度的要求，设备间按照 B 级执行。即温度为 12～30℃，相对湿度为 35％～70％，温度变化率<10℃/小时。照明要求设备间在距地面 0.8m 处，照度不应低于 200lx。

3. 设备间的供电方式

设备间的供电电源应满足以下要求——频率：50Hz；电压：380V/220V；建议提供独立电源。远离有害气体源，并应有良好的通风和防尘措施。

为了使位于 4 层网络中心的交换路由设备和服务器能够正常可靠的运行，按照用户的要求，在设备间配置了大功率 UPS。同时，考虑到以后设备扩充的需要，预留多台 UPS 的输入开关和中远期的负荷分路开关。

4. 设备间设备连接设计

设备间子系统由设备间中的电缆、连接器和有关的支撑硬件组成，其作用是把公共系统设备的各种不同设备互连起来。该子系统将中继线交叉连接处和布线交叉连接处与公共系统设备连接起来。

建筑物主干子系统数据主干部分连接示意图如图 4-34 所示，建筑物主干子系统语音主干部分连接示意图如图 4-35 所示。

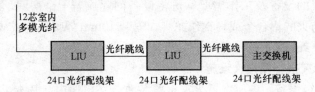

图 4-34　设备间数据主干连接示意图

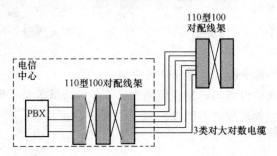

图 4-35　设备间语音主干连接示意图

5. 设备间所需的设备材料的数量（表 4-15）

表 4-15　配线间内配线设备的需求数量

设备间位置	接入线缆	110 型 100 对配线架数量	24 口 LC 光纤配线架	机柜
1 层电讯中心 （1724 个语音点）	17 根 100 对、9 根 25 对 3 类大对数电缆	18	N/A	3
4 层网络中心机房 （1732 个数据点）	12 根 OM1 多模光纤	N/A	4	4

注：机柜数量已经考虑了电信及网络设备、服务器的安装需要。

4.6　进线间设计

4.6.1　进线间概述

进线间是建筑物外部的建筑群管线、电信局管线入室部位，并可作为入口设施和建筑群配线设备的安装场地。每个建筑物宜设置 1 个进线间，一般位于地下层。

在图 4-36 中，室外线缆进入一个阻燃接合箱，后经保护装置的柱状电缆（长度很短并有许多细线号的双绞电缆）与通向设备间的电缆和进行端接。

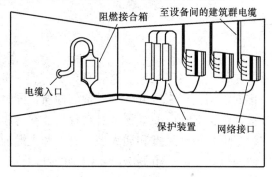

图 4-36 进线间线缆入口区

4.6.2 进线间设计要点

进线间在外墙设置室外线缆管道的穿墙入口。进线间应满足缆线的敷设路由、成端位置及数量、光缆的盘长空间和缆线的弯曲半径、充气维护设备、配线设备安装所需要的场地空间和面积。进线间的面积大小按进线间的进局管道最终容量及入口设施的最终容量设计。同时应考虑满足多家电信业务经营者安装入口设施等设备所需的面积。

进线间宜靠近外墙并在地下设置，以便于缆线引入。进线间设计应符合下列规定：

（1）进线间应防止渗水，宜设有抽排水装置。

（2）进线间应与布线系统垂直竖井沟通。

（3）进线间应采用相应防火级别的防火门，门向外开，宽度不小于 1m。

（4）进线间应设置防有害气体措施和通风装置，排风量按每小时不小于 5 次容积计算。

与进线间无关的管道不宜通过。进线间管道入口所有布放缆线和空闲管孔应采用防火材料封堵，并做好防水处理。

4.7 管理设计

4.7.1 管理概述

管理也称管理子系统，其主要功能是使布线系统与其连接的设备、器件构成一个有序的整体。综合布线管理人员可以通过调整管理子系统的交连方式，安排或重新安排线缆路由，使传输线路延伸到建筑物内部各个工作区，从而实现综合布线系统的灵活性、开放性和扩展性。

管理子系统主要涉及 3 种连接点的管理，即配线与干线之间的连接、各级干线的互相连接以及入楼线缆的连接。这些管理点位于各个设备间、配线间、进线间。因此，综合布线系统的管理是针对设备间、配线间、进线间和工作区的配线设备、缆线等设施，按一定的模式进行标识和记录的规定，内容包括管理方式、标识、色标、连接等。这些内容的实施，将为今后的维护和管理带来便利，有利于提高管理水平和工作效率。特别是较为复杂的综合布线系统，若采用计算机进行智能管理，其效果将十分明显。目前，市场上已有商用的管理软件可供选用。

4.7.2 管理设计要点

1. 管理的设计要求

综合布线的管理是要求在每个配线区实现线路管理的方式是分别按性质划分配线模块，且按垂直或水平结构统一排列，用色标来区分配线设备的性质，同时还采用标签标明端接区域、物理位置、编号、容量、规格等，以便维护人员在现场能够有序地加以识别。

综合布线系统使用的标签可采用粘贴型和插入型。电缆和光缆的两端应采用不易脱落和磨损的不干胶条标明相同的编号。目前，市场上已有配套的打印机和标签纸供应。

目前将电子技术应用于配线设备的产品有多种，可显示与记录配线设备的连接、使用及变更状况。在工程设计中可考虑电子配线架的智能管理功能，合理地加以选用。

根据《商业建筑物电信基础结构管理标准》（TIA/EIA—606）的规定，传输机房、设备间、介质终端、双绞线、光纤、接地线等都有明确的编号标准和方法，用户可以通过每条线缆的唯一编码在配线架和面板插座上识别线缆。

对设备间、配线间、进线间和工作区的配线设备、缆线、信息点等设施应按一定的规律进行标识和记录，并应符合下列规定：

（1）综合布线系统相关设施的工作状态信息应包括设备和缆线的用途、使用部门、组成局域网的拓扑结构、传输信息速率、终端设备配置状况、占用器件编号、色标、链路与信道的功能和各项主要指标参数，以及完好状况、故障与维修记录等，还应包括设备位置和缆线走向等内容，宜采用计算机进行文档记录与保存，简单且规模较小的综合布线工程也可按图纸资料等纸质文档进行管理，并做到记录准确、及时更新、便于查阅，且文档资料应实现汉化。

（2）综合布线的所有电缆、光缆、配线设备、终结点、接地装置、敷设管线等组成部分均应给定唯一的标识符，并设置不易脱落和磨损的标签。标识符应采用相同数量的字母和数字组合标明。每根电缆和光缆的两端均应标明相同的标识符。

（3）设备间、电信间、进线间的配线设备宜采用统一风格、不同色标的产品来区别各类业务与用途的配线区。

2. 分级管理的确定

综合布线系统的管理涉及布线的方方面面，为便于实施管理，根据布线系统的复杂程度将其分为以下 4 个等级：

一级管理：包括单一电信间（弱电间）的电信基础设施的管理；

二级管理：包括在一栋建筑物内有多个电信间（弱电间）的电信基础设施的管理；

三级管理：包括多栋建筑物内有多个电信间（弱电间）的电信基础设施的管理；

四级管理：包括多个场所（本地或异地）或建筑群的电信基础设施的管理。

与管理级别选择相关性最强的因素是基础设施的规模大小和复杂程度。可预见的扩充也是管理级别选择中的一个主要因素。一级系统大多服务于单一的电信间内的配线装置，其容量通常满足小于 100 个用户的需求。如果布线系统使用者最初计划设置一个单一的电信间管理系统，但是预期将扩充为多个电信间，基于这种考虑，则开始就应采用二级管理系统。对于第二、三、四级管理应当设计为可升级且允许扩充，且无需改变现有标识符或标签。

一级管理定位于对单一电信间及安装的配线设施进行服务，通常使用纸版文件系统或通用电子表格软件。因为只有一个电信间，不需要使用标识符来区别与表示出其他各个电信间，也不需要对主干布线和户外布线系统及简单的缆线路径进行管理。如果业主希望管理缆线路径或者防火位置，宜使用二级管理。

二级管理定位于对单一建筑物内多个电信间进行服务，通常使用纸版文件系统、通用电子表格软件或特殊缆线管理软件。二级包括主干布线、多点接地和接地导体的连接系统及防火的管理。缆线路径因为较直观，其管理可作为选项。

三级管理定位于一个建筑群，其中包括建筑物（设备间和进线间）和户外部分的管理需要。三级管理包括二级管理的所有元素，加上建筑物和建筑物间布线系统的标识符。建议包括路径和空间及户外部分的管理。三级管理可使用通用电子表格软件或特殊缆线管理软件。

四级管理定位于多场所布线系统的管理需要。四级管理包括三级管理的所有元素，加上每个场所（本地和异地）的标识符，与广域网连接的标识符为可选项。建议包括路径和空间及户外部分的管理。四级管理可使用通用电子表格软件或专用的缆线管理系统软件。

3. 管理的连接方式

对布线线路的管理通常采用交连和互连两种方式。交连是交叉连接（Cross-Connect）的简称，是指在配线设备和网络设备之间采用接插软线或跳线相连的一种连接方式，如图 4-37 所示。互连（Interconnect）是使用连接器把两条线缆直接相连的一种连接方式，如图 4-38 所示。

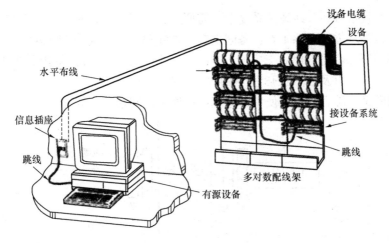

图 4-37　交连方式

4. 交连管理的方法

交连管理方案根据整条线路的多个交接点中可以作线路变更的交接点数量分为单点管理和多点管理两种。

1）单点管理

单点管理的线路中唯一可变更管理点位于设备间的配线架上，线路上其他连接点（如楼层配线间等）不再进行跳线管理，直接连至用户工作区，常用于语音线路。单点管理还可分为单点管理单交接（图 4-39）和单点管理双交接（图 4-40）两种方式。如果没有配线间，

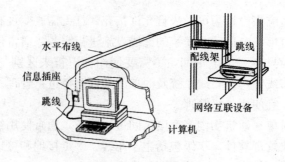

图 4-38 互连方式

第二个交接点可放在用户工作区指定的墙壁上，只用于电缆端接而不能进行变更跳线。

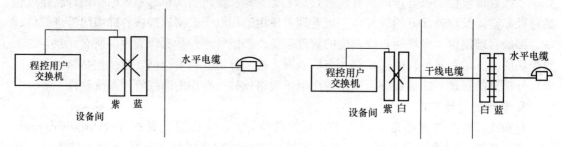

图 4-39 单点管理单交连方式   图 4-40 单点管理双交连方式

2) 多点管理

在综合布线规模较大、线缆关系复杂、需要设置二级交换机时，可设置多点管理，适于数据应用。双点管理方法是除了在设备间里有允许线路变更的配线架之外，在楼层配线间或二级交接间还有第二个可管理的交接区，如图 4-41 所示。甚至可以采用如图 4-42 所示的双点管理三交连方式，以及如图 4-43 所示的双点管理四交连方式。

需要注意的是，综合布线中使用的电缆，一般不能超过 4 次连接。

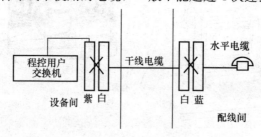

图 4-41 双点管理双交连方式

4.7.3 管理的标记方法

1. 标记

标记是管理综合布线的一个重要组成部分。完整的标记至少应提供建筑物的名称、位置、区号、起始点和功能信息。综合布线系统使用 3 种标记：电缆标记、场标记和插入标记。

（1）电缆标记由背面涂有不干胶的白色材料制成，可以直接贴到各种电缆表面，其尺寸

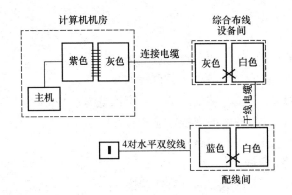

图 4-42 双点管理三交连方式

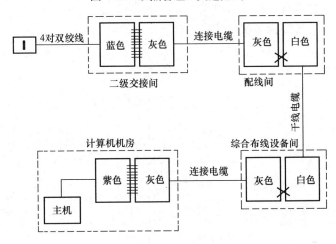

图 4-43 双点管理四交连方式

和形状根据需要而定,在配线架安装和做标记之前利用这些电缆标记来辨别电缆的源发地和目的地。

(2)场标记也是由背面为不干胶的材料制成,可贴在设备间、配线间、二级交接间、中继线/辅助场和建筑物布线区域的平整表面上。场标记通过不同的颜色来区分不同的功能。

(3)插入标记是硬纸片,可以插在 1.27cm×20.32cm 的透明塑料夹里,这些塑料夹位于 110 型接线架上的两个水平齿形条之间。

每个标记都用颜色来指明端接于设备间和配线间的管理场电缆的源发地。通常插入标记所用的底色及其含义规定如下:

① 设备间。

蓝色——通过设备间到工作区的信息插座实现连接;

白色——干线电缆和建筑群电缆;

灰色——端接与连接干线到计算机机房或其他设备间的电缆;

绿色——来自电信局的输入中继线;

紫色——来自电话交换机或网络交换机之类的公用系统设备连线;

黄色——交换机和其他设备的各种引出线;

红色——关键电话系统;

橙色——建筑群干线系统。

② 主接线间。

白色——来自设备间的干线电缆的点对点端接；

蓝色——到配线接线间 I/O 服务的工作区线路；

灰色——到远程通信（卫星）接线间各区的连接电缆；

橙色——来自卫星接线间各区的连接电缆；

紫色——来自系统公用设备的线路。

③ 远程通信（卫星）接线间。

白色——来自设备间的干线电缆的点对点端接；

蓝色——到干线接线间 I/O 服务的工作区线路；

灰色——来自干线接线间的连接电缆；

橙色——来自卫星接线间各区的连接电缆；

紫色——来自系统公用设备的线路。

上述色标场的应用如图 4-44 和图 4-45 所示。

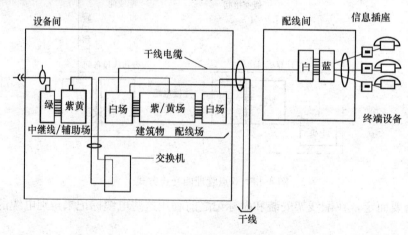

图 4-44　典型的色标方案

2. 标记方法

1）设备间的公用系统设备（紫场）标记方法

公用系统设备在这里多指程控用户电话交换机，通常放在设备间。端接程控用户交换机的进出线的布线结构对应于交换机中各线路单元的结构。这个交连场有时也称线路场，它的布置从接线块左上方的终端块开始，自左向右逐渐展开。

要建立一个交连场的线路标记方案就必须有一些信息，以便利用这些信息识别各台设备在设备间中的实际端接位置。如果设备间有多种应用设备，可将这些设备分类，按 00、01、02，……进行编号；同样，每台应用设备可能有几个机柜，也给予一个编号方案；此外，每个机柜内的配线架搁置层和线路也得规定编号。从设备的机柜延伸到端口场的电缆上所附的电缆标记应该包含上述信息。

电缆标记以如下的格式标出上述信息：设备—机柜—模块—槽号标记，如 00—02—2—00/01 这些方法用作交连场线路标识的信息被写在插入标记上。该插入标记除了标出这些信

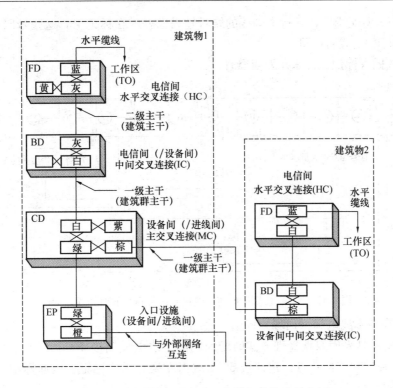

图 4-45　综合布线 6 个部分（电缆）连接及其色标

息外，还需标出在该槽口安装线路所提供的线路号。此外，还可能要规定服务类型，并按图 4-46 所示逐一展开。

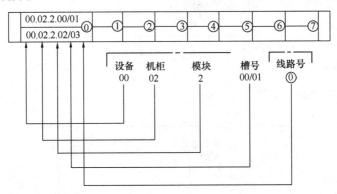

图 4-46　设备间的公用系统设备（紫场）插入标记

2）设备间的干线/建筑群电缆（白场）标记方法

设备间里的干线和建筑群电缆端接场的插入标记可以通过图 4-47 给予说明，第一个方框中包括如下的标记信息：

配线架群的区号又称组号或模块场号，是现场随手编写的；

配线架接线块字母代号（A～J，其中 I 不用）；

配线架行号（1～48）。

安装或维护人员填写建筑物（BLDG）代号、楼层（FL）代号和二级交接间（LOC）位置号。在 110A 型配线架，一行上端接的线对号码也表示在标记上，这些号码只表示 2~22 的双号线对和第 25 线对即可。

上述这些插入标记允许采用双点管理。

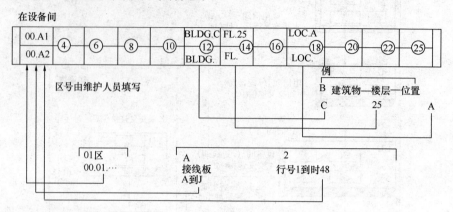

图 4-47 干线/建筑群电缆（端接于设备间）的白场插入标记

3）配线间的干线电缆（白场）标记方法

图 4-27 所示是采用双点管理方法时配线间的干线电缆端接场（白场）的插入标记。鉴于 110A 交连硬件和结构特点，建议按 50 对线由左至右递增标记，因此标记上的线对号码表示上下各端接 25 对线。

仔细观察可以发现，在图 4-47 "干线/建筑群电缆（端接于设备间）的白场插入标记"和图 4-48 "干线电缆（端接于楼层配线间）的白场插入标记"的第一个方框中的信息是完全相同的，因为这是同一根干线电缆两端的标记。

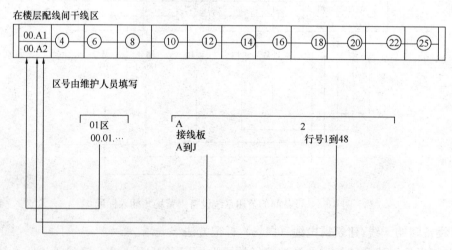

图 4-48 干线电缆（端接于楼层配线间）的白场插入标记

4）总机中继线（绿场）标记方法

总机中继线端接场（绿场）的插入标记如图 4-49（a）所示，电缆的线对从 1~600 进行编号，标记上只逢 5 计数。图 4-49（b）所示的是空白标记，在线对超过 600 对时由维护人员填写。

1	5	10	15	20	25	
26	30	35	40	45	55	

551	555	560	565	570	575	
576	580	585	590	595	600	

(a)

(b)

图 4-49　总机中继线场的绿色插入标记

5）辅助设备线缆（黄场）的标记方法

图 4-50（a）是按 3 对线模块化系数排列的辅助设备引线的黄色插入标记，这些标记用于所有的以 3 对线为模块化系数的辅助场线路。标记上第一个方框预先印刷了设备的机柜号、模块搁置层号、槽号以及线路号。其余方框内只印刷了线路号。

图 4-50（b）只预先印刷了线路号，这种空白标记留给安装或维护人员在需要时填写。

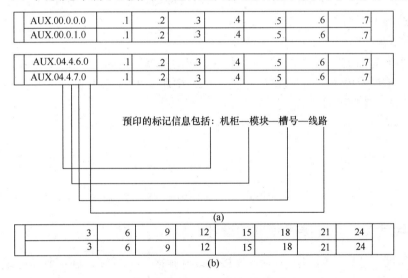

图 4-50　按 3 对线模块化系数排列辅助设备引线的黄色插入标记

6）水平配线电缆（蓝场）的标记方法

端接信息插座的蓝场的模块化系数为 4 对线，如图 4-51 所示。

4	8	12	16	20	24
29	33	37	41	45	49

图 4-51　水平线缆的蓝色插入标记

7）干线连接线缆（灰场）的标记方法

图 4-52（a）表示在双点管理布线方案中楼层配线间和二级交接间之间的连接电缆插入

标记。标记的上下部分各表示 8 条线路，每条线路有 3 对线。标记中的二级交接间名 A～F 以及信息插座号 1～144 都是手写的，安装或维护人员在施工的时候填写楼层号。

图 4-42（b）所示的空白标记供用户使用另一种编号方法时使用。

| A-1 | A-2 | A-3 | A-4 | A-5 | A-6 | A-7 | A-8 | 建筑物 -- |
| A-9 | A-10 | A-11 | A-12 | A-13 | A-14 | A-15 | A-16 | |

| F-129 | F-130 | F-131 | F-132 | F-133 | F-134 | F-135 | F-136 | 建筑物 -- |
| F-137 | F-138 | F-139 | F-140 | F-141 | F-142 | F-143 | F-144 | |

(a)

| | | | | | | | |
| | | | | | | | |

(b)

图 4-52　干线连接线缆（灰场）的标记

8）电缆的标记方法

电缆标记用于识别终端块与信息插座，可以直接贴在电缆端接处的表面上，其大小与形状根据其用途的不同而不同。

9）信息插座的标记方法

信息插座电缆标记用英文 26 个字母表示相应的二级交接间的位置，数字 1～144 用于区分信息插座，楼层号由维护人员填写。如图 4-53 中所示的 15A-1 表示第 1 个信息插座端接于第 15 层楼的二级交接间 A。

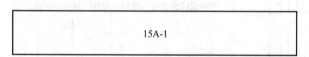

15A-1

图 4-53　信息插座的电缆标记

4.7.4　配线间及二级交接间管理的设计

对于工作区（蓝区）的端接和设备连接电缆（黄区）的端接，确定所需配线架数目，意味着要确定线路数、每条线路待端接的线对数（模块化系数），并确定合适规模的 110A 或 110P 接线块。110A 有 100 对线和 300 对线规格，110P 有 300 对线和 900 对线规格。配线架应预留出适当的空间，供未来扩充之用。

在画出详细施工图之前，利用为每个配线场和配线间准备的等比例图，从最上楼层和最远区位置开始逐一核查以下项目：

（1）设备间、楼层配线间和二级交接间可用墙面的总面积实际尺寸能否容纳配线场硬件。

（2）楼层配线间电缆孔的数目和电缆井口径的大小是否满足众多干线电缆穿过，特别是靠近设备间的楼层。为此，应把干线电缆总数与所提供的电缆孔数目进行对比。

（3）墙空间是否足以给穿过配线间的电缆提供路由和提供分支接合空间。

4.7.5　设备间管理的设计

设备间用于安放建筑物主配线架和内部公用系统设备，如交换机和计算机主机。设备间布线管理是对公用系统设备线缆和主干线和建筑群干线线缆的交连管理，是整个布线系统的主要管理区（主布线场）。

典型的主布线场包括白场和紫场两个色场，白场实现干线和建筑群干线的端接，紫场实现公用系统设备线对的端接。主布线场有时还可能增加一个黄场，以实现辅助交换设备的端接。黄场通常很小，从紫场的下方开始。

这一阶段设计过程中需要决定主布线交连场的配线架类型和总数。一个场的最大规模视配线架的类型而定。若采用 110P 硬件，白场的最大规模约 3600 对线；若采用 110A 硬件，最大规模可以是 10800 对线。对于需用 1000 多条线路的交连场，应当使用最大区规模（3600 对线或 10800 对线）作为配线架组的基本单元。

在理想情况下，交连场的组织结构应使插入线或跨接线可以连接该场的任何两点。在大型交连场安装中，顺序布置的场组织结构使得线路管理变得很困难。这是因为接插线的长度有限，可以考虑如图 4-54 采用 110P 硬件的 3600 对线主布线白场被一分为二的方案。

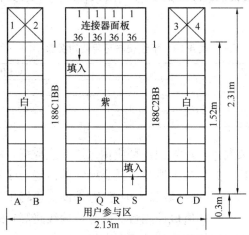

图 4-54　采用 110P 硬件的 3600 对线主布线场

图 4-55 所示为 7200 对线的交连设施中使用了 8 个 110P900 对线的配线架。紫场包括 4 个终端块（P、Q、R 和 S），其两侧对称安置了白场终端块（A、B、C 和 D）。因此，可以满足 2.7m 或更短的接插线对这些场的任意两点进行交连。

为便于维护和管理，配线模块离地板的距离应大于 0.3m。

设备间主布线场设计步骤：

（1）确认线路模块化系数是 n 对线。每个模块当做一条线路处理，线路模块化系数视具体系统而定。

（2）确定语音和数据线路要端接的电缆线对总数，并分配好语音和数据线路所需的墙场或终端条带。

（3）决定选用哪一种 110 交连硬件。

（4）决定每个配线架可供使用的线对总数。由于每行的第 25 对线通常不使用，所以一

151

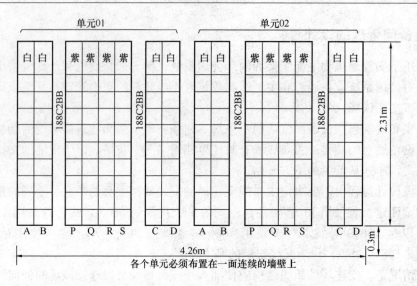

图 4-55　使用 110P 硬件的 7200 对线主布线场

个配线架极少可能容纳全部的线对。表 4-16 列出了在模块化系数为 4 对线的情况下每种配线架的可用线对总数。

表 4-16　配线架与可用线对关系

配线架规格	可用线对总数
100 对数	96
300 对数	288
900 对数	864

（5）决定白场的配线架数目。首先把每种应用（语音或数据）所需端接的线对总数除以每个配线架的可用线对总数，然后向上取整，就是所需的白场配线架数目。

（6）确定中继线/辅助场的配线架数目。中继线/辅助交连场用于端接电信局中继线、公用系统设备和交换机辅助设备（如值班控制台、应急传输线路等）线缆，分为 3 个色场：绿场、紫场和黄场，各场所需配线架数目的计算同白场。

（7）确定设备间交连硬件的位置。综合布线设计人员在了解主布线终端每一场所需的配线架总数后，还必须知道所选定的硬件的实际尺寸以及终端实际布置方案适用插入跨接线线路管理方法还是交连跨接线线路管理方法。

4.7.6　交连场的管理设计

在单点管理方法中，配线间的干线通过跨接线依次顺序连至蓝场，其插座号还出现在设备间管理场，管理人员只在设备间进行连接操作和线路变更，这种配线间连线方法称为"直通接线"，如图 4-56 所示。

双点管理的结构如图 4-57 所示，它允许用户在设备间和二级交接间进行变更连接操作。数字和模拟终端设备虽然使用的线对数不同，终端插座混合使用需用 4 对水平双绞电缆，然而基本配置型综合布线系统的干线以 2 对双绞线进行分组，故在大多数情况下均采用双点管理。

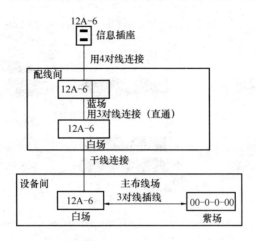

图 4-56 单点管理

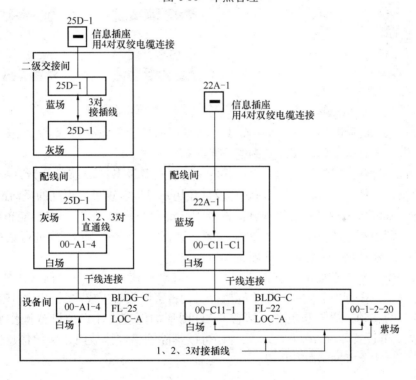

图 4-57 双点管理

4.7.7 智能布线管理技术

在综合布线的前期建设和后期运行中,与布线系统相关的大量资料和工作状态信息需要进行记录整理。为了便于管理,智能布线管理系统解决方案应运而生。如南京普天天纪楼宇智能有限公司的 Smartel View 智能布线管理系统,可以实现对全网的智能设备组件和扫描仪进行不间断的监视和管理,让用户对网络连接关系、网络服务状态和网络资产利用的程度了如指掌。

Smartel View 智能布线管理系统基于物联网技术,基本架构如图 4-58 所示。主要包括三个组成部分：Smartel 布线组件、Smartel 智能监控设备和 Smartel View 智能布线管理软件。

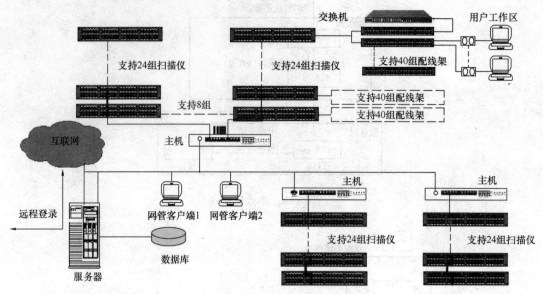

图 4-58　Smartel View 智能布线管理系统结构图

（1）Smartel 布线组件：根据楼宇布线的需求，向用户提供各种铜缆、光纤解决方案。主要包括铜缆、光纤电子配线架以及铜缆、光纤智能跳线。

（2）Smartel 智能监控设备：属于电子配线架的有源设备产品部分，为系统提供全面、准确的物理层连接信息，Smartel 的模块化设计让用户可以实现最大程度的灵活配置。

（3）Smartel View 智能布线管理软件：管理 Smartel 硬件，监控所有智能布线组件的运转情况，同时利用本身的自动探测机制采集网络数据。Smartel View 能进行集中型或分布式配置，即可本地管理，也可远程管理。

Smartel View 建立在准确数据的基础之上，自动迅速完成大量以前人工完成的任务，包括自动配置、工作订单下达和工作单的执行、设备资源报告生成，引导跳线操作而完成网络及终端设备的移动、添加和更改。结合 CAD 图形的管理，让定位设备操作变得直观快捷。基于 Web 的设置，Smartel View 软件还可以排除网络连接故障、保护信息安全、监视非法设备接入、优化资网络源利用等。

4.7.8　管理设计实例

从本建筑结构特点考虑，3＃厂房平面跨度较大，整个建筑分多个弱电间，分配线架设在弱电间内，所以宜采用二级管理系统。

管理子系统统一设置在楼层的配线间和布线系统的设备间内，由配线单元、各类跳线和管理标识组成。配线单元包括：光纤配线架、双绞线配线架及网络设备。配线时，采用配线架交叉连接系统即可以大大方便数据的接入，又起到美观、便于管理的作用。同时，对配线管理系统，提供完善的色标与标识管理措施。

1. 配线设备的选择

为了设备布置得美观大方，在所有管理区统一采用机架作为配线和系统设备的安装单元。

（1）水平线缆的连接全部采用：6 类非屏蔽的 RJ-45 模块化配线架。

（2）光缆连接全部采用：LC 接口的 24 口机架式光纤配线架。

（3）语音配线架全部采用：110 型 100 对机架式配线架。

（4）所用跳线全部订购：其中考虑到数据信息点在工作区和配线间都需使用，共订购 3500 条；语音跳线出于美观考虑也全部订购 2 对 RJ-45-110 非屏蔽跳线，加余量，共计 1750 条。

（5）每个 110 和 RJ-45 配线架全部配用相应的理线架。

为便于语音和数据的互换和扩展，所有接入楼层配线间的 6 类非屏蔽双绞线，在配线间均须首先接入 6 类非屏蔽的 RJ-45 模块化配线架后，语音信息点再通过 110 型跳线连接至 110 主干配线架上，数据信息点经过双绞跳线连接至网络交换机。

2. 各配线间所需线缆安装设备的确定

3#厂房各配线间内水平、主干线缆连接示意图如图 4-59 所示。根据 3#厂房各配线间管理的信息点数量，和接入的大对数电缆对数，以及接入的主干光纤的芯数，配线间内配线设备和机架的需求数量见表 4-17。

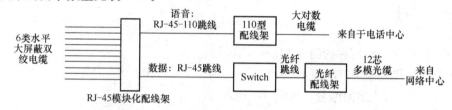

图 4-59　3#厂房各配线间内水平、主干线缆连接示意图

表 4-17　3#厂房各配线间配线架数量

配线间号	语音点	数据点	语音主干线对数	6 类 24 口 RJ-45 配线架	19″100 对 110 配线架	24 口 LC 光纤配线架	41U 高机架
F202	304	304	350 对	26	4	1	3
F210	319	321	350 对	27	4	1	3
F302	296	298	325 对	25	4	1	3
F311	332	332	375 对	28	4	1	3
F402	273	273	300 对	23	3	1	3
F413	203	203	225 对	17	3	1	2
设备合计				146	18	6	17

备注：配线间内的机架在配置时，已经考虑了数据和语音配线架所需理线器的数量，以及网络交换设备的安装数量和安装空间，而且考虑到安装和维护的方便，每个机架最下端的 5U 空间不用。

3. 标记方法

1）3#厂房信息点编号原则

建筑物楼层及房间号—信息点类别—信息点编号，X：表示数字，字母、数字共计 8 位，表示方法如下：

$$F（K）XXX—D（T）—XXX$$

具体符号含义如下：

F（K）：代表3#厂房房间（大开间）；

XXX：第X层的房间编号；

第1位X：代表楼层，范围1～5；

后2位XX：代表房间编号，范围01～99；

D（T）：数据（语音）；

最后的XXX：信息点编号，范围000～599。

例如：

F102D001——表示3#厂房1层102房间的第001号数据信息点。

F402T066——表示3#厂房4层402房间的第066号语音信息点。以此类推。

2）综合布线系统配线架编号原则

楼层弱电间所在建筑物的楼层及房间号—机柜或机架编号—配线架类别—配线架编号，X：表示数字，字母、数字共计9位，表示方法如下：

$$FXXX—GX—D（T/O）—XX$$

具体符号含义如下：

F代表3#厂房；

XXX：楼层弱电间所在的第X层的房间编号；

第1位X：代表楼层，范围1～5；

后2位XX：代表房间编号，范围01～99；

G：表示机架；

X：机架编号；

D（T/O）：数据（语音/光纤）；

最后的XX：配线架编号，范围00～99。

例如：

F102G1D01——表示安装于3#厂房102房间的楼层弱电间内1号机架上的第01号数据配线架。

F302G3T02——表示安装于3#厂房302房间的楼层弱电间内3号机架上的第03号语音配线架。

F402G2O06——表示安装于3#厂房402房间的楼层弱电间内2号机架上的第06号光纤配线架。以此类推其他。

3）无线接入点编号原则

$$WXX$$

具体符号含义如下：

W：无线接入点；

XX：安装的楼层号＋编号；

第1位X：代表楼层，范围1～5；

第2位X：无线接入点编号，范围0～9。

例如：

W12——表示安装于3#厂房1层的第2个无线AP。以此类推其他。

4）配线架信息点原则

$$\underline{FXXX}—\underline{X}—\underline{D/T/F}—\underline{XX}$$

具体符号含义如下：

FXXX：配线间编号；

X：机架编号；

D/T/F：数据/语音/光纤；

最后的 XX：配线架编号。

例如：

F2021D01——安装于房号为 F202 的配线间内 1 号机架上第 01 个数据配线架。

F3132T02——安装于房号为 F313 的配线间内 2 号机架上第 03 个语音配线架。

F4022F02——安装于房号为 F413 的配线间内 2 号机架上第 02 个光纤配线架。

下面以二楼配线间为例，给出二楼配线间各类点位对照表，如表 4-18 所示。

表 4-18　3♯厂房二楼配线间各类点位对照表

信息点对照表				信息点对照表			
配线间	机架	配线架	信息点	配线间	机架	配线架	信息点
F202	F2021	F2021D01	D001-D024	F210	F2101	F2101D01	D001-D024
		F2021D02	D025-D048			F2101D02	D025-D048
		F2021D03	D048-D071			F2101D03	D049-D071
		F2021D04	D072-D095			F2101D04	D072-D095
		F2021T01	T001-T100			F2101D05	D096-D119
		F2021T02	T101-T200			F2101T01	T001-T100
	F2022	F2022D01	D096-D119			F2101T02	T101-T200
		F2022D02	D120-D143		F2102	F2102D01	D120-D143
		F2022D03	D144-D167			F2102D02	D144-D167
		F2022D04	D168-D191			F2102D03	D168-D191
		F2022T01	T201-T300			F2102D04	D192-D215
	F2023	F2023D01	D192-D215			F2102D05	D216-D239
		F2023D02	D216-D239			F2101T01	T201-T300
		F2023D03	D240-D263		F2103	F2103D01	D240-D263
		F2023D04	D264-D287			F2103D02	D264-D287
		F2023D05	D288-D304			F2103D03	D288-D311
		F2023T01	T301-T304			F2103D04	D311-D321
						F2103T01	T301-T319

4.8　建筑群子系统设计

4.8.1　建筑群子系统概述

一般的企业网或校园网都涉及几座相邻或不相邻的建筑物园区，可用传输介质和各种支持设备（硬件）连接在一起组成相关的信息传输通道，如图4-60所示，连接各建筑物之间的室外线缆和各种相关配线架组成了建筑群子系统。

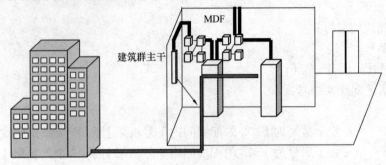

图4-60　建筑群子系统

建筑群子系统主要应用于多幢建筑物组成的建筑群综合布线场合，单幢建筑物的综合布线系统可以不考虑建筑群子系统。建筑群之间可以采用有线通信的手段，也可采用微波、无线电通信等，但综合布线系统设计中专指有线传输方式。

在园区式建筑群环境中，若要把两个或更多的建筑物通信链路互连起来，通常是在楼与楼之间敷设室外线缆。这一部分布线可以采用架空、直埋或地下管道内敷设，或者是这三者的组合。建筑群子系统设计的主要任务就是选定室外线缆及其布线路由。

如果敷设楼与楼之间的电缆，首先要估计有哪些路由可以把有关的建筑物互连起来。如果已经有合适的支撑结构（架空电缆用的电线杆和地下电缆用的管道系统），而且空间够用，则只需与该结构的拥有者签订使用协议，再选择合适的电缆并安装。反之，如果在所需要的路线上没有现成的电缆安装手段，必须新建管道系统或电线杆，或者必须采用直埋式电缆结构，则建筑群子系统的规划内容将全都从零开始，其工程造价和复杂性将大大增加。

4.8.2　建筑群子系统设计要点

1. 建筑物的电缆入口位置确定

对于现有的建筑物，要了解各个入口管道的位置，确定每座建筑物有多少入口管道可供使用，明确入口管道数目是否符合系统的需要。如果入口管道不够用，确认在移走或重新布置某些电缆时是否能留有入口管道，或者确定在不够用时需另装多少入口管道。

如果建筑物尚未建立起来，那么根据选定的电缆路由完成电缆系统设计，并标示出入口管道位置；选定入口管道的规格、长度和材料；在建筑物施工过程中要求安装好入口管道。

建筑物入口管道的位置选址应在便于连接公共设备的点上，当需要时，应在墙上穿一根或多根管道。对于所使用的易燃的材料，如聚丙烯管道、聚乙烯管道衬套等都应该端接在建筑物的外面。在入口管道中应装入防水和气密性很好的密封胶，如B型管道密封胶。

2. 建筑群布线方法

建筑群环境中的3种布线方法是架空法、直埋法和地下管道法，它们既可单独使用，也可混合使用，视具体建筑群情况而定。

1）架空布线法

架空布线法通常只用于有现成的电线杆的情况，这样成本较低。但是，影响了美观性、保密性、安全性和灵活性的原则，因而并不是理想的建筑群布线方法。

架空电缆通常穿入建筑物外墙上的 U 形钢外套，然后向下延伸，从电缆孔进入建筑物内部，电缆孔的直径为 5cm。从建筑物到最近处的电线杆通常相距不足 30m，如图 4-61 所示。通信电缆与电力电缆之间的距离应服从于当地有关的法规。

如果架空线的间隙有问题，可以使用天线杆型的入口，这个天线杆的支架一般不超出屋顶高 120cm 以上，如果超出此高度，就应该使用拉绳固定。此外，天线型入口杆超过屋顶的高度以 240cm 为宜，这个高度刚好使人能摸到电缆。

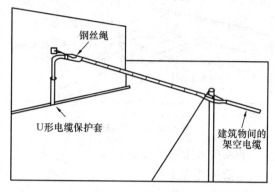

图 4-61　架空布线法

2）直埋布线法

直埋布线法，如图 4-62 所示，除了穿过基础墙的部分电缆之外，电缆的其余部分都没有管道保护。基础墙的电缆孔应往外尽可能地延伸直到没有人动土的地方，以免以后有人在墙边挖土时损坏。直埋布线可以保持建筑物的外貌，但是在以后有可能挖土的地方不便用此方法。直埋电缆通常埋在离地面 60cm 以下的地方的不冻土层，如在同一土沟里进入了通信电缆和电力电缆，应标明共用标志。

直埋布线的选址和布局实际上是针对每项作业对象的可行性分析，而且对各种方案进行了研究比较后才能决定。在选择最灵活、最经济的直埋布线路由时，主要考虑的物理影响的因素如下：土质和地下状况、天然障碍物，如树木、石头以及不利的地形、其他公用设施，如下水道、水、气、电的位置。

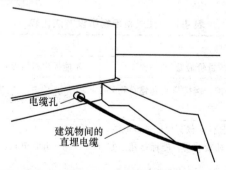

图 4-62　直埋布线法

3）管道内布线法

管道内布线是由管道和接合井（又称为人孔）组成的地下系统，对网络内的各个建筑物进行互连。图 4-63 为一条或多条管道通过基础墙延伸进入建筑物内部的示意图。由于管道是由耐腐蚀的材料做成的，这种方法提供了最好的机械保护，从而使电缆受损和维修的机会降到最低程度，并能保护建筑物的原貌。

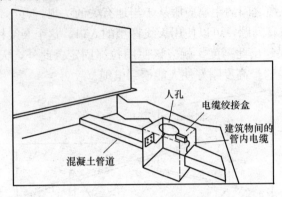

图 4-63　管道布线法

一般而言，管道所埋设的深度要求至少要离地面 0.5m，或者要求符合本地有关法规所规定的深度。在电源人孔和通信人孔合用的情况下，由于人孔里有电力电缆，通信电缆千万不要在人孔里进行端接，通信管道与电力管道至少要用 8cm 的混凝土或者 30cm 的压实土层分隔开，在安装的时候，必须埋设一个备用管道并放一条接线，以供日后扩充之用。

在建筑群管道系统中，接合井的平均间距一般为 50m，最大间距不应超过 180m。接合井可以是预制的，也可以是现场浇筑的。在建筑结构设计方案中应标明使用哪一种接合井。在结构方案中应注明所合用的接合井的类型。预制接合井是较理想的选择。现场浇筑的接合井只在下述几种情况下才能允许采用：

（1）该处的结合井需要重建。

（2）该处需要使用特殊的结构或设计方案。

（3）该处的地下或头顶空间有障碍物，无法使用预制的接合井。

（4）作业地点的条件不适于安装预制人孔，如沼泽地或土壤不稳固等。

架空法、直埋法和地下管道法三种布线方法，既可以单独使用，也可以混合使用，它们的优缺点比较如表 4-19 所示。

表 4-19　建筑群电缆敷设方法比较

方法	优点	缺点
架空	若本来有电线杆，则工程造价最低	不能提供机械保护，安全性较差，影响建筑物美观
直埋	提供某种程度的机械保护，保持道路和建筑物外貌整齐，初次投资较低	扩容或更换电缆会破坏道路和建筑物外观
管道	提供最佳的机械保护，任何时候都可以敷设电缆。电缆的敷设、扩充和加固都较容易，能保持建筑物的外貌整洁	挖沟、开管道和建入孔的初次投资较高

3. 室外线缆路由与类型选择

在线缆敷设方法确定后，要根据建筑物分布情况，设计线缆路由，并说明在电缆路由中哪些地方是需要获准后才能通过。通过对每个路由的比较，从中选择最优的路由方案。

对于每一种特定的路由，确定采用的电缆结构，有以下三种方式可供选择：

（1）所有建筑物共用一条电缆。

（2）对所有建筑物进行分组，每组单独分配一条电缆。

（3）每个建筑物单独使用一条电缆。

在进行线缆类型选择时，要注意 CD 配线设备内、外侧的容量应与建筑物内连接 BD 配线设备的建筑群主干缆线容量及建筑物内部引入的建筑群主干缆线容量相一致。关于室外线缆类型的选择，原则上与干线子系统相同，只是需要注意选用室外专用的电缆或光缆。室外线缆在外护套上比室内线缆多了一些防护措施，在选择时要综合考虑不同的环境状况。

4.8.3　建筑群子系统设计步骤

1. 现场勘查

了解敷设现场的环境与结构特点，主要包括以下几方面内容：

（1）明确整个工地共有多少座建筑物，确定工地的地界与面积大小。

（2）确定现场的土壤类型，例如沙质土、黏土和砾土等。

（3）确定地下公用设施的位置。

（4）查清拟订的线缆路由沿线各个障碍物的位置或地理条件，包括道路、桥梁、树林、河流、山丘、人孔等。

（5）确定是否需要和其他部门协调。

2. 确定线缆的一般参数

（1）确定起点位置。

（2）确定端接点位置。

（3）确定涉及的建筑物和每座建筑物的层数。

（4）确定每个端接点所需的线缆对数。

（5）确定有多个端接点的每座建筑物所需的线缆总对数。

3. 确定建筑物的线缆入口

（1）对于现有建筑物，首先确定各个入口管道的位置，每座建筑物有多少入口管道可供使用，入口管道数目是否满足系统的需要。如果入口管道不够用，则要确定在移走或重新布置某些线缆时，是否能腾出某些入口管道，在不够用的情况下应另装多少入口管道。

（2）对于新建建筑，根据选定的线缆路由，标出入口管道的位置，选定入口管道的规格、长度和材料，在建筑物施工过程中安装好入口管道。建筑物入口管道的位置应便于连接公用设备。根据需要在墙上穿过一根或多根管道。

4. 确定主线缆路由和备用线缆路由

（1）根据下述 3 种方案确定主线缆路径和备用线缆路由：

① 所有建筑物共用一根电缆，即分支结合法。

② 每个建筑物单独用一根电缆，即点对点端接法。

③ 对所有建筑物进行分组，每组单独分配一根电缆，是上述两种方法的结合。

（2）查清在线缆路由中，哪些地方需要获准后才能施工通过。

（3）比较每个路由的优缺点，从而选定几个可能的路由方案供比较选择。

5. 选择所需线缆类型和规格

（1）确定线缆实际走线长度。

（2）画出最终的系统结构图。

（3）画出所选定路由位置和挖沟详图，包括公用道路图和任何需要经审批才能动用的地区草图。

（4）确定入口管道的规格。

（5）选择每种设计方案所需的专用线缆。

（6）参考所选定的布线产品的部件指南中，有关线缆部分中线号、双绞线对数和长度。

（7）如果需用管道布线，应选择其规格和材料。

6. 确定每种选择方案所需的劳务成本

（1）确定布线施工时间。

① 迁移或改变道路、草坪、树木等所花的时间。

② 如果使用管道，应包括敷设管道和穿线缆的时间。

③ 确定线缆接合时间。

④ 确定其他时间，如运输时间、协调、待工时间等。

（2）计算总时间。

（3）计算总时间乘以当地的工时定额，即为每种设计方案的成本。

7. 确定每种选择方案所需的材料成本

（1）确定电缆成本。确定每米的成本，并针对每根电缆，查清每 100m 的成本。

（2）确定所有支撑结构的成本。查清并列出所有的支撑结构；根据价格表查明每项用品的单价；将单价乘以所需的数量。

（3）确定所有支撑硬件的成本。对于所有的支撑硬件如电线杆或地下管道，重复上一项所列的 3 个步骤。

8. 选择最经济、最实用的设计方案

（1）把每种选择方案的劳务费和材料成本加在一起，得到每种方案的总成本。

（2）比较各种方案的总成本，选择成本较低者。

4.9 综合布线系统保护设计

4.9.1 系统保护概述

随着智能建筑的逐步推广，作为智能化建筑的"神经系统"的综合布线系统的重要性不言而喻。为了保障综合布线系统的正常工作，同时避免对建筑物中配备的其他系统造成危害，有必要对综合布线系统进行保护。

俗话说"防患于未然"，对于综合布线系统同样是这个道理。为了保障布线系统的正常工作，有必要对各种可能出现的危险做好预防保护措施。总的来说，建筑物综合布线系统中需做好以下几个方面的防护工作：

（1）近年来，随着建筑物各种用电设备的增多，设备之间的电磁干扰问题日趋突出。综合布线所用的电缆，本身既是电磁干扰的发生器，同时也是电磁干扰的接收器。为了抑制电磁干扰对综合布线系统产生的影响，必须采取相应的防护措施。

（2）据有关资料，全球每分钟有 800 次雷击发生，雷电引发的火灾每年达 5 万多起，造成经济损失达 10 多亿美元。雷电波入侵智能建筑的形式有两种，一种是直击雷；另一种是感应雷。一般来说，直击雷击中智能建筑内的电子设备的可能性很小，通常不必安装防护直击雷的设备。感应雷即是由雷闪电流产生的强大电磁场变化与导体感应出的过电压、过电流形成雷击。综合布线的信号线路是感应雷入侵电子设备及计算机系统的一条途径，为了降低感应雷灾害，有必要采取相应的防雷措施。

（3）综合布线的室外电缆进入建筑物时，为了避免因电缆受到雷击产生感应电势或与电力线路接触而给用户设备带来损坏，通常在入口处经过一次转接进入室内，在转接处应加装电气保护设备。电气保护主要分为过压保护和过流保护两种。

（4）综合布线电缆和相关连接硬件接地是提高应用系统可靠性、抑制噪声、保障安全的重要手段。如果接地系统处理不当，将会影响系统设备的稳定性，引起故障，甚至会烧毁系统设备，危害操作人员生命安全。因此，设计人员、施工人员在进行布线设计施工前，必须对应用系统设备的接地要求进行认真研究，弄清接地要求以及各类地线之间的关系。

（5）大量资料表明，室内线缆往往承担了火灾蔓延的导火线作用。因此，为了阻燃和防毒，在易燃的区域和大楼竖井内以及重要的室内空间，综合布线防火设计要求所用的线缆应为阻燃型或应有阻燃护套，相关连接件也应采用阻燃型的，对疏散人员和救火人员都有较好的保护作用。

4.9.2　屏蔽保护概述

在建筑物中，信息设备受到的电磁干扰主要来自以下几方面：

（1）闪电雷击；

（2）高压电力设备；

（3）电网电压波动；

（4）电力开关操作；

（5）变频器、调光开关等电力节能器件；

（6）移动通信基站；

（7）相邻的高速率通信电缆；

（8）气体放电灯、荧光灯的整流器；

（9）办公设备；

（10）电动工具；

（11）射频设备。

电磁干扰主要通过辐射、传导、感应 3 种途径传播，这些电磁干扰源容易对附近的弱电系统引起干扰，造成信号失真。所谓电磁兼容性是指电气设备在电磁环境中既能保持自己正常工作，又不会对该环境中其他设备构成电磁干扰的能力。一台电气设备的电信号通过空间电磁传播引起的相邻其他设备性能下降，称为电磁干扰；电气设备在电磁干扰环境下使自身性能保持不降低的能力，称为抗干扰能力。

电缆既是电磁干扰的发生器，也是接收器。作为发生器，它辐射电磁波。灵敏的收音机、电视机和通信系统，会通过它们的天线、互连线和电源线接收这种电磁波。电缆也能敏感地接收从其他邻近干扰源所辐射的电磁波。

为了减小外界的电磁干扰和自身的电磁辐射，可以对综合布线系统的电缆采用屏蔽措施。屏蔽保护的做法是将干扰源或受干扰的元器件用金属屏蔽罩套起来。静电屏蔽的原理是在屏蔽罩接地后，干扰电流经屏蔽外层短路入地，从而形不成电荷积累。因此，屏蔽层的妥善接地是十分重要的，否则不但不能减少干扰，反而会使干扰增大。如果在电缆和相关连接件外层包上一层金属材料制成的屏蔽层并有正确可靠的接地，就可以有效地滤除不必要的电磁波。

1. 传输介质的屏蔽

布线系统使用的传输介质主要有双绞线和光缆。双绞线由两根绝缘保护层的铜导线组成，分为非屏蔽双绞线和屏蔽双绞线，而屏蔽双绞线又分为铝箔屏蔽双绞线、独立屏蔽双绞线。

在综合布线技术中，采用屏蔽双绞线还是非屏蔽双绞线，学术界仍存争论。坚持非屏蔽观点的人认为：屏蔽系统是指整个系统全过程屏蔽，其本身是一个好的抗干扰设想，可以提高信号传输速率，但安装标准要求高、投资大，只要一个环节没有做好就会影响整个系统的屏蔽效果，反而会降低系统的电磁性能；全屏蔽布线的传输带宽，低于同样成本的多模光纤；从性能价格比来说，水平布线子系统仍将是非屏蔽双绞线和光纤的主流天下。而执屏蔽观点的人认为：屏蔽系统可提高稳定性能以及高质量的传输信号，能够提供较高的传输带宽，可支持未来的高速网络系统，并提高更远的传输距离；施工要求高是专业安装公司的事情，只要严格按照布线规范要求操作，就会为用户提供屏蔽布线系统。

综合布线的整体性能取决于系统中最薄弱的线缆和相关连接件的性能及其连接工艺。在综合布线中最为薄弱的环节为配线架与线缆连接处和信息插座与插头接触处等，而且屏蔽线缆的屏蔽层在安装过程中倘若出现裂缝，也构成屏蔽通道最薄弱的一环。

对于屏蔽通道而言，仅有一层金属屏蔽层是不够的，更重要的还要有正确、良好的接地装置，把干扰有效地引入大地，才能保证信号在屏蔽通道中安全、可靠地传输。接地装置中的接地导线、接地体等都对接地的效果有一定的影响。当信号频率低于 1MHz 时，屏蔽通道可一处接地；当频率高于 1MHz 时，屏蔽通道应在多个位置接地。通常的做法是在每隔波长 1/10 的长度处接地（例如，10MHz 信号，便在每隔 3.0m 处接地）。而接地线的长度应短于波长的 1/12（例如，10MHz 信号，接地线应短于 2.5m）。接地导线选用截面积大于 $4mm^2$ 的外包绝缘套的多股铜芯导线。

屏蔽层接地点安排不正确而引起的电压差也会导致接地噪声，比如接地电阻过大、接地电位不均衡等。这样在传输通道的某两点间便会产生电势差，进而在金属屏蔽层上产生电流，这时的屏蔽层本身已经成为一个干扰源。

2. 平衡性能

在平衡传输的非屏蔽通道中，所接收的外部电磁干扰在传输中利用同时加载在一对线缆的两根导体上，形成大小相等、相位相反的两个电压在扭绞环上相互抵消的原理来达到消除电磁干扰的目的。

为什么非屏蔽双绞电缆具有良好的平衡性，而屏蔽双绞电缆的平衡性降低？主要原因是非屏蔽双绞电缆内的两条导线之间的互耦很强，而与外围环境的耦合很弱，如图 4-64（a）所示。因此，两条导线之间的差异，只会降低少许的平衡性能。至于屏蔽双绞电缆内的两条导线，与屏蔽层产生耦合而削弱对另一条导体的耦合，如图 4-64（b）所示。因此，导线间的差异会出现以下情况：

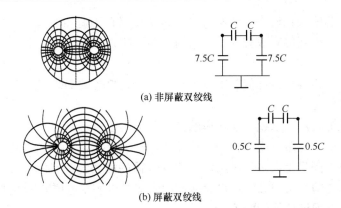

(a) 非屏蔽双绞线

(b) 屏蔽双绞线

图 4-64   双绞线传输的电磁场分布模型

（1）屏蔽改变整条电缆的分布电容耦合，从而衰减增加。

（2）信号输出端的平衡（LCL）降级。

信号输出端的平衡降级，将在电缆内的线对间引起强大的共模耦合信号，从而在屏蔽层上引起强烈的耦合。因此，屏蔽层必须有良好的接地。

任何金属物体靠近导体都会引起传输线的不平衡。因此，导体上的屏蔽具有互为因果的效果：屏蔽会降低平衡，产生过量的不平衡零碎信号。屏蔽层越接近导体，导体与环境的对耦便越强，而平衡性亦越低。因此，就平衡特性来说，非屏蔽双绞电缆较好，而屏蔽双绞电缆则较差。

3. 辐射与接地

信号传输速率越高，通信系统向外辐射越强，对外来干扰越敏感。当频率高到一定程度，非屏蔽双绞电缆在既要保持信噪比又要控制辐射时，就显得束手无策。这是由于当信号频率高到一定程度时，就要降低信号电压，以控制向外辐射。但线路上的衰减又降低了接收端的信号电压，结果是整体串扰和外部干扰以及信号衰减都不能避免。屏蔽通道最主要的优势在于有效隔断了电缆间的直接电磁辐射，提高了抗干扰能力，以适应特殊的干扰环境或是对电磁辐射要求比较高的场合。

一对非屏蔽双绞线的绞矩与所能抵御的外部电磁干扰的波长是成正比的，同时线缆的尺寸与自身信号的电磁波长在同一数量级才能产生强烈的向外辐射，只有满足以上条件的电缆屏蔽层才有可能成为"潜在的收发天线"。综合布线技术在高等级电缆的开发、研制过程中重点考虑了高频辐射问题，实现了电缆屏蔽层的大面积环绕接地，避免了所谓的"天线效应"。

在电磁干扰比较强或不允许有电磁辐射的环境中，若能严格按照安装工艺进行施工，并有可靠的接地通道，做到全程屏蔽的综合布线通道比非屏蔽通道传输性能好。例如，美国西蒙综合布线产品，采用全程屏蔽技术，既能抗电磁干扰，也能控制自身的电磁辐射对环境造成的影响。

从上面的讨论可以看出，是采用屏蔽通道还是非屏蔽通道，在很大程度上取决于综合布线的安装工艺和应用环境。在欧洲，占主流的是屏蔽通道，德国甚至立法要求采用之。然而在综合布线使用量最大的北美，则推行非屏蔽通道。

在选用屏蔽电缆和相关连接件时，下列问题需仔细斟酌：

（1）屏蔽式 8 芯模块化插头和插座的设计、实施尚没有标准依据。不同厂家的插头/插座之间的兼容问题、屏蔽的有效程度及插头的接触面能否长期保持稳定等方面均尚未有严格的实验数据定论。

（2）屏蔽电缆和相关连接件倘若安装不当，达不到整体的屏蔽完整性，其性能将比非屏蔽电缆和相关连接件更差。

（3）现场测试屏蔽双绞电缆传输通道的方法和手段还没有研制出来。

综上所述，目前非屏蔽电缆和相关连接件技术较为成熟，安装工艺也比较简单，它们组成的传输通道，可以满足绝大多数民用建筑信息传输的需要。如果综合布线环境较为恶劣，电磁干扰强，信息传输率又很高，可以直接使用光缆，以满足电磁兼容性的需求。屏蔽保护技术应慎重使用，并保证严格的施工工艺。

4.9.3　电气保护设计

在下述的任何一种情况，线路均处在危险环境之中，均应对其进行过压、过流保护：

（1）雷击引起的影响。

（2）工作电压超过 250V 的电力线碰地。

（3）感应电势上升到 250V 以上而引起的电源故障。

（4）交流 50Hz 感应电压超过 250V。

在弱电系统的信号线上为了防止雷电、电力故障等强大的浪涌冲击，一般要在设备间或进线间处加装入室电气保护设备。电气保护主要分为过压保护和过流保护两种，这些保护装置通常安装在建筑物入口的专用房间或墙面上。

1. 过压保护

为了避免电气损害，综合布线系统的部件中专门配有各种型号的多线对保护架，这些保护架使用可更换的插入式保护单元，以限制建筑物中的布线受到过电压时引起的电磁冲击。每个保护单元内装有气体放电管保护器或固态保护器。图 4-65 给出了交换机的气体放电管过压保护线路，气体放电管保护器并联在用户接口。

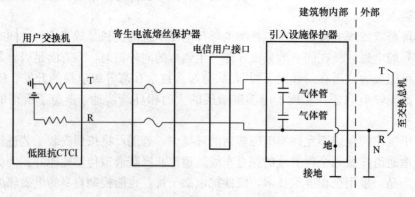

图 4-65　交换机的保护线路

气体放电管保护器的陶瓷外壳内密封有两个电极，使用断开或放电空隙来限制导体和地之间的电压。放电空隙粘在陶瓷外壳内密封的两个金属电柱之间，其间有放电间隙，并充有惰性气体。当两个电极之间的电位差超过 250V 交流电源电压或 700V 雷电浪涌电压时，气体放电管开始出现电弧，为导体和地电极之间提供一条导电通路。从而限制了极间的电压，使与放电管并联的其他器件得到保护。需要说明的是，气体放电管保护装置是一次性的。

固态保护器适合较低的击穿电压（60～90V），而且其电路不可有较高的振铃电压，它利用电子电路将过量的有害电压泄放至地，而不影响传输线缆的信号质量。固态保护器利用了电子开关工作原理，可进行快速、稳定、无噪声、绝对平衡的电压箝位。一旦超过击穿电压，它便将过压引入地，过后自动恢复到原来状态。因此，固态保护器可以多次重复使用。在经常发生雷电的地方和功能特殊的电路（如报警电路）以及可靠性要求很高的电路，应使用固态保护单元。

2. 过流保护

电缆的导线上还可能出现这样或那样的超大电流，如果用户设备为其提供了对地的低阻负载通路就不足以使过压保护器动作，但所产生的电流可能会烧毁设备。例如，220V 侵入电压不足以使过压保护器放电，但有可能产生大电流进入设备。因此，必须在采取过压保护之后采用过流保护，过流保护器串联在线路中。当发生过流时，就切断线路。为了方便维护，可采用能自动恢复的过流保护器。目前过流保护器有热敏电阻和雪崩二极管两种固态类型可供选用，但由于价格较高，也可选用热线圈或熔丝型。热线圈和熔丝都具有保护布线的特性，但工作原理不同，热线圈在动作时将导体接地，而熔丝在动作时将导体断开。

3. 综合布线线缆与其他设施的间距

1）双绞电缆与其他电磁干扰源之间的间距

双绞电缆正常运行环境的一个重要指标是在电磁干扰源与双绞电缆之间应有一定的平行走线分隔距离，如表 4-20 所示的最小推荐距离（电压小于 380V）。垂直交叉走线时，除考虑变压器、大功率电动机的干扰外，其余干扰属于正交场可忽略不计。

表 4-20　双绞电缆与电磁干扰源之间的最小分隔距离

干扰源种类	<2kVA	2.5kVA	>5kVA
开放或无电磁隔离的电力线或电力设备	127mm	305mm	610mm
有接地金属管路的无屏蔽电力线	64mm	152mm	305mm
有接地金属管路封装的电力线	—	76mm	152mm
变压器和电动机	800mm	1000mm	1200mm
日光灯	305mm	—	—

2）光缆与其他管线之间的间距

光缆中的光信号不易受到电磁干扰，敷设时与其他管线之间的最小净距离相对于双绞电缆宽松得多，需要符合表 4-21 的规定。

表 4-21　光缆与其他管线之间的最小净距离

管线种类	管线指标	最小间隔距离（m）	
		平行	交叉
市话管道（不包括入孔）	—	0.75	0.25
非同沟的直埋通信电缆	—	0.50	0.50
直埋电力电缆	<35kV	0.65	0.50
	>35kV	2.00	0.50

续表

管线种类	管线指标	最小间隔距离（m）	
		平行	交叉
给水管	管径＜30cm	0.50	0.50
	管径 30～50cm	1.00	0.50
	管径＞50cm	1.50	0.50
高压石油、天然气管	—	10.00	0.50
热力、下水管	—	1.00	0.50
煤气管	压力＜0.3MPa	1.00	0.50
	压力 0.3～0.8MPa	2.00	0.50
排水沟		0.80	0.50

4.9.4 接地保护设计

接地是为了保障电力系统和生产设备、设施正常工作和人身安全而采取的一种安全措施。它是通过金属导体将需要接地的物体与接地装置连接起来实现的。综合布线系统作为建筑智能化不可缺少的基础设施，其接地系统的好坏将直接影响到综合布线系统的运行质量，下面详细介绍综合布线系统接地的结构与设计要求。

1. 接地的分类与要求

综合布线系统机房和设备的接地，按不同作用分为直流工作接地、交流工作接地、安全保护接地、防雷保护接地、防静电接地及屏蔽接地等。综合布线采用屏蔽措施的接地要与设备间、配线间放置的有源设备接地问题一并考虑。

接地系统由接闪器（俗称避雷针）、引下线、接地体、接地线等装置组成。埋入土壤中的专用钢板或混凝土中基础钢筋导体称为接地体。从引下线断接卡或换线处至接地体的连接导体称为接地线。

接地体和接地线总称为接地装置。在接地装置中，用接地电阻来表示与大地结合程度的指标。接地是以接地电流易于流动为目标，接地电阻越低，则接地电流越容易泄放。对于综合布线的接地，还希望尽量减少成为干扰原因的电位变动，所以接地电阻越低越好。

上述各种接地作用的接地电阻值，在国家标准《计算机场地通用规范》（GB/T 2887—2011）中规定如下：

（1）直流工作接地电阻的大小、接法以及诸地之间的关系，应依不同有源设备的要求而定，一般要求该电阻不应大于4Ω。

（2）交流工作接地的接地电阻不应大于4Ω。

（3）安全保护接地的接地电阻不应大于4Ω。

（4）防雷保护地的接地电阻不应大于10Ω。

（5）采用联合接地方式的接地电阻不应大于1Ω。

在处理微电子有源设备的接地时要注意以下两点：

（1）信号电路和电源电路、高电平电路和低电平电路、模拟电路和数字电路不应使用共地回路。

（2）灵敏电路的接地线，应各自隔离或屏蔽，以防地线回流或静电感应而彼此干扰。

对于综合布线中的电缆和配线架接地的具体要求如下：

1）电缆接地要求

在建筑物进线间、高层建筑的楼层配线间以及低矮而又宽阔的建筑物的每个二级交接间，都应设置接地装置，并且进线间的接地装置必须位于电缆保护器处或尽量接近保护器。

所以电缆接地需要注意：干线电缆的屏蔽层必须用截面积 4mm² 多股铜芯线，焊接到干线所经过的配线间或二级交换间的接地装置上，而且干线电缆的屏蔽必须保持连续性；建筑物引入电缆的屏蔽层必须焊接到建筑物入口区的接地装置上如表 4-22 所示。

各配线间或二级交接间的多股铜芯接地线应焊接到接地母线，再连到接地体。对于服务面积比较大的配线间、设备间，由于放置的应用设备比较多，接地线还应采取格栅方式，尽可能使配线间或设备间内各点等电位。接地线的截面积应根据楼层高度来计算。

表 4-22　接地距离与导线直径的关系

距离（m）	导线直径（mm）	电缆截面积（mm²）	距离（m）	导线直径（mm）	电缆截面积（mm²）
≤30	4.0	12	106～122	6.7	35
30～48	4.5	16	122～150	8.0	50
48～76	5.6	25	150～300	9.8	75
76～106	6.2	30			

2）配线架（柜）接地要求

每个配线架接地端子应当可靠地接到配线间的接地装置上。

（1）从楼层配线架至接地体的接地导线直流电阻不能超过 1Ω，并且要永久性地保持其连通。

（2）每个楼层配线架（柜）应该并联连接到接地体上，不应串联。

（3）如果应用系统内有多个不同的接地装置，这些接地体应在汇流母排处相互连接，以减小接地装置之间的电位差。

（4）布线的金属线槽或金属管必须接地，以减少电磁场干扰。

配线间中的每个配线架均要可靠地接到配线柜的接地排上，其接地导线截面积应大于 2.5mm²，接地电阻要小于 1Ω。

2. 综合布线系统接地设计要点

根据商业建筑物接地和接线要求的规定：综合布线系统接地的结构包括接地线、接地母线、接地干线、主接地母线、接地引入线、接地体六部分，在进行系统接地的设计时，可按上述 6 个部分分层次地进行设计。

1）接地线

接地线是指综合布线系统各种设备与接地母线之间的连线。所有接地线均为铜质绝缘导线，其截面应不小于 4mm²。当综合布线系统采用屏蔽电缆布线时，信息插座的接地可利用电缆屏蔽层作为接地线连至每层的配线柜。若综合布线的电缆采用穿钢管或金属线槽敷设时，钢管或金属线槽应保持连续的电气连接，并应在两端具有良好的接地。

2）接地母线（层接地端子）

接地母线是水平布线于系统接地线的公用中心连接点。每一层的楼层配线柜均应与本楼层接地母线相焊接与接地母线同一配线间的所有综合布线用的金属架及接地干线均应与该接地母线相焊接。接地母线均应为铜母线，其最小尺寸应为 6mm 厚×50mm 宽，长度视工程实际需要来确定。接地母线应尽量采用电镀锡以减小接触电阻，如不是电镀，则在将导线固定到母线之前，须对母线进行清理。

3）接地干线

接地干线由总接地母线引出，连接所有接地母线的接地导线。在进行接地干线的设计时，应充分考虑建筑物的结构形式，建筑物的大小以及综合布线的路由与空间配置，并与综合布线电缆干线的敷设相协调。接地干线应安装在不受物理和机械损伤的保护处，建筑物内的水管及金属电缆屏蔽层不能作为接地干线使用。当建筑物中使用两个或多个垂直接地干线时，垂直接地干线之间每隔三层及顶层需用与接地干线等截面的绝缘导线相焊接。接地干线应为绝缘铜芯导线，最小截面应不小于 $16mm^2$。当在接地干线上，其接地电位差大于 $1Vr.m.S$（有效值）时，楼层配线间应单独用接地干线接至主接地母线。

4）主接地母线（总接地端子）

一般情况下，每栋建筑物有一个主接地母线。主接地母线作为综合布线接地系统中接地干线及设备接地线的转接点，其理想位置宜设于外线引入间或建筑配线间。主接地母线应布置在直线路径上，同时考虑从保护器到主接地母线的焊接导线不宜过长。接地引入线、接地干线、直流配电屏接地线、外线引入间的所有接地线，以及与主接地母线同一配线间的所有综合布线用的金属架均应与主接地母线良好焊接。当外线引入电缆配有屏蔽或穿金属保护管时，此屏蔽和金属管也应焊接至主接地母线。主接地母线应采用铜母线，其最小截面尺寸为 6mm 厚×100mm 宽，长度可视工程实际需要而定。和接地母线相同，主接地母线也应尽量采用电镀锡以减小接触电阻。如不是电镀，则主接地母线在固定到导线前必须进行清理。

5）接地引入线

接地引入线指主接地母线与接地体之间的连接线，宜采用 40mm 宽×4mm 厚或 50mm×5mm 的镀锌扁钢。接地引入线应作绝缘防腐处理，在其出土部位应有防机械损伤措施，且不宜与暖气管道同沟布放。

6）接地体

接地体分自然接地体和人工接地体两种。当综合布线采用单独接地系统时，接地体一般采用人工接地体，并应满足距离工频低压交流供电系统的接地体不宜小于 10m；距离建筑物防雷系统的接地体不应小于 2m。

4.9.5　防雷保护设计

前面提到，感应雷对楼内设备造成危害的可能性比直击雷要大得多。感应雷入侵电子设备及计算机系统主要有以下三条途径：

（1）雷电的地电位反击电压通过接地体入侵；

（2）由交流供电电源线路入侵；

（3）由通信信号线路入侵。

不管是通过哪种形式，哪种途径入侵，都会使电子设备及计算机系统受到不同程度的损坏或严重干扰。

为了避免雷电由交流供电电源线路入侵，可在建筑的变配电所的高压柜内的各相安装避雷器作为第一级保护，在低压柜内安装阀门式防雷装置作为第二级保护，以防止雷电侵入大厦的配电系统。为谨慎起见，可在大厦各层的供电配电箱中安装电源避雷箱作为第三级保护并将配电箱的金属外壳与大厦的防雷接地系统可靠连接。

综合布线系统由七个子系统组成：建筑群子系统、进线间子系统、设备间子系统、垂直干线子系统、水平子系统、工作区子系统。下面将对每一个子系统分析防雷保护设计的要点。

1. 建筑群子系统

建筑群子系统由连接两个及以上建筑物之间的缆线和配线设备组成。若采用光缆作为建筑物间的连接介质，不需要安装避雷器，甚至可以架空敷设。若采用双绞线，则必须穿管埋地敷设。

2. 进线间子系统

若采用光缆进入建筑，不需要安装避雷器。采用双绞线敷设时，进入建筑后，导线必须单独敷设在弱电金属桥架或金属管道内。金属桥架和金属管道与综合接地系统良好连接，充当导线的屏蔽层，不能与强电导线共用强电金属桥架或强电金属管道。

3. 设备间子系统

设备间子系统由程控交换机，计算机等各种主机设备及其配线设备组成。它是布线系统最主要的管理区域，通常分为语音管理和数字管理两部分。语音设备管理区子系统连接大楼外的各种线路，经与垂直干线子系统跳接后，连通各语音管理子系统，为防雷电破坏应安装通信避雷柜作为通信线路的第一级防雷措施。连接进出大楼的大对数通信电缆必须埋地敷设，以防进出大楼的通信线路引入感应雷。数据设备管理子系统即是计算机网络核心设备，是采用大对数双绞电缆作为传输主干缆。需要在机柜中安装计算机网络防雷器，作为计算机网络的第一级防雷措施。若采用光缆作为计算机网络主干线，则绝对避免了雷电影响，是最好的防雷措施。

4. 管理子系统

管理子系统由配线设备、输入/输出设备等组成。管理子系统也分为数据和语音两部分。语音部分需要安装信号避雷器作为通信线路的第二级防雷措施。数据部分若采用双绞线作为垂直主干线，也需要在机柜中安装信号避雷器作为计算机网络的第二级防雷措施，防护由于引下线泄放雷电流而形成的电磁场突变所产生的感应雷。

5. 垂直干线子系统

干线子系统由设备间的配线设备和跳线设备以及设备间至各楼层配线间的连接电缆组成。分为语音主干线和数据干线两部分。语音主干线按照程控交换机和电信系统的标准和做法，采用屏蔽大对数双绞电缆，因为已在管理子系统安装了信号避雷器，所以这部分一般不需要再装防雷设备。数据主干线如采用大对数双绞电缆作为数据传输主干缆，因为已在管理区子系统安装了信号避雷器，所以一般也不需要在这部分再安装防雷设备。如采用光缆作为计算机网络主干线，则是最好的防雷措施。

6. 水平子系统

水平子系统的数据点和语音点均采用双绞线敷设在金属桥架和金属管道内。由于金属桥架和金属管道与综合接地系统相连，形成了信号线路的屏蔽层。并且在管理子系统中，已设置防雷保护装置，所以在水平干线子系统中不必再加装防雷装置。

7. 工作区子系统

由于连接计算机网络的数据点在管理子系统中已采取了防雷措施，所以在工作区子系统一般不需要再加装防雷设施，若需要利用调制解调器通过语音点连接计算机，由于语音线路与外线连接，则有必要安装信号避雷器，作为末级防雷措施。

4.9.6 防火保护设计

防火安全保护是指在发生火灾时，系统能够有一定程度的屏障作用，防止火与烟的扩散。防火安全保护设计包括线缆穿越楼板及墙体的防火措施、选用阻燃防毒线缆材料两个方面。

智能化建筑中的防火问题是极为重要的，在综合布线系统工程设计中，应注意的是通道的防火措施，其中主要有缆线的选用和有关环境的保护，在设计施工中应注意以下几个方面：

（1）智能化建筑中的易燃区域或电缆竖井内，综合布线系统所有的电缆或光缆都要采用阻燃护套。如果这些缆线是穿放在不可燃的管道内，或在每个楼层均采取了切实有效的防火措施（如用防火堵料或防火板堵封严密）时，可以不设阻燃护套。

（2）在电缆竖井内或易燃区域中，所有敷设的电缆或光缆宜选用防火、防毒的产品。万一发生火灾，因电缆或光缆具有防火、低烟、阻燃或非燃等性能，不会或很少散发有害气体，对于救火人员和疏散人流都比较有利。此外配套的接续设备也应采用阻燃型的材料和结构。如果电缆和光缆穿放在钢管等非燃烧的管材中，如不是主要部分时可考虑采用普通外护层。在重要布线段落且是主干缆线时，考虑到火灾发生后钢管受到烧烤，管材内部形成高温空间会使缆线护层发生变化或损伤，也应选用带有防火、阻燃护层的电缆或光缆，以保证通信线路安全。除主材选择非燃性或难燃性材料外，其他材料尽可能选择难燃性材料。

（3）中心机房设计应符合国家标准《火灾自动报警系统设计规范》（GB 50116—2013）和《计算机场地安全要求》（GB/T 9361—2011）的规定。中心机房宜采用感烟探测器，当设有固定灭火系统时，应采用感烟、感温两种探测器的组合，在吊顶的上、下及活动地板下，均应设计探测器和喷嘴。主机房出口应设置向疏散方向开启且能自动关闭的门，并应保证在任何情况下都能从机房内打开，机房内的电源切断开关应靠近工作人员的操作位置或主要出入口。机房内存放记录介质应采用金属柜或其他能防火的容器。

1. 线缆阻燃等级

现阶段应用较广的防火线缆主要有 UL 系列阻燃电缆和阻燃低烟无卤电缆两大类，图 4-66所示为阻燃低烟无卤电缆的结构图。UL 阻燃标准主要有以下几个等级：CMP、CMR、CM、CMG、CMX。

（1）增压级-CMP级（送风燃烧测试/斯泰钠风道实验 Plenum Flame Test/Steiner Tunnel Test）。这是 UL 防火标准中要求最高的电缆，适用安全标准为 UL910，实验规定在装置的水平风道上敷设多条试样，用 87.9kW 煤气本生灯燃烧 20min。合格标准为火焰不可延伸到距煤气本生灯火焰前端 5ft（1ft＝30.48cm）以外，光密度的峰值最大为 0.5，平均密度值最大为 0.15。这种 CMP 电缆通常安装在通风管道或空气处理设备使用的空气回流增压系统中，被加拿大和美国所认可采用。符合 UL 910 标准的 FEP/PLENUM 材料，阻燃性能要比符合 IEC 60332-1 及 IEC 60332-3 标准的低烟无卤材料的阻燃性能好，燃烧起来烟的浓度低。

图 4-66　阻燃线缆

（2）干线级-CMR 级（直立燃烧测试 Riser Flame Test）。这是 UL 标准中商用级电缆（Riser Cable），适用安全标准为 UL 1666。实验规定在模拟直立轴上敷设多条试样，用规定的 154.5kW 煤气本生灯燃烧 30min。合格标准为火焰不可蔓延到 12ft 高的房间的上部。干线级电缆没有烟雾浓度规范，一般用于楼层垂直和水平布线使用。

（3）商用级-CM 级（垂直燃烧测试 Vertial Tray Flame Test）。这是 UL 标准中商用级电缆（General Purpose Cable），适用安全标准为 UL 1581。实验规定在垂直 8ft 高的支架上敷设多条试样，用规定的 20kW 带状喷灯燃烧 20min。合格标准为火焰不可蔓延到电缆的上端并自行熄灭。UL1581 和 IEC 60332-3C 类似，只是敷设电缆根数不同。商用级电缆没有烟雾浓度规范，一般仅应用于同一楼层的水平走线，不应用于楼层的垂直布线上。

（4）通用级-CMG 级（垂直燃烧测试 Vertial Tray Flame Test）。这是 UL 标准中通用级电缆（General Purpose Cable），适用安全标准为 UL1581。商用级和通用级的测试条件类似，同为加拿大和美国认可使用。通用级电缆没有烟雾浓度规范，一般仅应用于同一楼层的水平走线，不应用于楼层的垂直布线上。

（5）家居级-CMX 级（垂直燃烧测试 Vertial Wire Flame Test）。这是 UL 标准中家居级电缆（Restricted Cable），适用安全标准为 UL 1581，VW-1。实验规定试样保持垂直，用试验用的喷灯燃烧 15s，然后停止 15s，反复 5 次。合格标准为余火焰不可超过 60s，试样不可烧损 25％以上，垫在底部的外科用棉不可被落下物引燃。UL 1581-VW-1 和 IEC 60332-1 类似，只是燃烧的时间不同。这种等级也没有烟雾或毒性规范，仅用于敷设单条电缆的家庭或小型办公室系统中。

2. 防火设计要点

（1）布线设计时，应选用金属线槽和管道，而杜绝使用燃烧时释放大量烟雾、有严重腐蚀性气体和有毒气体的 PVC 管材，这项措施对线缆的耐燃性、安全性会有很大的提高。

（2）CMP 级别的线缆具有阻燃、发烟量小的特点，虽然线缆价格较高，但是可以省却敷设管槽的开支，对于预算充足、对数据安全级别要求高的用户是最佳的选择。

（3）CMX、CM 线缆在大型公共场所往往不适合用户对防火等级及材料耐火性能的较高要求，但是穿入金属管槽后的防火性能很好。

（4）低烟无卤 LSZH 线缆＋金属槽管的方式比 CMX、CM 成本略高，但是相对 CMP 较为经济，且有低烟、低毒、环保的意义，能够合理地表达对人类生命的关怀，在公共项目或防火要求高的办公、商务楼中可以广泛使用。

（5）对于逃难需要相当时间的高层建筑、重要信息汇聚的政府大楼与金融大厦、电缆大量使用的数据中心与机房、人员密集的医院与机场和学校以及其他火灾安全性要求高的公共建筑项目设计中，推荐在吊顶、电缆竖井内的配线线缆、主干线缆使用 CMP、CMR 级别的阻燃线缆。

习题 4

1. 为什么综合布线系统设计之前必须先进行用户需求分析？
2. 怎么进行综合布线系统需求分析？
3. 需求分析的内容主要包括哪几个方面？
4. 为进行需求分析，到现场勘察时，需注意哪些方面？
5. 综合布线系统总体设计时应考虑哪几个方面？
6. 综合布线系统的模块化结构分为哪几个组成部分？实际工程中会有哪些变化？
7. 工作区设计的主要任务是什么？
8. 怎么确定工作区的位置？工作区的划分是否具有灵活性？
9. 需要在工作区放置的用户终端设备有哪些？
10. 工作区布线路由主要有哪些？各种路由主要用于什么应用场合？
11. 工作区终端设备的接口与综合布线信息插座不匹配怎么办？
12. 水平布线子系统设计的主要任务是什么？
13. 水平子系统的拓扑结构通常采用哪种形式？
14. 为什么水平子系统的最大布线距离是 90m？
15. 为什么选择水平布线线缆时尽量选择较高等级的线缆？
16. 水平布线路由主要有哪些？各种路由主要用于什么应用场合？
17. 怎样计算一个工程中水平子系统的用线量？
18. 干线子系统设计的主要任务是什么？
19. 干线线缆在建筑物中处于什么位置？干线线缆是否全部垂直布放？
20. 举例说明，如何通过配线架跳线连接将星型布线结构转换成环型结构？
21. 干线子系统的拓扑结构主要采取哪种形式？为什么？
22. 干线线缆为什么要分语音和数据应用，而水平线缆为什么强调互换性与通用性？
23. 干线布线路由主要有哪几种？
24. 什么情况下需要采用多干线系统？
25. 怎样确定干线线缆接合方法？
26. 怎样计算干线子系统的用线量？
27. 设备间的设计内容主要有哪些？
28. 高层建筑中设备间的位置如何选择？
29. 设备间的面积如何确定？
30. 设备间对环境有哪些要求？
31. 设备间的供配电方式有哪几种？既经济又安全的供配电方式是什么？
32. 每层楼都必须有一个配线间吗？
33. 进线间设计有什么要求？

34. 管理区与设备间是一回事吗？

35. 管理区的设计内容主要有哪些？

36. 为什么线缆和配线架一定要用颜色和字符来标识？

37. 简述综合布线系统中标识的种类和用途。

38. 简述双点管理方案的利弊。

39. 在双点管理方案设计中，从信息插座到设备间的每一条电缆是否始终采用唯一标记？

40. 为什么综合布线中使用的电缆，一般不能超过 4 次连接？

41. 110 配线架与快接式配线架是否能通用？

42. 试比较线缆在配线架上的交叉连接和互连的优缺点与适用性。

43. 怎么进行设备间主布线场的设计？

44. 简述智能布线管理系统是怎么实现智能管理的。

45. 建筑群布线有几种方法？在应用中怎么选择？

46. 线缆在建筑物入口处应采取什么保护措施？

47. 建筑群布线使用的线缆与建筑物内布线所用线缆一样吗？

48. 建筑群线缆是干线线缆吗？

49. 建筑群线缆接合方式有哪几种？

50. 既然光缆是不传导电流的，为什么在高雷暴日地区室外光缆不宜带铠装？

51. 在建筑物中，信息设备受到的电磁干扰主要来自哪些方面？

52. 过压保护器为什么要并联在线路中？

53. 过流保护器为什么要串联在线路中？

54. 智能建筑中弱电系统正确的接地做法是怎样的？

55. 电缆屏蔽保护层不接地的后果如何？

56. 在线缆外皮的防火保护措施主要有哪些？在应用中怎么选择？

第5章 综合布线系统施工

学习目标

综合布线系统的施工是综合布线重点内容之一，是每一位从事综合布线技术人员必须具备的技能。本章主要介绍综合布线工程施工基本要求、管槽系统安装技术、电缆和光缆布线与连接技术、设备安装等主要施工技术，让读者掌握综合布线工程施工技术要点。

5.1 施工准备

综合布线工程的组织管理工作主要分为三个阶段：工程实施前的准备、施工过程中组织管理与工程竣工验收。对于一个综合布线工程项目来说，前期的施工准备工作显得尤为重要。

施工准备可以保证拟建工程连续均衡地进行施工，在规定的工期内顺利完成并交付使用，还可以在保证工程质量的条件下提高劳动生产率和降低工程成本。此外，施工准备对合理组织人力物力、加快工程进度、提高工程质量、节约国家投资和减少原材料浪费，都起着重要的作用。

施工的准备工作主要包括技术准备、施工工具准备、施工前检查等环节。

5.1.1 施工技术准备

施工技术准备在整个工程项目准备中尤为重要，任何技术上的差错或失误都会引起安全隐患和事故的发生，因此施工前必须认真做好技术准备工作。

施工技术准备主要包括以下几方面的内容。

1. 熟悉工程设计和施工图纸

施工图纸是工程人员施工的依据，施工单位应详细阅读工程设计文件和施工图纸，理解设计内容及设计意图，掌握设计人员的设计思想。明确工程所采用的设备和材料，明确图纸所提出的施工要求。只有对施工图纸了如指掌后，才能确保在施工过程中不破坏建筑物的外观、不破坏建筑物的受力强度、不与其他工程发生冲突。

2. 熟悉和工程有关的其他技术资料

如综合布线系统施工及验收规范、质量检验评定标准、技术规程、质量检验评定标准以及制造厂提供的资料，如安装使用说明书、试验记录数据、产品合格证等。

3. 技术交底

技术交底是综合布线施工技术准备的必要和重要环节之一。技术交底是指由设计方和施工方技术负责人员将有关工程施工的基本情况、设计思想、施工图纸、施工及验收规范、施工方案、施工组织设计、施工安全要求及措施等方面对施工人员进行全面的介绍，使参与工程施工的人员对工程设计情况、建筑结构特点、技术要求和施工工艺等方面有较好的了解掌握，以利于科学地组织施工和合理地安排工序，避免施工操作差错的发生，确保工程质量的优良。

4. 编制施工组织设计

施工组织设计是用来指导施工项目全过程各项活动的技术、经济和组织的综合性文件，是施工技术与施工项目管理有机结合的产物，它是保证工程开工后施工活动有序、高效、科学合理地进行的依据。

施工组织设计按编制的对象和范围不同，一般可分为施工组织总设计与施工组织设计两类。施工组织总设计是以大、中型等群体工程建设项目为对象，其内容比较概括、粗略。施工组织设计是在施工组织总设计指导下，以一个单位工程为对象，在施工图纸到达后编制的，内容较施工组织总设计详细具体。

5. 编制施工方案

在全面熟悉施工图纸的基础上，依据工程合同要求，根据施工图纸、工程概预算和施工组织计划，以及人力资源等条件编制合理的施工方案。

编制施工方案时，应坚持统一计划的原则，认真做好综合平衡，切合实际，留有余地，坚持施工工序，注意施工的连续性和均衡性。

6. 编制工程预算

工程预算主要包括工程材料清单和施工预算。根据施工图纸确定的工程量，预算定额及其取费标准编制施工预算，合理的预算是企业内部控制各项成本支出的重要依据。

7. 准备好施工中可能用到的全部表格

施工前，应准备好施工中可能用到的全部表格，以使施工过程数据完整可查。主要表格包括：开工申请表、施工组织设计方案报审表、施工技术方案申报表、施工进度表、进场原材料报验单、进场设备报验单、人工、材料价格调整申报表、工程进度月报表、复工申请表、隐蔽工程验收申请表、工程验收申请单、工程质量月报表、工程竣工申请表等。

5.1.2　施工工具准备

综合布线施工时需要专业的施工工具，了解施工过程中用到的专业工具有助于施工的顺利进行。下面分别对综合布线系统施工的管槽安装工具、线缆安装工具与线缆端接工具及其他常用工具进行介绍。

1. 管槽安装工具

管槽系统是综合布线的路由，起到保护线缆的作用。管槽系统的质量直接关系到整个布线工程的质量。要提高管槽系统的安装质量，必须先熟悉安装施工工具，并掌握这些工具的使用。

1）PVC 线槽剪

如图 5-1 所示，PVC 线槽剪用于 PVC 线槽的裁剪，剪出的端口整齐美观，能在不同工作环境下使用。

2）台虎钳

台虎钳是锯割、锉削中小器件时常用的夹持工具，能方便固定施工过程中一些需要固定受力的小工件。常用的台虎钳如图 5-2 所示。

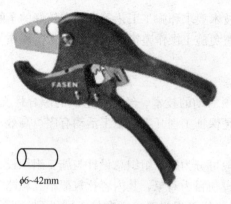

φ6~42mm

图 5-1　PVC 线槽专用剪

图 5-2　台虎钳

3）管子切割器

在综合布线工程的施工中，要大量地切割钢管和 PVC 管，需要使用管子切割器。管子切割器又称为管子割刀，轻便的管子切割器如图 5-3 所示。

4）管子钳

管子钳是用来安装管子的工具，如图 5-4 所示，可用它来装卸管子及活接头、锁紧螺母等。

图 5-3　轻便管子切割器

图 5-4　管子钳

5）弯管器

对于管径 25mm 以下的管子弯管，可使用如图 5-5 所示的简易弯管器；而对于管径大于 25mm 的管材或者厚壁钢管，则需要使用如图 5-6 所示的弯管机。

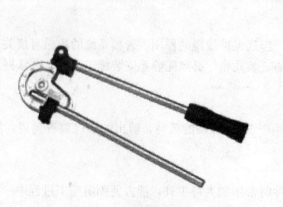

图 5-5　简易弯管器

图 5-6　弯管机

6）型材切割机

型材切割机用于布线管槽安装时切割管材，使用型材切割机切割速度快，用力省，其外形如图 5-7 所示，它由砂轮锯片、护罩、操纵手把、电动机、工件夹、工件夹调节手轮、底座等组装而成。

7）角磨机

角磨机用于把金属管槽切割后留下的飞边、毛刺打磨掉，因为飞边毛刺会在布线时伤害线缆，留下隐患。同时角磨机也可作为切割机使用，如图 5-8 所示。

图 5-7　型材切割机图　　　　　　图 5-8　角磨机

2. 线缆安装工具

在建筑物竖井或室内外管道中敷设线缆时，需要借助一些工具来完成。

1）穿线器

当在建筑物室内外的管道中布线时，如果管道较长、弯头较多且空间紧张，则要使用穿线器牵引线、绳。图 5-9 所示是一种小型穿线器，适合管道较短的情况。图 5-10 所示是一种玻璃纤维穿线器，适用于管道较长的线缆敷设。

图 5-9　小型穿线器　　　　　　图 5-10　玻璃纤维穿线器

2）线轴支架

大对数电缆和光缆一般都缠绕在线缆卷轴上，高层建筑放线时必须将线缆卷轴架设在线轴支架上，并从顶部放线。液压线轴支架如图 5-11 所示。

3）滑车

当线缆从上而下垂放线缆时，为了保护线缆，需要一个滑车，保障线缆从线缆卷轴拉出后经过滑车平滑地往下放线。图 5-12 所示是一个朝天钩式滑车，它安装在竖井的上方。图 5-13 所示是一个三联井口滑车，它安装在竖井的井口。

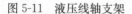
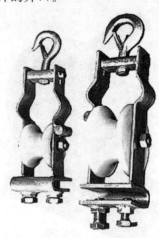

图 5-11　液压线轴支架　　　　图 5-12　朝天钩式滑车

4）牵引机

当大楼主干布线采用由下向上的敷设方法时，就需要使用牵引机向上牵引线缆，牵引机有电动牵引机和手摇式牵引机两种。当大楼楼层较高且线缆数量较多时，使用电动牵引机；当楼层较低且线缆数量较少时，使用手摇式牵引机。图 5-14 所示为一种电动牵引机。

图 5-13　三联井口滑车　　　　图 5-14　电动牵引机

3. 线缆端接工具

1）双绞线端接工具

常用的双绞线端接工具主要有剥线钳、压线工具和打线工具。

（1）剥线钳。由于双绞线的表面是不规则的，而且线径存在差别，所以采用剥线钳剥去双绞线的外护套不会损伤芯线，比较安全可靠。剥线钳利用杠杆原理，当剥线时，先握紧钳柄，使钳头的一侧夹紧导线的另一侧，通过刀片的不同刃孔可剥除不同导线的绝缘层。剥线钳使用高度可调的刀片或利用弹簧张力来控制合适的切割深度，保证切割时不会伤及导线的绝缘层。剥线钳有多种外观，图 5-15 所示是其中的一种。

（2）压线工具。压线工具用来压接 8 位的 RJ-45 水晶头、4 位的 RJ-11 水晶头及 6 位的 RJ-12 水晶头，它可同时提供切和剥的功能。其设计可保证模具齿和插头的角点精确地对齐，通常的压线工具都是固定插头的，有 RJ-45 或 RJ-11 单用的，也有双用的，如图 5-16 所示。压线工具是用模具来保证模具齿和插头的角点精确地对齐，使其压实，连接良好。压线工具有手持式和自动式两种。

图 5-15　剥线钳　　　　　　　　　　图 5-16　压线工具

（3）打线工具。打线工具用于将双绞线压接到信息模块和配线架上。信息模块和配线架是采用绝缘置换连接器与双绞线连接的。绝缘置换连接器实际上是 V 形豁口的小刀片，当把导线压入豁口时，刀片割开导线的绝缘层，与其中的导体接触。打线工具由手柄和刀具组成。它是两端式的，一端具有打接和裁线功能，裁剪掉多余的线头，另一端不具有裁线功能。工具的一面显示清晰的"CUT"字样，使用户可以在使用过程中容易识别正确的打线方向。手柄握把具有压力旋转钮，可以进行压力大小的选择。

打线工具分单对和 5 对两种。分别如图 5-17 和图 5-18 所示。

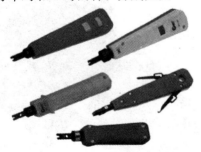

图 5-17　单对打线工具　　　　　　　图 5-18　5 对打线工具

2）光纤端接工具

光纤端接工具主要有光纤剥离钳、光纤剪刀、光纤连接器压接钳、光纤接续子、光纤切割工具和光纤熔接机。

（1）光纤剥离钳。光纤剥离钳用于剥离光纤涂覆层和外护层，它的种类很多，图 5-19

所示为双口光纤剥离钳。双口光纤剥离钳具有双开口、多功能的特点。钳刃上的 V 形口用于精确剥离 $250\mu m$、$500\mu m$ 的涂覆层和 $900\mu m$ 的缓冲层。第二开孔用于剥离 $3\mu m$ 的尾纤外护层。所有的切端面都有精密的机械公差，以保证干净、平滑地操作。不使用时可将刀口锁在关闭状态。

（2）光纤连接器压接钳。光纤连接器压接钳用于压接 FC（螺纹连接式）SC（直插式）和 ST（卡口式）连接器，如图 5-20 所示。

图 5-19　双口光纤剥离钳

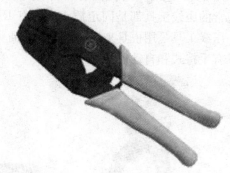
图 5-20　光纤连接器压接钳

（3）光纤切割工具。光纤切割工具用于多模和单模光纤的切割，包括通用光纤切割工具和光纤切割笔。其中，通用光纤切割工具用于光纤的精密切割，如图 5-21 所示。

（4）光纤熔接机。光纤熔接机采用芯对芯标准系统进行快速、全自动熔接，如图 5-22 所示。它配备有双摄像头和 5in 高清晰度彩色显示器，能进行 x、y 轴同步观察。深凹式防风盖在 15m/s 的强风下能进行接续工作，可以自动检测放电强度，放电稳定可靠；能够进行自动光纤类型识别，自动校准熔接位置，自动选择最佳熔接程序，自动推算接续损耗。其组成部分包括有主机、AC 转换器/充电器、电源线、监视器罩、电极棒等。

图 5-21　通用光纤切割工具

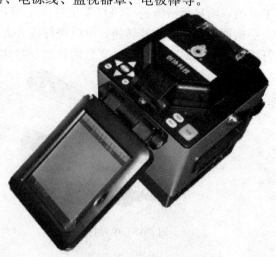
图 5-22　光纤熔接机

（5）光纤接续子。光纤接续子是一种简单、易用的光纤接续工具，可以接续多模或单模光纤。它的特点是使用一种凸轮锁定装置，不需要任何黏合剂。光纤接续子用于尾纤接续、不同类型的光缆转接以及室内外永久或临时接续和光缆应急恢复。光纤接续子有很多类型，图 5-23 所示是美国康宁 Cam Splice 光纤接续子，使用时，剥纤并把光纤切割好，将需要接续的光纤分别插入接续子内，直到它们相互接触，然后旋转凸轮锁紧并保护光纤。这个过程无须使用任何黏合剂或其他专用工具。

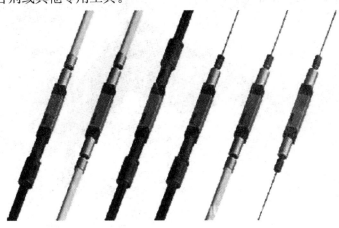

图 5-23　光纤接续子

4. 其他常用工具

1）电工工具箱

如图 5-24 所示，电工工具箱是布线施工中必备的工具，它一般应包括以下常用工具：钢丝钳、尖嘴钳、斜口钳、剥线钳、测电笔、万用表、电工刀、各种螺钉旋具、各种扳手、铁锤、凿子、钢锯、钢锉、电工胶带、卷尺等。工具箱中还应常备诸如各种螺钉、水泥钉等常用小材料。

2）充电旋具

充电旋具是工程安装中经常使用的一种电动工具，如图 5-25 所示。特别是当使用充电电池时，在没有电源的场合都能工作，非常方便。充电旋具有正反转快速变换按钮，使用灵活方便，再配合各种通用的六角工具头可进行拆卸或锁紧螺钉、钻洞等作业，具有很高的工作效率。

图 5-24　电工工具箱

图 5-25　充电旋具

3）手电钻

手电钻是在布线工程中经常使用的工具，如图 5-26 所示。手电钻既能在金属材料上钻孔，也能在木材和塑料上钻孔。手电钻由电源开关、电动机、电缆、插头和钻头夹等组成。使用不同规格的钻头，可钻出不同大小的孔。

图 5-26　手电钻

4）冲击电钻

冲击电钻简称冲击钻，适合在混凝土、预制板、砖墙等建筑材料上钻孔、打洞，如图 5-27 所示。冲击钻由电动机、减速箱、冲击头、辅助手柄、开关、电源线、插头和钻头夹等组成。

图 5-27　冲击电钻

5）电锤

如图 5-28 所示，电锤从外形与结构上看与冲击钻有很多区别，但其功能与冲击钻相似。与冲击钻相比，电锤钻孔速度快而且成孔精度高，适用于在混凝土、岩石、砖块等脆性材料上钻孔、开槽等作业。

6）电镐

如图 5-29 所示，电镐采用精确的重型电锤机械结构，具有极强的混凝土凿铲功能，比电锤功率大，具有更大的冲击力和震动力，减震控制使操作更安全，并能产生可调控的冲击能量，适合在多种条件下进行施工。

图 5-28　电锤

图 5-29　电镐

7）曲线锯

如图 5-30 所示，曲线锯主要用于锯割直线和特殊的曲线切口。曲线锯重量轻，设计小巧，可以调速，低速启动，易于切割控制，防震手柄可以方便使用人员把持操作。

图 5-30　曲线锯

5.1.3　施工前检查

在对综合布线系统施工之前，首先要对环境进行检查，并对工程所需设备、器材、仪表和工具进行检验。

1. 环境检查

1）总体环境要求

检查总体工程环境是否满足安装施工条件和要求：

（1）检查建筑施工情况，特别是与综合布线工程相关部分的完成和质量情况，检查墙面、地面、门、窗、接地装置是否满足要求。

（2）检查机房面积、预留孔洞、管槽、电缆竖井是否齐全。

（3）检查电力电源是否安全可靠，是否满足施工要求，管线是否安装妥当。

（4）检查天花板和活动地板是否敷设，净空是否方便施工，敷设质量和承重是否满足要求。

2）设备间、配线间检查

（1）设备间地面应平整光洁，满足防尘、绝缘、耐磨、防火、防静电、防酸等要求。检查预留暗管、地槽和孔洞的数量、位置、尺寸是否符合设计要求。

（2）在敷设活动地板的设备间内，应对活动地板进行专门检查，地板板块敷设要严密坚固，符合安装工艺要求，地板应接地良好，接地电阻和防静电措施应符合要求。

（3）设备间温度要求为 10～30℃，湿度要求为 20％～80％，灰尘和有害气体指标符合要求。

（4）检查设备间门的高度和宽度应不妨碍设备和器材的搬运。

（5）电源插座应为 220V 单相带保护的电源插座，插座接地线从 380V/220V 三线五线制的 PE 线引出。

（6）要求在设备间和配线间设有接地体，接地体的电阻值如果为单独接地则不应大于 4Ω，如果是采用联合接地则不应大于 1Ω。

3）管路系统检查

（1）检查所有设计要求的预留暗管系统是否都已安装完毕，接线盒是否已安装到。

（2）检查竖井是否满足安装要求。

（3）检查预留孔洞是否齐全。

4）安全和防火检查

（1）是否有安全制度，要求戴安全帽着劳保服进入施工现场，高空作业要系安全带。

（2）竖井和预留孔洞是否有防火措施，消防器材是否齐全有效。

（3）器材堆放是否安全。

2. 对工程所需设备、器材、仪表和工具进行检验

1）型材与管材的检验

对材料进行抽检，各种金属材料钢材和铁件的材质、规格应该符合设计文件的规定。

2）线缆与接插件的检验

（1）外观检查。检查线缆的外护层有无破损，线缆外层标示是否与设计文件相符。配线设备和其他接插件是否符合我国现行标准规定的要求。

（2）性能指标抽测。缆线必须经抽样测试检查合格后才允许使用，对缆线的技术性能和各项参数应作测试和记录，具体有电缆或光缆的衰减、近端串音衰减、绝缘电阻以及光学传输特性等指标。要求接插件的机械和电气性能优良、光学传输特性符合标准。

3）仪器仪表的检验

各种电气性能测试仪表的精度要求合格，如发现问题应及早检修或更换。对于施工中使用的光纤熔接机、电缆芯线接续机等设备都必须能保证正常工作、技术性能完善。

4）施工器具检验

各种施工器具应清点和检验，如有欠缺和质量不佳必须补齐和修复，尤其是电动工具都为带电作业，必须详细检查连接软线并进行通电测试，确保安全无问题时才能在施工中使用。

5.2　管槽系统的安装

无论是室内还是室外，综合布线的通信线缆必须由管路或桥架和槽道来支撑和保护。管槽系统除支撑和保护功能外，同时要考虑屏蔽、接地和美观等要求。因此，在综合布线工程施工中，管槽系统的安装是一项非常重要的工作。

在建筑物内综合布线系统的缆线，包括对绞铜缆及光缆，常用暗敷管路或利用桥架和槽道进行敷设，管路和桥架是综合布线系统工程中必不可少的辅助设施，它为敷设线缆服务。

管槽系统安装应坚持以下几项基本原则：

（1）最短路由。管槽路由决定了线缆的布线路由。走距离最短的路由，不仅节约了管槽和线缆的成本，更重要的是链路越短，衰减等电气性能指标越好。

（2）路由与建筑物基线保持一致。设计布线路由时同时也要考虑便于施工和便于操作。但综合布线中很可能无法使用直线管路，在直线路由中可能会有许多障碍物，比较合适的走线方式是与建筑物基线保持一致，以保持建筑物的整体美观度。

（3）"横平竖直"，弹线定位。为使安装的管槽系统"横平竖直"，施工中可考虑弹线定位。根据施工图确定的安装位置，从始端到终端找好水平或垂直线。

5.2.1　管槽安装的基本要求

综合布线工程中首先要设计布线路由，安装好管槽系统。GB 50312—2007 中对管路桥架安装的基本要求做出了规定，主要包括预埋线槽和暗管敷设缆线的规定与设置缆线桥架和线槽敷设缆线的规定等。

1. 预埋线槽和暗管敷设缆线的规定

（1）敷设线槽和暗管的两端宜用标志表示出编号等内容。

（2）预埋线槽宜采用金属线槽，预埋或密封线槽的截面利用率应为 30％～50％。

（3）敷设暗管宜采用钢管或阻燃聚氯乙烯硬质管。布放大对数主干电缆及 4 芯以上光缆时，直线管道的管径利用率应为 50％～60％，弯管道应为 40％～50％。暗管布放 4 对对绞电缆或 4 芯及以下光缆时，管道的截面利用率应为 25％～30％。

2. 设置缆线桥架和线槽敷设缆线的规定

（1）密封线槽内缆线布放应顺直，尽量不交叉，在缆线进出线槽部位、转弯处应绑扎固定。

（2）缆线桥架内缆线垂直敷设时，在缆线的上端和每间隔 1.5m 处应固定在桥架的支架上；水平敷设时，在缆线的首、尾、转弯及每间隔 5～10m 处进行固定。

（3）在水平、垂直桥架中敷设缆线时，应对缆线进行绑扎。对绞电缆、光缆及其他信号电缆应根据缆线的类别、数量、缆径、缆线芯数分束绑扎。绑扎间距不宜大于 1.5m，间距应均匀，不宜绑扎过紧或使缆线受到挤压。

（4）楼内光缆在桥架敞开敷设时应在绑扎固定段加装垫套。

5.2.3　管路敷设

管路敷设方式分为预埋暗敷与明敷两种，预埋暗敷管路一般与土建施工同时进行，已建好的建筑物或重新装修的建筑物内部通常采用明敷方式。进行管路敷设时,首先要对管路材料进行选择,下面先介绍管路材料的选择要点,然后分别对暗敷管路与明敷管路进行简单介绍。

1. 管路敷设

综合布线系统应用的管路材料有钢管与塑料管,下面对各种管材的特点与应用场合分别进行介绍。

1) 钢管

综合布线系统中采用的钢管主要是焊接钢管。钢管按壁厚不同分为普通钢管(水压实验压力为 2.5MPa)、加厚钢管(水压实验压力为 3MPa)和薄壁钢管(水压实验压力为 2MPa)。普通钢管和加厚钢管主要用在垂直干线上升管路和房屋底层,薄壁钢管常用于建筑物天花板内外部受力较小的暗敷管路。

钢管的规格有多种,以外径 mm 为单位,工程施工中常用的钢管有 D16、D20、D25、D32、D40、D50 和 D63 等规格。在钢管内穿线比线槽布线难度更大一些,在选择钢管时要注意选择稍大管径的钢管,一般管内填充物占 30% 左右,以便于穿线。

钢管具有屏蔽电磁干扰能力强,机械强度高,密封性能好,抗弯、抗压和抗拉性能好,管材可任意切割、弯曲以符合不同的管线路由结构等特点。

但由于钢管材料重、价格高和易锈蚀等缺点,随着塑料管的机械强度、密封性、抗弯、抗压、抗拉和阻燃等性能的提高,目前在综合布线工程中电磁干扰较小的场合常常用塑料管来代替钢管。

2) 塑料管

塑料管是由树脂、稳定剂、润滑剂及填加剂配制挤塑成型的。目前用于线缆保护套管的主要有聚氯乙烯管材、双壁波纹管、铝塑复合管等。

(1) 聚氯乙烯管材是综合布线工程中使用最多的一种塑料管,管长通常为 4m、5.5m 或 6m。聚氯乙烯管材具有较深的耐酸性、耐碱性和耐腐蚀性,耐外压强度和耐冲击强度等都非常高,具有优异的电气绝缘性能,适用于各种条件下的电线、电缆的保护套管配管工程。图 5-31 所示为聚氯乙烯管与配件。

图 5-31　聚氯乙烯管及管件

(2) 塑料双壁波纹管除具有普通塑料管的优点外,还具有刚性大、耐压强度高、重量轻、密封好等特点,波纹结构能加强管道对土壤负荷的抵抗力、便于连续敷设在凹凸不平的地面上,且其工程造价比使用普通塑料管的工程造价低。图 5-32 所示为双壁波纹电缆套管。

图 5-32　双壁波纹电缆套管

（3）铝塑复合管的内外层均为聚乙烯，中间层为薄铝管。铝塑复合管具有较好的耐压、耐冲击、耐燃能力，相同口径的铝塑复合管重量是钢管的 1/3。铝合金良好的导电性，解决了塑料的静电积聚问题，同时具有良好的隔磁能力，是良好的屏蔽材料。因此，铝塑复合管常用于屏蔽管道的施工。图 5-33 所示为铝塑复合管。

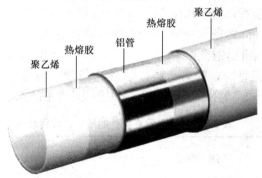

图 5-33　铝塑复合管

2. 预埋暗敷管路

预埋暗敷管路是综合布线系统中最常用的支撑保护方式之一，通常只能用于新建建筑，在施工安装暗敷管路时，必须按照以下要求进行安装：

（1）预埋在墙体中间暗管的最大管外径不宜超过 50mm，楼板中暗管的最大管外径不宜超过 25mm，室外管道进入建筑物的最大管外径不宜超过 100mm。

（2）预埋暗敷管路时，应首先采用直线管路，尽量不采用弯曲管道，并且直线管道在30m 处需要延伸时，应安装电缆过渡盒，便于电缆的牵引。

（3）暗敷管路必须转弯时，其转弯角度应大于 90 度，管路转弯的弯曲半径不应小于所穿入缆线的最小允许弯曲半径，并且不应小于该管外径的 6 倍，如暗管外径大于 50mm 时，不应小于 10 倍。每根转弯暗敷管路上的转弯不能多于两个，不能出现"S"型弯和"U"型弯。此外，有转弯的管段长度超过 20m 时，应设置管线过线盒装置；有 2 个弯时，不超过15m 应设置过线盒。

（4）为防管道堵塞，暗敷管路的内部不应有异物，管口光滑无毛刺。为保护电缆，管口应加装护套或绝缘套管，管口伸出部位宜为 25～50mm。要求在管道内放入牵引线或拉线，以便牵引电缆。

（5）至楼层电信间暗管的管口应排列有序，便于识别与布放缆线。

（6）光缆与电缆同管敷设时，应在暗管内预置塑料子管。将光缆敷设在子管内，使光缆和电缆分开布放。子管的内径应为光缆外径的 2.5 倍。

（7）暗敷管路若以金属管材为主，在管路中间端如没有线缆过渡盒，应采用金属箱体配套连接，以便连成电气通路，不得混杂采用塑料管材。

（8）暗敷管路如采用钢管，其连接处应采用套管焊接，套管长度为连接管外径的 3～10 倍，两根连接管的接口应处于套管的中心，焊口应焊接严密及牢固可靠；暗敷管路采用硬质塑料管时，其管材的连接为承插法，在接续处两端塑料管应紧插到连接处，并用接头套管胶合剂粘结。

3. 明敷管路

明敷管路在新建建筑物内部很少采用，但在已建好的建筑物或重新装修的建筑物内部则经常采用。明敷时，通常先用线管引入房间，再用 PVC 线槽明敷至信息插座。在安装明敷管路时应注意以下几点：

（1）明敷管路采用的管材，应根据敷设现场的环境条件，选用不同材质和规格的管材。在潮湿的环境中明敷的钢管，应采用壁厚为 2.5mm 以上的厚壁钢管，如在干燥的环境中，可采用壁厚为 1.6～2.5mm 的薄壁钢管。如钢管明敷在有腐蚀的环境中，应按设计中的要求进行防腐处理，或采用不锈钢管。

（2）明敷管路采用钢管时，其管卡、吊装件与终端、转弯中点和过线盒等距离应为 150～500mm。中间管卡或吊装件的最大间距应符合表 5-1 中的规定。

表 5-1　钢管中间支撑件的最大允许间距

钢管敷设方式	钢管名称	钢管直径			
		15～20mm	25～32mm	40～50mm	50mm 以上
吊架、支架敷设	厚壁钢管	1.5	2.0	2.5	3.5
或沿墙管卡敷设	薄壁钢管	1.0	1.5	2.0	3.5

采用硬质塑料管时，其管卡与终端、转弯中点和过线盒等距离应为 100～300mm。中间管卡或吊装件的最大间距应符合表 5-2 中的规定。

表 5-2　硬质塑料管中间支撑件最大间距

敷设方向	钢管名称	硬质塑料管公称直径		
		15～20mm	25～40mm	50mm 以上
中间支撑件最大距离	水平	0.8	1.2	1.5
	垂直	1.0	1.5	2.0

（3）明敷管路无论采用钢管或硬质塑料管及其他管材，与其他室内管线同侧敷设时，最小距离应符合有关的标准规定。

5.2.3 线槽/桥架的安装

1. 线槽材料选择

线槽分为金属线槽和 PVC 塑料线槽，金属线槽又称为槽式桥架。PVC 塑料线槽是综合布线工程明敷管槽时广泛使用的一种材料，从规格上分有 20mm×12mm、24mm×14mm、25mm×12.5mm、39mm×19mm、59mm×22mm 和 100mm×30mm 等。与 PVC 槽配套的连接件有阳角、阴角、直转角、平三通、左三通、右三通、连接头和终端头等。PVC 线槽和配件如图 5-34 和图 5-35 所示。

图 5-34　PVC 线槽

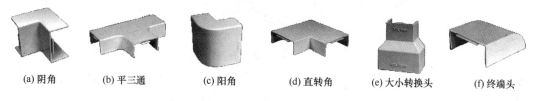

(a) 阴角　　　(b) 平三通　　　(c) 阳角　　　(d) 直转角　　　(e) 大小转换头　　　(f) 终端头

图 5-35　PVC 线槽配件

在地面布线应用时，还可以选择如图 5-36 所示的弧形线槽。

图 5-36　弧形线槽

2. 桥架产品分类

在综合布线工程中，线缆桥架因具有结构简单、造价低、施工方便、便于线缆扩充和维护检修等特点，而被广泛应用于建筑群主干管线和建筑物内主干管线的安装施工。

桥架产品按材质分为不锈钢、铝合金和铁质桥架 3 种类型。不锈钢桥架美观、结实、档次高，铝合金桥架质轻、美观、档次高，铁质桥架经济实惠。

桥架按结构形式可以分为梯级式、托盘式和槽式 3 种类型，下面分别进行介绍。

1）槽式桥架

槽式桥架是全封闭的桥架，适用于敷设计算机线缆、通信线缆以及其他高灵敏系统的控制电缆等。它对屏蔽干扰和在重腐蚀环境中电缆的防护都有较好的效果，适用于室外和需要屏蔽的场所。图 5-37 所示为槽式桥架空间布置示意图。

2）托盘式桥架

托盘式桥架具有重量轻、载荷大、造型美观、结构简单、安装方便和散热透气性好等优

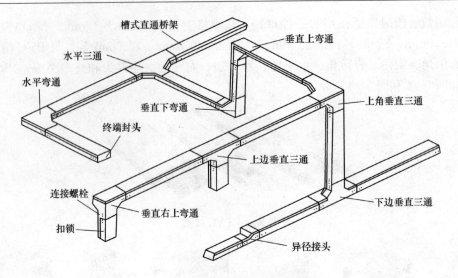

图 5-37　槽式桥架空间布置示意图

点，适用于地下层、吊顶内等场所。图 5-38 所示为托盘式桥架空间布置示意图。

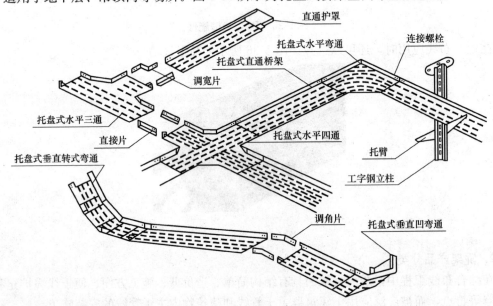

图 5-38　托盘式桥架空间布置示意图

3）梯级式桥架

梯级式桥架具有重量轻、成本低、通风散热好等特点，适用于直径较大的电缆的敷设，可用于地下层、垂井、活动地板下和设备间的线缆敷设。图 5-39 所示为梯级式桥架空间布置示意图。

3. 缆线桥架和线槽安装要求

（1）缆线桥架底部应高于地面 2.2m 及以上，顶部距建筑物楼板不宜小于 300mm，与梁及其他障碍物交叉处间的距离不宜小于 50mm。

（2）缆线桥架水平敷设时，支撑间距宜为 1.5～3m。垂直敷设时固定在建筑物结构体上

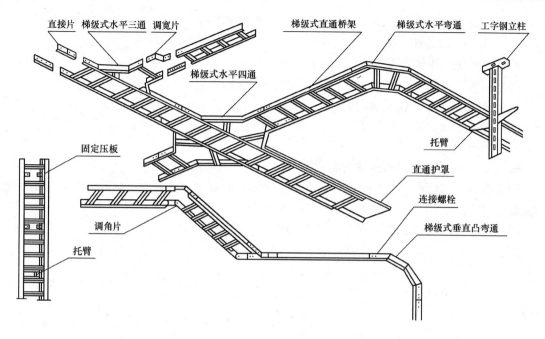

图 5-39　梯级式桥架空间布置示意图

的间距宜小于 2m，距地 1.8m 以下部分应加金属盖板保护，或采用金属走线柜包封，门应可开启。

（3）直线段缆线桥架每超过 15～30m 或跨越建筑物变形缝时，应设置伸缩补偿装置。

（4）金属线槽敷设时，在下列情况下应设置支架或吊架：线槽接头处；每间距 3m 处；离开线槽两端出口 0.5m 处；转弯处。

（5）塑料线槽槽底固定点间距宜为 1m。

（6）缆线桥架和缆线线槽转弯半径不应小于槽内线缆的最小允许弯曲半径，线槽直角弯处最小弯曲半径不应小于槽内最粗缆线外径的 10 倍。

（7）桥架和线槽穿过防火墙体或楼板时，缆线布放完成后应采取防火封堵措施。

4. 预埋金属线槽安装要求

（1）在建筑物中预埋线槽，宜按单层设置，每一路由进出同一过路盒的预埋线槽均不应超过 3 根，线槽截面高度不宜超过 25mm，总宽度不宜超过 300mm。线槽路由中若包括过线盒和出线盒，截面高度宜在 70～100mm 范围内。

（2）线槽直埋长度超过 30m 或在线槽路由交叉、转弯时，宜设置过线盒，以便于布放缆线和维修。

（3）过线盒盖能开启，并与地面齐平，盒盖处应具有防灰与防水功能。

（4）过线盒和接线盒盒盖应能抗压。

（5）从金属线槽至信息插座模块接线盒间或金属线槽与金属钢管之间相连接时的缆线宜采用金属软管敷设。

5. 网络地板下线槽安装要求

（1）线槽之间应沟通。

（2）线槽盖板应可开启。

（3）主线槽的宽度宜在 200～400mm，支线槽宽度不宜小于 70mm。

（4）可开启的线槽盖板与明装插座底盒间应采用金属软管连接。

（5）地板块与线槽盖板应抗压、抗冲击和阻燃。

（6）当网络地板具有防静电功能时，地板整体应接地。

（7）网络地板板块间的金属线槽段与段之间应保持良好导通并接地。

（8）在架空活动地板下敷设线缆时，地板内净空应为 150～300mm。若空调采用下送风方式则地板内净高应为 300～500mm。

6. 明敷线缆槽道或桥架的安装要求

明敷线缆槽道或桥架的支撑保护，适用于房屋内或有吊顶的场所。明敷电缆槽道或桥架的安装应符合以下几个方面的要求：

（1）为了保证明敷电缆槽道或桥架的牢固稳定，必须在有关部位安装支撑或悬挂装置。当槽道或桥架在水平敷设时，在直线端支撑间距应为 1.5～2.0m。垂直敷设时，其支撑间距一般小于 2m。间距大小应视槽道或桥架的规格及安装线缆的多少而定。

（2）金属槽道或桥架因自重较大，在槽道或桥架的接头处、转弯处和变径处，离槽道或桥架的 0.5m（水平敷设）或 0.3m（垂直敷设）处应设置支撑构件或吊架，以保证槽道或桥架的安装稳固。

（3）明敷的 PVC 高强度塑料线槽，通常采用螺钉固定，其间距不应大于 0.8m。当采用吊装安装时，支撑吊杆的间距不应大于 1.5m。

（4）为了适应不同的电缆在同一金属槽道或桥架中敷设的需要，应采用同槽分隔敷设方式，即用金属隔板隔离，形成不同的空间，在这些空间内敷设不同类型的电缆。此外槽道或桥架内的净空间的占用比应按照有关的标准确定。一般占用比在 60% 左右。

（5）金属槽道或桥架不得在穿越楼板孔或墙壁孔处连接，并应采取防火措施。

（6）金属槽道或桥架在水平敷设有电缆引出管时，引出管材可采用金属管或金属软管，连接金属槽道或桥架与预埋钢管时，宜采用金属软管连接。

（7）金属槽道或桥架应有良好的接地系统，以保证电气连接符合设计要求。金属槽道或桥架间应采用螺栓固定连接，并且应有跨接线或编织铜线。

5.3　电缆布线与连接

电缆布线关系到整个布线系统的正常运行，而合理的布线能减少信号在传输过程中的衰减，优化信号通道，同时还能节约布线材料，降低成本。在施工过程了解掌握各种布线的要求及敷设方法，能提高施工效率，确保后期连接链路的畅通。了解掌握在施工过程中各种电缆的布线要求及施工方法以及线缆末端连接模块的要求非常重要。

5.3.1　电缆布线基础

电缆敷设的路由在工程的设计阶段就要确定下来，并在设计图纸中反映出来。根据确定下来的电缆敷设路由，可以设计出相应的管槽安装的路由图。在建筑物土建阶段就要埋好暗埋的管道，土建工程完成后可以开始桥架和槽道的施工。当建筑物内的管路、桥架和槽道安装完毕后，就可以开始敷设线缆。

选择线缆敷设路由时，要根据建筑物结构的允许条件尽量选择最短距离，并保证线缆长度不超过标准中规定的长度。水平、干线、建筑群子系统电缆敷设的基本要求如下：

（1）水平电缆敷设时路由主要根据建筑物的类型与装修风格来决定，对于有吊顶的建筑，通常采用吊顶路由；对于安装地板建筑，通常采用地板下布线。

（2）干线电缆敷设的路由主要根据建筑物内竖井或垂直管路的路径以及其他一些垂直走线路径来决定的。根据建筑物结构，干线电缆敷设路由有垂直路由和水平路由，单层建筑物一般采用水平路由，有些建筑物结构较复杂也有采用垂直路由和水平路由的。

（3）建筑群子系统的干线线缆敷设路由与采用的布线方案有关。如果采用架空布线方法，则应尽量选择原有电话系统或有线电视系统的干线路由；如果采用管道布线法，则路由的选择应考虑地下已布设的各种管道，要注意管道内与其他管路保持一定的距离。

5.3.2　电缆牵引

当同时布放的线缆数量较多时，就要采用线缆牵引，线缆牵引就是用一条拉绳（通常是一条绳）或一条软钢丝绳将线缆牵引穿过墙壁管路、天花板和地板管路。所用的方法取决于要完成作业的类型、线缆的质量、布线路由的难度（如在具有硬转弯的管道布线要比在直管道中布线难），还与管道中要穿过的线缆的数目有关，在已有线缆的拥挤的管道中穿线要比空管道难。为了方便牵引，拉绳与线缆的连接点应尽量平滑，一般要采用电工胶带紧紧地缠绕在连接点外面，以保证平滑和牢固。

拉绳在电缆上固定的方法有拉环、牵引夹和直接将拉绳系在电缆上 3 种方式。

（1）在电缆数目相对较少时，可以使用电工胶布紧绕在线缆束外面，将拉绳穿过电工胶布缠好的线缆，并直接系在电缆上，使用拉绳均匀用力缓慢地牵引电缆，如图 5-40 所示。

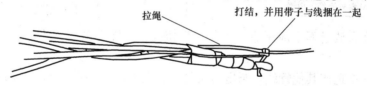

图 5-40　直接将拉绳系在电缆上牵引电缆

（2）拉环方式为将电缆末端与电缆自身打结，并用电工胶布加固，形成一个坚固的、闭合的环，在缆环上固定好拉绳，用拉绳牵引电缆，如图 5-41 所示。拉环可以使所有电缆线对和电缆护套均匀受力。

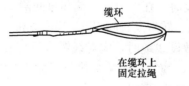

图 5-41　拉环方式牵引电缆

在牵引大型电缆时，还有一种旋转拉环的方式，旋转拉环是一种在用拉绳牵引时可以旋转的设备，在将干线电缆安装在电缆通道内时，旋转拉环可防止拉绳和干线电缆的扭绞，以防受力导致电缆性能下降。

（3）牵引夹是一个灵活的网夹设备，可以套在电缆护套上，网夹系在拉绳上然后用带子束住，牵引夹的另一端固定在电缆护套上，当在拉绳上加力时，牵引夹可以将力传到电缆护套上。

5.3.3　水平线缆布放

1. 水平布线技术规范

水平线缆在布设过程中，不管采用何种布线方式，都应遵循以下技术规范：

（1）缆线布放在管与线槽内的管径与截面利用率，对于不同类型的缆线要符合不同的要求。管内穿放大对数电缆或 4 芯以上光缆时，直线管路的管径利用率应为 50%～60%，弯管路的管径利用率应为 40%～50%。管内穿放 4 对对绞电缆或 4 芯光缆时，截面利用率应为 25%～30%。布放缆线在线槽内的截面利用率应为 30%～50%。

（2）线缆应有余量以适应终接、检测和变更的需要。对于水平电缆来说，在工作区宜留 3～6cm，电信间宜留 0.5～2m，设备间宜留 3～5m；有特殊要求的应按设计要求预留长度。

（3）水平线缆布设完成后，线缆的两端应贴上相应的标签，以识别线缆的来源地。

（4）电缆转弯时弯曲半径应符合表 5-3 的规定。

表 5-3　电缆转弯时弯曲半径要求

缆线类型	弯曲半径（mm）/倍
2 芯或 4 芯水平光缆	>25mm
其他芯数和主干光缆	不小于光缆外径的 10 倍
4 对非屏蔽电缆	不小于电缆外径的 4 倍
4 对屏蔽电缆	不小于电缆外径的 8 倍
大对数主干电缆	不小于电缆外径的 10 倍
室外光缆、电缆	不小于缆线外径的 10 倍

（5）线缆在布放过程中应平直，不得产生扭绞、打圈等现象，不应受到外力的挤压和损伤。

（6）电缆尽量远离其他管线，与电力及其他管线的距离要符合 GB 50311—2007 中的规定。线缆在线槽内布设时，要注意与电力线等电磁干扰源的距离要达到规范的要求。

（7）桥架及线槽内线缆绑扎要求

① 槽内线缆布放应平齐顺直、排列有序，尽量不交叉，在线缆进出线槽部位、转弯处应绑扎固定。

② 线缆在桥架内垂直敷设时，在线缆的上端和每间隔 1.5m 处应固定在桥架的支架上；水平敷设时，在线缆的首、尾、转弯及每间隔 5～10m 处进行固定。

③ 在水平、垂直桥架中敷设线缆时，应对线缆进行绑扎。对绞电缆、光缆及其他信号电缆应根据线缆的类别、数量、缆径、线缆芯数分束绑扎。绑扎间距不宜大于 1.5m，间距应均匀，不宜绑扎过紧或使线缆受到挤压。

（8）线缆在牵引过程中，要均匀用力缓慢牵引，线缆最大牵引力度规定如下：

① 根 4 对双绞线电缆的拉力为 100N；

② 根 4 对双绞线电缆的拉力为 150N；

③ 根 4 对双绞线电缆的拉力为 200N；

④ 不管多少根线对电缆，最大拉力不能超过 400N。

2. 水平布线施工技术

建筑物内水平布线，应按建筑物的具体条件来选用合适的施工方法。常用的有暗道布线、地板下布线、吊顶内布线、墙壁线槽布线等形式。

1）暗道布线

暗道布线是在浇筑混凝土时已把管道预埋在地板管道或墙体管道，管道内有牵引电缆线的钢丝或铁丝。施工人员只需根据建筑物的管道图纸来了解地板的布线管道系统，确定布线路由，就可以确定布线施工的方案。

对于老的建筑物或没有预埋管道的新的建筑物，要向用户单位索要建筑物的图纸，并到要布线的建筑物现场，查清建筑物内水、电、气管路的布局和走向，然后详细绘制布线图纸，确定布线施工方案。

对于没有预埋管道的新建筑物，施工可以与建筑物装修同步进行，这样既便于布线，又不影响建筑物的美观。管道一般从配线间埋到信息插座安装孔。安装人员只要将线缆固定在信息插座的拉线端，从管道的另一端牵引拉线就可将线缆布设到楼层配线间。

2）地板下布线

地板下布线方法都比较隐蔽美观、安全方便，如建筑物中的网络机房、用户交换机房、大中院校的多媒体教室等场合，主要采用该布线方法。地板下布线类型有地板预埋管道法、蜂窝地板布线法和线槽地板布线法等。它们的管路或线槽，都是在楼层的楼板中与建筑同时建成。此外，在新建或原建筑物的楼板上安装固定或活动地板，其地板下敷设的有地板下管道布线法和地面线槽布线法。

由于地板下的布线方法各有特点和要求，所以在施工前，必须充分了解其技术要求、施工难点，并制定具体的施工程序。无论采用何种地板下布线方法，都应符合以下要求：

（1）选择线路的路由应平、直、短，敷设位置相对稳定，安装结构简单，保护电缆设施符合质量要求，便于维护检查和利于扩建与改建。

（2）敷设电缆的路由应远离电力、给水、燃气及热力管道，以免影响通信质量。

3）吊顶内的布线

（1）在吊顶内的布线方法有安装槽道或桥架和不安装槽道或桥架两种方法。

① 安装槽道或桥架方法，在吊顶内利用悬吊支撑物装置槽道或桥架，电缆可以直接放在槽道或桥架中，然后分别通过暗敷的管道引入信息点的位置，采用这种方法布放电缆，有利于施工和维护。

② 不安装槽道或桥架时，需在吊顶内安装支撑电缆的构件，如吊钩、吊索等支撑物来固定电缆，这种施工方法一般用在电缆较少的场合。但这种方法应使用阻燃电缆，并采取防鼠措施，目前这种方法很少使用。

（2）水平布线子系统在吊顶内布线施工应符合以下要求：

① 根据施工图纸并结合实际情况，确定吊顶内电缆的布放路由，检查有无槽道或桥架，安装是否牢固，连接信息点的暗敷管道是否连接到槽道或桥架，是否需要连接金属软管等，如未发现问题才能敷设电缆。

② 水平布线从离电信间最远的一端开始布线，拉到电信间，并注意在线缆的末端注上标识编号。

③ 如图 5-42 所示，在吊顶内敷设电缆应采用人工牵引的布线方式，且牵引速度不宜过

快。在电缆布放过程中应避免磨、刮、拖等问题，电缆布放应平直，不得产生扭绞、打结等现象，不应有外力的挤压和损伤。

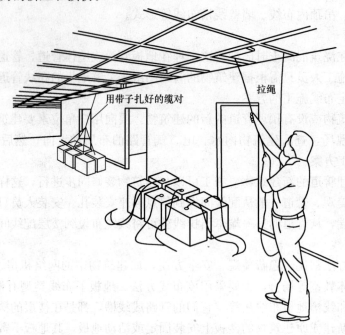

用带子扎好的缆对　　　拉绳

图 5-42　将用带子扎好的线缆束拉过天花板

④ 水平布线子系统的电缆经过敷设在吊顶内的桥架或槽道后，需将电缆布放到墙壁或柱子中的预埋管道中，引至信息点出口处，桥架或槽道与预埋管道间的连接宜采用金属软管以保护电缆。

4）墙壁线槽布线

墙壁线槽布线是一种明铺方式，如已建成的建筑物中没有暗敷管槽时，只能采用明敷线槽或将线缆直接敷设，在施工中应尽量把线缆固定在隐蔽的装饰线下或不易被碰触的地方，以保证线缆安全。在墙壁上布线槽一般遵循下列步骤操作：

（1）确定布线路由。

（2）沿着布线路由方向安装线槽，线槽安装要讲究直线和美观。

（3）线槽每隔 50cm 要安装固定螺钉。

（4）布放线缆时，线槽内的线缆容量不得超过线槽截面积的 70%。

（5）布放线缆的同时盖上线槽的塑料槽盖，槽盖应错位盖。

（6）在楼层电信间位置和工作区信息插座处预留足够长的电缆，做好端接准备。

水平布线施工可按从工作区信息点汇集到楼层电信间的方向，也可按从电信间出发辐射到工作区信息点的方向进行。施工负责人员应根据施工现场的环境，从节约人力、资源，以及环保等诸因素出发，灵活地进行选择。

5.3.4　干线电缆布放

1. 主干电缆布线技术规范

随着光纤技术的发展，现在除一些语音干线子系统外，数据干线子系统已经很少采用电缆。

（1）对于主干路由中采用的缆线规格、型号、数量，以及安装位置，必须在施工现场对照设计文件进行复核，如有疑问，要及早与设计单位协商解决。

（2）建筑物主干缆线一般采用由上向下敷设，即利用缆线本身的自重向下垂放的施工方式。该方式简便、易行、减少劳动工时和体力消耗，还可加快施工进度。为了保证缆线外护层不受损伤，在敷设时，除装设滑车轮和保护装置外，要求牵引缆线的拉力不宜过大，应小于缆线允许张力的 80%。在牵引缆线过程中，要防止拖、蹭、刮、磨等损伤，并根据实际情况均匀设置支撑缆线的支点，施工完毕后，在各个楼层以及相隔一定间距的位置设置加固点，将主干缆线绑扎牢固，以便连接。

（3）主干缆线如在槽道中敷设，应平齐顺直、排列有序，尽量不重叠或交叉。缆线在槽道内每间隔 1.5m 应固定绑扎在支架上，以保持整齐美观。在槽道内的缆线不得超出槽道，以免影响槽道盖盖合。

（4）主干缆线与其他管线尽量远离，间距必须符合表 5-4 和表 5-5 中的要求，以保证今后通信网络安全运行。

表 5-4　双绞电缆与电力线路最小净距

类别	与综合布线接近状况	最小间距（mm）
380V 电力电缆＜2kV·A	与缆线平行敷设	130
	有一方在接地的金属线槽或钢管中	70
	双方都在接地的金属线槽或钢管中①	10
380V 电力电缆 2～5kV·A	与缆线平行敷设	300
	有一方在接地的金属线槽或钢管中	150
	双方都在接地的金属线槽或钢管中②	80
380V 电力电缆＞5kV·A	与缆线平行敷设	600
	有一方在接地的金属线槽或钢管中	300
	双方都在接地的金属线槽或钢管中②	150

注：① 当 380V 电力电缆＜2kV·A，双方都在接地的线槽中，且平行长度≤10m 时，最小间距可为 10mm。
　　② 双方都在接地的线槽中，系指两个不同的线槽，也可在同一线槽中用金属板隔开。

表 5-5　双绞电缆与其他管线的最小净距

其他管线	平行净距（mm）	垂直交叉净距（mm）
避雷引下线	1000	300
保护地线	50	20
给水管	150	20
压缩空气管	150	20
热力管（不包封）	500	500
热力管（包封）	300	300
煤气管	300	20

2. 主干电缆布设技术

主干线缆是建筑物的主要线缆，它为从设备间到每层楼上的管理间之间传输信号提供通路。在新的建筑物中，通常有竖井通道。在竖井中敷设主干线缆一般有两种方式，即向下垂放电缆和向上牵引电缆。

1）向下垂放线缆

向下垂放线缆的一般步骤如下：

（1）对垂直干线电缆路由进行检查，确定至管理间的每个位置都有足够的空间敷设和支持干线电缆。

（2）把线缆卷轴放到最顶层。

（3）在离房间开口处（孔洞处）3～4m 处安装线缆卷轴，并从卷轴顶部放线。

（4）在线缆卷轴处安排所需的布线施工人员（数目视卷轴尺寸及线缆质量而定），每层上要有一个施工人员，以便引导下垂的线缆。在施工过程中每层施工人员之间必须能通过对讲机等通信工具保持联系。

（5）开始旋转卷轴，将线缆从卷轴上拉出。

（6）将拉出的线缆引导进竖井中的孔洞。在此之前先在孔洞中安放一个塑料的靴状保护物，以防止孔洞不光滑的边缘擦破线缆的外皮，如图 5-43 所示。

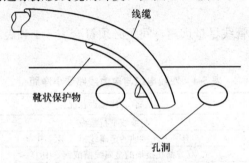

图 5-43　保护线缆的靴状保护物

（7）慢慢地从卷轴上放缆并进入孔洞向下垂放，直到下一层布线人员能将线缆引到下一个孔洞。

（8）按前面的步骤，继续慢慢地放缆，并将线缆引入各层的孔洞，各层的孔洞都应安放塑料的套状保护物，以防止孔洞不光滑的边缘擦破线缆的外皮。

（9）对电缆的两端进行标记，由于大对数电缆线径较粗，一般采用吊牌的方式标记。

2）向上牵引线缆

向上牵引电缆可用电动牵引绞车，其具体操作步骤如下：

（1）对垂直干线电缆路由进行检查，确定至管理间的每个位置都有足够的空间敷设和支持干线电缆。

（2）按照电缆的质量，选定牵引机型号，并按牵引机制造厂家的说明书进行操作。先往牵引机中穿一条拉绳，根据电缆的大小和重量及垂井的高度，确定拉绳的大小和抗张强度。典型的电动牵引机如图 5-44 所示。

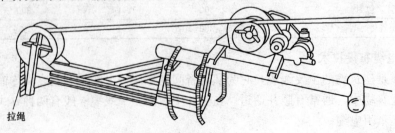

图 5-44　典型的电动牵引机

（3）启动牵引机，并往下垂放一条能保护牵引线缆的拉绳，拉绳向下垂放直到安放线缆的底层。

（4）如果电缆上有一个拉眼，则将绳子连接到此拉眼上。

（5）启动牵引机，慢慢地将电缆通过各层的孔向上牵引。

（6）电缆的末端到达顶层时，停止牵引。

（7）在地板孔边沿上用夹具将电缆固定。

（8）当所有连接制作好之后，从牵引机上释放电缆的末端。

（9）对电缆的两端进行标记。

5.3.5　建筑群电缆布放

在建筑群中敷设线缆，一般采用两种方法，即地下管道内敷设和架空敷设。

1. 管道内敷设线缆

在管道中敷设线缆时，常见的有"小孔到小孔"、"在小孔间的直线敷设"、"沿着拐弯处敷设"三种敷设形式，其施工方法同建筑物主干线电缆布线施工相似。管道内敷设线缆的地埋材料如图 5-45 所示。

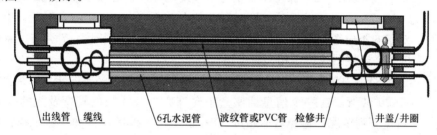

出线管　缆线　　　　　6孔水泥管　波纹管或PVC管　检修井　　　井盖/井圈

图 5-45　管道内敷设地埋材料图

2. 架空敷设线缆

架空布线法通常应用于有现成电杆，对电缆的走线方式无特殊要求的场合。这种布线方式造价较低，但影响环境美观且安全性和灵活性不足。架空布线法要求用电杆将线缆在建筑物之间悬空架设，一般先架设钢丝绳，然后在钢丝绳上挂放线缆。架空布线使用的主要材料和配件有：缆线、钢缆、固定螺栓、固定拉攀、预留架、U 型卡、挂钩、标志管等，如图 5-46所示，在架设时需要使用滑车、安全带等辅助工具。

架空线缆敷设时，电杆以 30～50m 的间隔距离为宜，一般步骤如下：

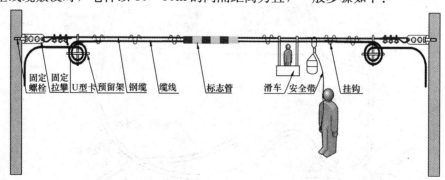

固定　固定　　　　　　　　　　标志管　　　滑车　安全带　　　挂钩
螺栓　拉攀　U型卡　预留架　钢缆　缆线

图 5-46　架空布线主要材料

(1) 根据线缆的质量选择钢丝绳，一般选 8 芯钢丝绳。

(2) 先接好钢丝绳。

(3) 架设线缆。

(4) 每隔 0.5m 架一个挂钩，固定线缆。

5.3.6　电缆端接

双绞线端接是综合布线系统工程施工中最为关键的步骤，它包括配线接续设备（设备间、配线间）和工作区的安装施工。综合布线系统的绝大部分故障是由于连接不当或者安装不规范造成的。故障不仅可能是某个连接点未接好引起的，也可能由于连接安装时不规范作业如弯曲半径过小、开绞距离过长等造成的。端接双绞线缆的基本要求如下：

(1) 端接双绞线缆前，必须核对线缆标识内容是否正确。

(2) 线缆中间不能有接头。

(3) 线缆终接处必须牢固、接触良好。

(4) 双绞电缆与连接器件连接应认准线号、线位色标，不得颠倒和错接。

(5) 端接时，每对对绞线应保持扭绞状态，线缆剥除外护套长度够端接即可。最大暴露双绞线长度为 40～50mm。扭绞松开长度对于 3 类电缆不应大于 75mm；对于 5 类电缆不应大于 13mm；对于 6 类电缆应尽量保持扭绞状态，减小扭绞松开长度；7 类布线系统采用非 RJ-45 方式连接时，连接图应符合相关标准规定。

(6) 虽然线缆路由中允许转弯，但端接安装中要尽量避免不必要的转弯，绝大多数的安装要求少于 3 个 90°转弯，在一个信息插座盒中允许有少数线缆的转弯及短的（30cm）盘圈。安装时要避免下列情况：避免弯曲超过 90°；避免过紧地缠绕线缆；避免损伤线缆的外皮；剥去外皮时避免伤及双绞线绝缘层。具体要求如图 5-47 所示。

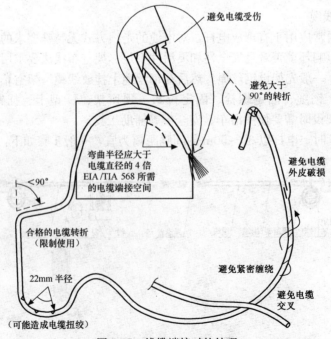

图 5-47　线缆端接时的处理

（7）线缆剥掉塑料外套后，双绞线对在端接时的注意事项如图 5-48 所示。

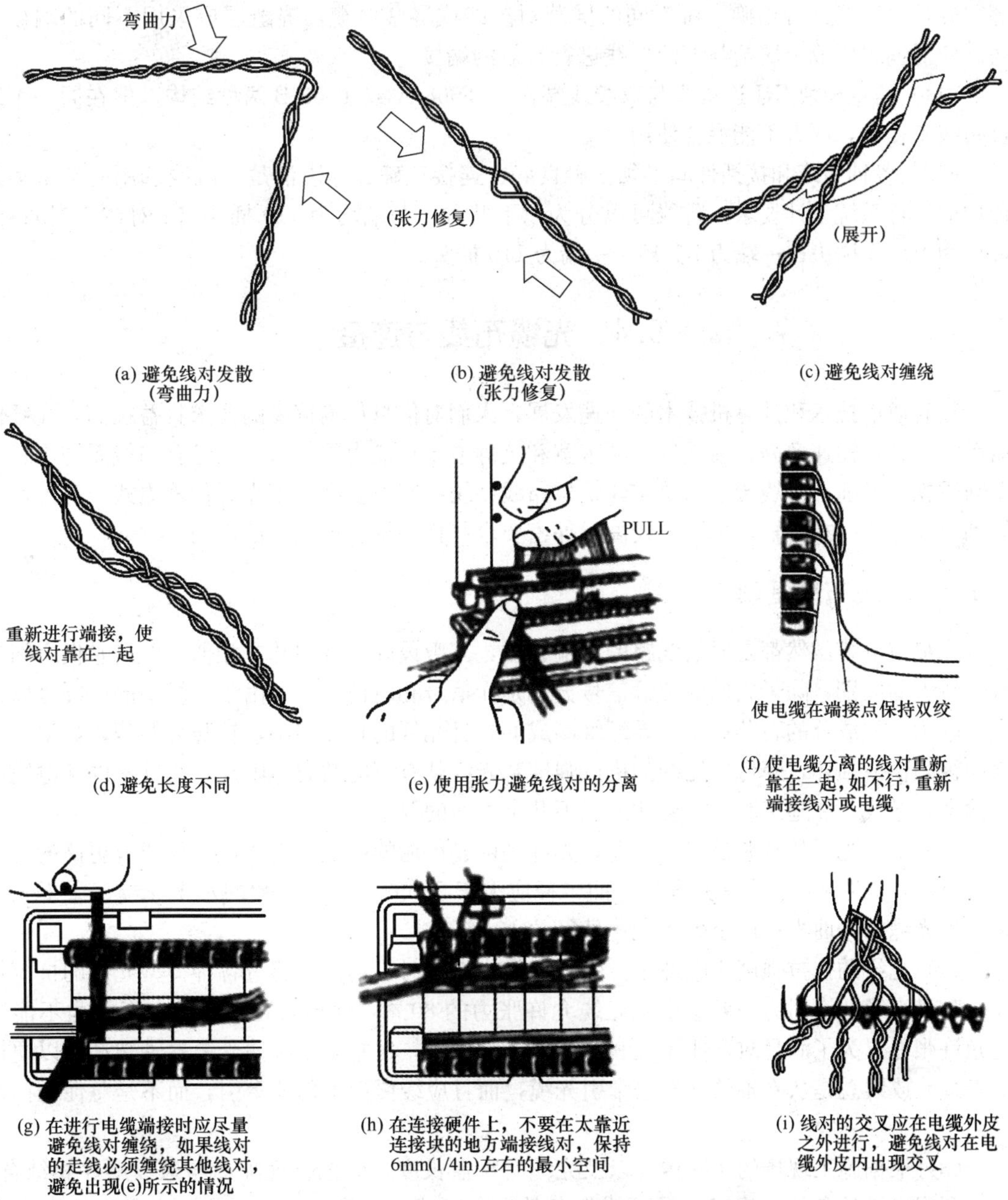

(a) 避免线对发散　　　　　　(b) 避免线对发散　　　　　　　　(c) 避免线对缠绕
　　（弯曲力）　　　　　　　　（张力修复）

重新进行端接，使
线对靠在一起

使电缆在端接点保持双绞

(d) 避免长度不同　　　　(e) 使用张力避免线对的分离　　(f) 使电缆分离的线对重新
　　　　　　　　　　　　　　　　　　　　　　　　　　　　靠在一起，如不行，重新
　　　　　　　　　　　　　　　　　　　　　　　　　　　　端接线对或电缆

(g) 在进行电缆端接时应尽量　　(h) 在连接硬件上，不要在太靠近　　(i) 线对的交叉应在电缆外皮
　　避免线对缠绕，如果线对　　　　连接块的地方端接线对，保持　　　　之外进行，避免线对在电
　　的走线必须缠绕其他线对，　　　6mm(1/4in)左右的最小空间　　　　缆外皮内出现交叉
　　避免出现(e)所示的情况

图 5-48　线缆剥掉塑料外套后双绞线对端接时的注意事项

（8）线缆终端方法应采用卡接方式，施工中不宜用力过猛，以免造成接续模块受损。连接顺序应按线缆的统一色标排列，在模块中连接后的多余线头必须清除干净，以免留有后患。

（9）对通信引出端内部连接件进行检查，做好固定线的连接，以保证电气连接的完整牢靠。

（10）线对屏蔽和电缆护套屏蔽层在和模块的屏蔽罩进行连接时，应保证 360°的接触，而且接触长度不应小于 10mm，以保证屏蔽层的导通性能。电缆连接以后应将电缆进行整理，并核对接线是否正确，对不同的屏蔽对绞线或屏蔽电缆，屏蔽层应采用不同的端接方法。应对编织层或金属箔与汇流导线进行有效的端接。

（11）信息模块/RJ 连接头与双绞线端接有 T568-A 或 T568-B 两种结构，但在同一个综合布线工程中，两者不能混合使用。

（12）各种线缆和接插件间必须接触良好、连接正确、标志清楚。跳线选用的类型和品种均应符合系统设计要求。跳线可以分为以下几种：两端均为 110 插头（4 对或 5 对）；两端均为 RJ-45 插头；一端为 RJ-45，一端为 110 插头。

5.4 光缆布线与连接

随着通信技术和计算机技术的高速发展，人们对信息传输速度的要求日益提高，光纤传输系统因其传输速率高、衰减低、频带宽和抗静电干扰能力强的特点在综合布线系统中日益受到重视。目前，干线传输系统与建筑群布线系统中基本上都采用光纤传输方式。此外，光纤到桌面方式已在传输速率要求较高及保密要求严格的场合得到广泛使用。

5.4.1 光缆布线基础

光缆与电缆虽然都是通信线路的传输介质，其敷设施工方法基本相似，但是它们之间也有着较大的区别，除了它们的传输信号分别是光信号和电信号外，由于光缆中的光纤是以二氧化硅为主要成分的石英玻璃光导纤维制成的，且光纤的直径很小，较脆易断裂，如果光缆表面被划伤或损坏，降低了光纤的机械强度，光纤就有可能断裂。因此，光纤不同于电缆中的铜金属导线，在施工时，需要注意以下几个方面的要求：

（1）由于光纤的纤芯是石英玻璃，光纤是由光传输的，因此光缆比双绞线有更高的弯曲半径要求，2 芯或 4 芯水平光缆的弯曲半径应大于 25mm；其他芯数的水平光缆、主干光缆和室外光缆的弯曲半径应至少为光缆外径的 10 倍。

（2）光纤的抗拉强度比电缆小，因此在操作光缆时，不允许超过各种类型光缆的抗拉强度。敷设光缆的牵引力一般应小于光缆允许张力的 80%，对光缆的瞬间最大牵引力不能超过允许张力。为了满足对弯曲半径和抗拉强度的要求，在施工中应使光缆卷轴转动，以便拉出光缆。放线总是从卷轴的顶部去牵引光缆，而且应缓慢而平稳地牵引，而不是急促地抽拉光缆。

（3）根据施工现场的实际情况以及光缆的整盘长度，应把合理配盘与敷设顺序相结合，充分利用光缆的盘长，施工中尽可能整盘敷设，以减少光缆的中间接头。在敷设管道光缆时，接头的位置应避开道路路口或有碍工作和生活的地方。

（4）由于光纤传输和材料结构方面的特性，在施工过程中，如果操作不当，光源可能会伤害到人的眼睛，切割留下的光纤纤维碎屑会伤害人的身体，因此在光缆施工过程中要采取有效的安全防范措施。在光纤使用过程中（即正在通过光缆传输信号），技术人员不得检查其端头。只有光纤为深色（即未传输信号）时方可进行检查。由于大多数光学系统中采用的光是人眼看不见的，所以在操作光传输通道时要特别小心。

（5）敷设光缆的两端应贴上标签，以表明起始位置和终端位置。

（6）光缆与建筑物内其他管线应保持一定间距，最小净距符合表 5-6 的规定。

（7）光缆不论在建筑物内或建筑群间敷设，都应单独占用管道管孔，如利用原有管道或与铜芯导线电缆共管时，应在管孔中穿放塑料子管，塑料子管的内径应为光缆外径的 1.5 倍以上。在建筑物内光缆与其他弱电系统平行敷设时，应有间距分开敷设，并固定绑扎。当 4 芯光缆在建筑物内采用暗管敷设时，管道的截面利用率应为 25％～30％。

表 5-6　光缆管道与其他管线的最小净距

管线名称		最小水平净距（m）	最小垂直净距（m）
建筑物		1.5	
给水管	管径≤300mm	0.5	0.15
	300mm＜管径≤500mm	1.0	
排水管		1.0①	0.1②
热力管		1.0	0.25
煤气管	压力≤300kPa	1.0	0.30①
电力电缆④	35kV 以下	0.5	0.25
	其他通信电缆、弱电电缆	0.75	
乔木		1.5	
灌木		1.0	
马路边石		1.0	
地上杆柱		0.5～1.0	
房屋建筑红线（或基础）		1.5	

注：① 排水管后敷设时，其施工沟边与信息管道之间的水平净距不应小于 1.5m。

　　② 当信息电缆管道在排水管下部穿过时，其垂直净距不应小于 0.4m；信息管道应做包封，包封长度自信息管两侧各回升 2m。

　　③ 与煤气管交接处 2m 范围内，煤气管不应做接合装置及附属设备，如不能避免时，信息管道应包封 2m。如煤气管道有套管时允许最小垂直净距为 0.15m。

　　④ 电力电缆加管道保护时，净距可减为 0.15m。

5.4.2　建筑群光缆布放

建筑群之间的光缆敷设，主要有架空敷设、直埋敷设与管道敷设等方法，下面分别进行介绍。

1. 架空敷设

架空光缆线路架设的工作流程如图 5-49 所示。

架空光缆敷设方式主要有三种，即滑轮牵引法、杆下牵引法及预挂钩牵引法。

1）滑轮牵引法

滑轮牵引法施工步骤如表 5-7 所示。

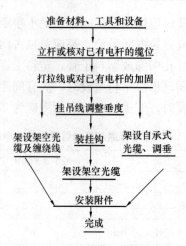

图 5-49　光缆线缆架设流程图

表 5-7　滑轮牵引步骤

步骤	内容
1	为顺利布放光缆并不损伤光缆外护层，应采用导向滑轮和导向索，并在光缆始端和终点的电杆上示各安装一个滑轮
2	每隔 20～30m 安装一个导引滑轮，边牵引绳边按顺序安装滑轮，直至光缆放线盘处与光缆牵引头连好
3	采用端头牵引机或人工牵引，在敷设过程中应注意控制牵引张力
4	一盘光缆分几次牵引时，可在线路中盘成"∞"形分段牵引
5	每盘光缆牵引完毕，由一端开始用光缆挂钩将光缆托挂在吊线上，替换导引滑轮。挂钩之间的距离和在杆上作"伸缩弯"的做法见图 5-50
6	光组接头预留长度为 6～10m，应盘成圆圈后用扎线固定在杆上

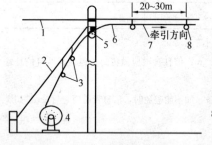

1.导线
2.导向索
3.导线索滑轮
4.光缆盘
5.大号滑轮
6.牵引头
7.牵引索
8.导向滑轮

挂钩程式	光缆外径(cm)
65	32以上
55	25～32
45	19～24
35	13～18
25	12以下

图 5-50　滑轮牵引法示意图光缆外径与挂钩选择

2）杆下牵引法

对于杆下障碍不多的情况下，可采用杆下牵引法，施工步骤如表 5-8 所示。

表 5-8　杆下牵引步骤

步骤	内容
1	将光缆盘置于一段光路的中点，采用机械牵引或人工牵引将光缆牵引至一端预定位置，然后将盘上余缆倒下，盘成"∞"形，再向反方向牵引至预定位置
2	边安装光缆挂钩，边将光缆挂于吊线上
3	在挂设光缆的同时，将杆上预留、挂钩间距一次完成，并作好接头预留长度的放置和端头处理

3）预挂钩牵引法

预挂钩牵引法施工步骤如表 5-9 所示。

表 5-9　预挂钩牵引步骤

步骤	内容
1	在杆路准备时就将挂钩安装于吊线上
2	在光缆盘及牵引点安装导向索及滑轮
3	将牵引绳穿过挂钩，预放在吊线上，敷设光缆时与光缆牵引端头连接，光缆牵引方法见图 5-51

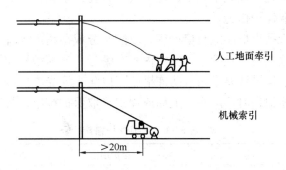

图 5-51　预挂钩牵引

2. 管道敷设法

管道敷设法的基本步骤如下：

（1）敷设光缆前，应逐段将管孔清刷干净和试通。清扫时应用专制的清刷工具，清扫后应用试通棒试通检查合格，才可穿放光缆。如采用塑料子管，要求对塑料子管的材质、规格、盘长进行检查，均应符合设计规定。一般，塑料子管的内径应为光缆外径的 1.5 倍以上。一个 90mm 管孔中布放两根以上的子管时，其子管等效总外径不宜大于管孔内径的 85%。

（2）当穿放塑料子管时，其敷设方法与敷设光缆基本相同。如果采用多孔塑料管，可免去对子管的敷设要求。

（3）光缆采用人工牵引布放时，每个人孔或手孔应有人值守帮助牵引，人工牵引可采用玻璃纤维穿线器；机械布放光缆时，不需每个孔均有人，但在拐弯处应有专人照看。

（4）光缆一次牵引长度一般不应大于 1000m。超长距离时，应将光缆盘成倒 8 字形分段牵引或在中间适当地点增加辅助牵引，以减少光缆张力，提高施工效率。

（5）为了在牵引过程中保护光缆外护套等不受损伤，在光缆穿入管孔或管道拐弯处与其他障碍物有交叉时，应采用导引装置或喇叭口保护管等保护。此外，根据需要可在光缆四周加涂中性润滑剂等材料，以减少牵引光缆时的摩擦阻力。

（6）敷设光缆后，应逐个在人孔或手孔中将光缆放置在规定的托板上，并留有适当余量，避免光缆过于绷紧。人孔或手孔中光缆需要接续时，其预留长度应符合表 5-10 的规定。

表 5-10　敷设光缆的预留长度

敷设光缆方式	自然弯曲增加长度（m/km）	人（手）孔内弯曲增加长度［m/（人）孔］	接续每侧预留长度（m）	设备每侧预留长度（m）	备注
管道	5	0.5~1.0	6~8	10~20	其他预留按设计要求，管道或直埋光缆需引上架空时，其引上地面部分每处增加 6~8m
直埋	7				

采用管道敷设法时，需要注意以下几方面内容：

（1）光缆管道中间的管孔不得有接头。当光缆在人孔中没有接头时，要求光缆弯曲放置在电缆托板上固定绑扎，不得在人孔中间直接通过。

（2）光缆与其接头在人孔或手孔中，均应放在人孔或手孔铁架的电缆托板上予以固定绑扎，并按设计要求采取保护措施。

（3）光缆穿放的管孔出口端应封堵严密，以防水分或杂物进入管内。

（4）光缆及其接续应有识别标志，标志内容有编号、光缆型号和规格等。

（5）在严寒地区应按设计要求采取防冻措施，以防光缆受冻损伤。

（6）如光缆有可能损伤时，应在其上面或周围采取保护措施，具体如表 5-11 所示。

表 5-11　光缆保护措施

措施	保护用途
蛇形软管	在人孔内保护光缆： ①从光缆盘送出光缆时，为防止被人孔角或管孔人口角摩擦损伤，采用软管保护。 ②绞车牵引光缆通过转弯点和弯曲区，采用 PE 软管保护。 ③绞车牵引光缆通过人孔中不同水平（有高差）管孔时，采用软 PE 管保护
喇叭口	光缆进管口保护： ①光缆穿入管孔，使用两条互连的软金属管组成保护。金属管分别长 1m 和 2m，每管的一个端装喇叭口。 ②光缆通过人孔进入另一管孔，将喇叭口装在牵引方向的管孔口
润滑剂	光缆穿管时，应涂抹中性润滑剂。当牵引 PE 护套光缆时，液状石蜡是一种较优润滑剂，它对 PE 护套没有长期不利的影响
堵口	将管孔、子管孔堵塞，防止泥沙和鼠害

2. 直埋光缆敷设

直埋光缆敷设流程如图 5-52 所示。

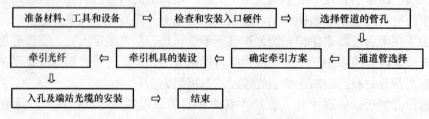

图 5-52　直埋光缆敷设流程图

为便于光缆维护，路径标志一般安装位置如下：

（1）光缆连接位置。

（2）沿同样路径敷缆位置改变的地方。

（3）走近路方式埋设光缆的弯曲段两端。

（4）与其他建筑靠近的光缆位置。

5.4.3 建筑物内干线光缆布放

1. 建筑物内光缆敷设特点

（1）建筑物内光缆路径多比较曲折、狭小。

（2）一般无法用机械敷设，只能采取人工敷设方式。

（3）所有室外光缆一般均可在建筑物内敷设，特殊情况下使用阻燃型光缆或无金属光缆。

2. 建筑物内光缆敷设方式

在建筑物内，光缆主要用垂直干线布放，分为弱电竖井敷设与桥架或线槽敷设两种。在大型单层建筑物中或当楼层配线间离弱电井距离较远时，垂直干线需要在水平方向敷设光缆，同时当水平布线选用光缆时也需要在水平方向敷设光缆，水平敷设光缆有在吊顶敷设和水平管道敷设两种方式。

下面重点介绍垂直干线布放的弱电竖井敷设与桥架或线槽敷设两种。

1）弱电竖井敷设

在弱电竖井中敷设光缆有两种选择：向上牵引和向下垂放，通常向下垂放比向上牵引容易些，但如果将光缆卷轴机搬到高层上去很困难，则只能由下向上牵引。向上牵引和向下垂放方法与电缆敷设方法类似，只是在敷设过程中要特别注意光缆的最小弯曲半径，控制光缆的敷设张力，以避免光纤受到过度的外力。

向下垂放敷设光缆的步骤如表 5-12 所示。

表 5-12 弱电井垂直敷设步骤

步骤	内容
1	在离建筑顶层设备间的槽孔 1～1.5m 处安放光缆卷轴，使卷筒在转动时能控制光缆。将光缆卷轴安置于平台上，以便保持在所有时间内光缆与卷筒轴心都是垂直的，放置卷轴时要使光缆的末端在其顶部，然后从卷轴顶部牵引光缆
2	转动光缆卷轴，并将光缆从其顶部牵出。牵引光缆时，要保持不超过最小弯曲半径和最大张力的规定
3	引导光缆进入敷设好的电缆桥架中
4	慢慢地从光缆卷轴上牵引光缆，直到下一层的施工人员可以接到光缆并引入下一层
5	在每一层楼均重复以上步骤，当光缆达到最底层时，要使光缆松弛地盘在地上
6	在弱电间敷设光缆时，为了减少光缆上的负荷，应在一定的间隔上（如 1.5m）用缆带将光缆扣牢在墙壁上

用这种方法，光缆不需要中间支持，捆扎光缆要小心，避免力量太大损伤光纤或产生附加的传输损耗。固定光缆的步骤如表 5-13 所示。

表 5-13 固定光缆步骤

步骤	内容
1	使用塑料扎带，由光缆的顶部开始，将干线光缆扣牢在电缆桥架上
2	由上往下，在指定的间隔（5.5m）安装扎带，直到干线光缆被牢固地扣好
3	检查光缆外套有无破损，盖上桥架的外盖

2) 桥架或线槽敷设

从弱电井到配线间的光缆一般采用走吊顶（电缆桥架）或线槽（地板下）的敷设方式，具体内容如表 5-14 所示。

表 5-14 吊顶与线槽敷设

步骤	内容
1	沿着光纤敷设路径打开吊顶或地板
2	利用工具切去一段光纤的外护套，并由一端开始的 0.3m 处环切光缆的外护套，然后除去外护套
3	将光纤及加固芯切去并掩没在外护套中，只留下纱线。对需敷设的每条光缆重复此过程
4	将纱线与带子扭绞在一起
5	用胶布紧紧地将长 20cm 范围的光缆护套缠住
6	将纱线馈送到合适的夹子中去，直到被带子缠绕的护套全塞入夹子中为止
7	将带子绕在夹子和光缆上，将光缆牵引到所需的地方，并留下足够长的光缆供后续处理用

5.4.4 入户光缆布放

入户光缆进入用户桌面或家庭成端有两种主要方式：86 型信息面板或家居配线箱，应在土建施工时预埋在墙体内，或以后在线缆的入户位置明装。入户光缆敷设的主要要求如下：

（1）入户光缆室内走线应尽量安装在暗管、桥架或线槽内。

（2）对于没有预埋穿线管的楼宇，入户光缆可以采用钉固方式沿墙明敷。但应选择不易受外力碰撞，安全的地方。采用钉固式时，应每隔 30cm 用塑料卡钉固定，必须注意不得损伤光缆，穿越墙体时应套保护管。皮线光缆也可以在地毯下布放。

（3）在暗管中敷设入户光缆时，可采用液状石蜡、滑石粉等无机润滑材料。竖向管中允许穿放多根入户光缆。水平管宜穿放一根皮线光缆，从光分纤箱到用户家庭光纤终端盒宜单独敷设，避免与其他线缆共穿一根预埋管。

（4）明敷上升光缆时，应选择在较隐蔽的位置，在人可以接触的部位，应加装 1.5m 引上保护管。

（5）线槽内敷设光缆应顺直不交叉，无明显扭绞和交叉，不应受到外力的挤压和操作损伤。

（6）光缆在线槽的进出部位、转弯处应绑扎固定；垂直线槽内光缆应每隔 1.5m 固定一次。

（7）桥架内光缆垂直敷设时，自光缆的上端向下，每隔 1.5m 绑扎固定，水平敷设时，在光缆的首、尾、转弯处和每隔 5～10m 处应绑扎固定，转弯处应均匀圆滑，其曲度半径应大于 30mm。

（8）光缆两端应有统一的标识，标识上宜注明两端连接的位置。标签书写应清晰、端正和正确。标签应选用不宜损坏的材料。

（9）入户光缆敷设应严格做到"防火、防鼠、防挤压"要求。

5.4.5　光缆接续

在项目实施和安装应用中，敷设完成的光纤光缆系统是不能直接使用的，因为只能看到裸光纤或者紧套光缆，必须将光纤的尾端连接至可以与相关设备端口直接接插的器件，才可以使用。光纤的连接主要包含两种形式：

（1）用于两段光纤之间互相连接的接续技术。

（2）用于光缆成端的与连接器连接的端接技术。

光纤的接续是完成两段光纤之间的连接。在光纤网络的设计和施工中，当链路距离大于光缆盘长、大芯数光缆分支为数根小芯数光缆时，都应当考虑以低损耗的方法把光纤或光缆相互连接起来，以实现光链路的延长或者大芯数光缆的分支等应用。

1. 光纤接续的基本要求

（1）光缆终端接头或设备的布置应合理有序，安装位置需安全稳定，其附近不应有可能损害它的外界设施，如热源和易燃物质等。

（2）从光纤终端接头引出的光纤尾纤或单芯光缆的光纤所带的连接器应按设计要求插入光纤配线架上的连接部件中。暂时不用的连接器可不插接，但应套上塑料帽，以保证其不受污染，便于今后连接。

（3）在机架或设备（如光纤接头盒）内，应对光纤和光纤接头加以保护，光纤盘绕方向要一致，要有足够的空间和符合规定的曲率半径。

（4）光缆中的金属屏蔽层、金属加强芯和金属铠装层均应按设计要求，采取终端连接和接地，并应检查和测试其是否符合标准规定，如有问题必须补救纠正。

（5）光缆传输系统中的光纤连接器在插入适配器或耦合器前，应用丙醇酒精棉签擦拭连接器插头和适配器内部，清洁干净后才能插接，插接必须紧密、牢固可靠。

（6）光纤终端连接处均应设有醒目标志，其标志内容（如光纤序号和用途等）应正确无误、清楚完整。

2. 光纤接续的方法

光纤接续的方法，主要有熔接接续和机械接续两种。

1）熔接接续

光纤熔接是目前普遍采用的光纤接续方法，光纤熔接机通过高压放电将接续光纤端面熔融后，将两根光纤连接到一起成为一段完整的光纤。这种方法接续损耗小（一般小于0.1dB），而且可靠性高。熔接连接光纤不会产生缝隙，因而不会引入反射损耗，入射损耗也很小，在 0.01～0.15dB 之间。现在普遍采用熔接保护套管的方式，它将保护套管套在接合处，然后对它们进行加热，套管内管是由热材料制成的，因此这些套管就可以牢牢地固定在需要保护的地方。加固件可避免光纤在这一区域弯曲。

光纤熔接需要开缆，开缆就是剥离光纤的外护套、缓冲管。光纤在熔接前必须去除涂覆层，以提高光纤成缆时的抗张力。光纤有两层涂覆。由于不能损坏光纤，所以剥离涂覆层是一个非常精密的程序，去除涂覆层应使用专用剥离钳，不得使用刀片等简易工具，以防损伤

211

纤芯。去除光纤涂覆层时要特别小心，不要损坏其他部位的涂覆层，以防在熔接盒（盘纤盒）内盘绕光纤时折断纤芯。光纤的末端需要用专业的工具切割以使末端表面平整、清洁，并使之与光纤的中心线垂直。

光缆接续的主要步骤如表 5-15 所示。

表 5-15 光缆接续步骤

准备工作	技术准备	熟悉将要使用的光缆连接盒、配线设备的性能，操作方法和质量要求
	器材准备	包括光缆接续盒的配套部件、熔接机、光缆接续保护材料及常用工具
光缆护层的处理		光缆外护层金属层的开剥尺寸、光纤余留尺寸的所需长度在光缆上做好标记，用专用工具逐层开剥，缆内的油膏的清洁
加强芯、金属护层的接地处理		加强芯、金属护层的连接方法应按所选用的配线设备规定的方式进行，电气导通与否应根据设计要求实施
光纤的接续		光纤应采用熔接方式连接时，通常以热缩管方式保护
光纤余留长度的盘整		光纤连接后，经检测接续损耗达到要求并完成保护后，按连接盒结构所规定的方式进行光纤余长的盘绕处理，光纤在盘绕过程中，应注意曲率半径和放置整齐
光缆接续完成后的处理		应按要求安装、放置配线设备，光缆连接盒及余缆应注意整齐、美观和有标志
施工记录与档案		填写竣工测试表，数据记录存档

2）机械接续

在高精度的光纤熔接机出现之前，机械连接作为光纤的永久或者临时连接方式在光纤连接中已经得到广泛的使用。由于机械接合方式有着很多的优点：

（1）快速、低成本。

（2）无需特殊工具、培训、设备维护等。

（3）适合的光纤包括 $250\mu m$、$900\mu m$ 直径光纤以及各种尾纤跳线的连接。

（4）高质量接续效果。

（5）接续操作便捷，能够在 $1\sim2min$ 内完成接续。

（6）较高的可重复性，可反复操作，单次性价比高。

（7）对工具要求低。

（8）工作稳定，可以长时间的使用等。

机械式光纤接续特别适用于小芯数、分散的光纤连接或者临时光纤连接应用中，同时由于该方式也是不带电的接续方法，也被广泛应用在诸如石化/石油精炼、煤炭和其他禁止明火（或电弧）的制造环境中。对于传输性能，这种方式也可以较好地保证。图 5-53 所示是

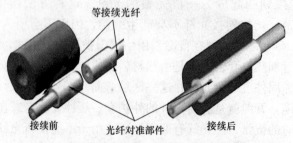

图 5-53 采用陶瓷套管技术的光纤机械连接原理图

通过陶瓷套管的方式实现机械式光纤接续的原理图；图 5-54 是通过 V 型槽技术实现机械式光纤接续的原理图，（a）为三维立体图；（b）为未端接及压下上盖之后的光纤机械接续截面图。

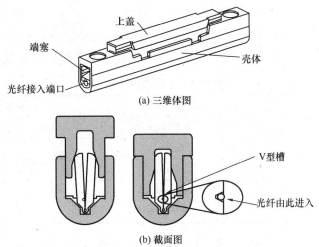

（a）三维体图

（b）截面图

图 5-54　采用 V 型槽技术的机械式光纤接续原理图

5.4.6　吹光纤技术

1. 吹光纤技术简介

1982 年英国电信发明了吹光缆技术，它原本是英国电信为本国电信网络设计用来降低光缆施工成本的，但由于吹制技术等原因，始终未能商用。1987 年，英国奔瑞公司发明了单吹光纤技术。1988 年，世界上首次实现了室内吹光纤的安装。1993 年，整个系统开发完善，正式命名为吹光纤系统 Blolite，并开始商用化，随后在欧洲迅速普及。1997 年，吹光纤系统进入我国。

如图 5-55 所示，吹光纤技术在综合布线工程初期预先敷设特制的吹光纤微管及附件，在需要安装光纤时，将光纤通过压缩空气吹入到空置的光纤微管内。采用吹光纤布线技术，在未来网络基础设施需要升级时，只需将旧光纤抽出并重新吹入高等级光纤，这种方法提供了一个非破坏性的链路升级路径，是一个全新的、面向未来的布线系统。

图 5-55　通过气流带动光纤的敷设

吹光纤系统与传统光纤系统的区别主要是敷设方式上的不同，光纤本身的衰减等指标与普通光纤相同，同样可采用 ST、SC 等型接头端接。同时，吹光纤系统的造价亦与普通光纤系统相差无几。

2. 吹光纤系统的组成

吹光纤系统由微管、吹光纤、附件和吹光纤安装设备组成，我国标准化文件《通信用气吹微型光缆及光纤单元》（YD-T 1460.3—2006）对吹光纤系统做了详尽的说明。

1）微管

微管是一种尺寸小、重量轻、柔软的塑料管，其最大外径不大于16mm。微管必须是圆形的，常用的微管尺寸如表5-16所示，微管的吹气性能要求如表5-17所示。

表 5-16　常用的微管尺寸

规格	外径（mm）	内径最小值（mm）
5.0/3.5	5.0±0.1	3.5
7.0/5.5	7.0±0.1	5.4
8.0/6.0	8.0±.01	5.9
10.0/8.0	10.0±0.1	7.9
12.0/10.0	12.0±0.1	9.9

表 5-17　微管的吹气性能

序号	项目	技术要求
1	吹气功能	能通过盘上微管试验或场地微管试验
2	内壁摩擦系数	静态：≤0.25
		动态：≤0.2
3	刚性（N·m²）	0.01～0.3

微管有单微管和多微管之分。单微管是一种通过挤压生产成型的管子，所有单微管外皮采用阻燃、低烟、不含卤素的材料，在燃烧时不会产生有毒气体，从而符合国际最新标准的要求，而微管内壁则为低摩擦衬里，非常光滑，利于吹光纤纤芯在管内的吹动；多微管是将多个单微管通过外层护套平直（不扭曲）地扎束在一起形成的，每一个多微管可由2、4或7根单微管组成，并按应用环境分为室内型及室外型两类，如图5-56所示。

图 5-56　单微管和多微管外形

每一根吹光纤单微管最多可以容纳12芯光纤，而且无需特意绑扎可一并吹入8芯光纤。更为灵活的是，吹光纤技术允许混合吹入不同种类的光纤，如同时吹入4芯多模光纤、2芯增强型多模光纤和2芯单模光纤等任意组合。此外，吹光纤布线系统的吹制距离也较长，可以满足常规布线需要。例如，采用直径 5mm 的微管，在多弯曲路由（路由中最小弯曲半径为 25mm，可以有 300 个 90°弯曲）的情况下可吹至超过 300m，在直路中则超过 500m；采用 8mm 微管，在多弯曲路由的情况下可吹制距离超过 600m，在直路中则超过 1000m，垂直安装（由下向上吹制）高度超过 300m。

2）吹光纤

可吹光纤是按轴包装的，由于其表面涂层非常薄，不适合印刷任何标识，在应用中通过多种颜色来识别同一根微管内的不同光纤。

吹光纤有多模 $62.5/125\mu m$、$50/125\mu m$ 和单模 $8.3/125\mu m$ 三种，其性能与传统光纤没有差别。

由于光纤表面经过特别涂层处理（涂层表面有鳞状凸起不规则细小颗粒），并且重量极轻，吹制的灵活性极强。在压缩空气进入空管时，光纤借助空气动力悬浮在空管内并利用空气涡流作用向前飘行，且吹制时纤芯没有方向性，吹制方向只是取决于压缩空气的吹动方向。

吹光纤结构如图 5-57 所示，由于吹光纤的内层结构即玻璃纤芯与普通光纤相同，光纤的端接程序、设备及接头与传统光纤完全相同。

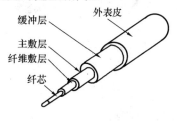

图 5-57 吹光纤结构

3）附件

吹光纤附件包括吹光纤接头、用于微管间连接的陶瓷接头、端接帽、接头塞、空接头、19in 吹光纤配线架、墙上及地面型光纤出线盒等，主要作用见表 5-18。

表 5-18 吹光纤系统的附件及其作用

附件名称	作用
吹光纤接头	嵌于模块化主体内，用于直接连接 5mm 微管和光纤附件
微管接头	连接微管，塑料壳包装的压缩空气接头，适于连接相同规格的微管
端接帽	用于室内临时封存微管接头
接头塞	用于室内长期封存微管接头
空气封存盒和转换熔接盒	用来转换室外的聚乙烯外皮多微管到室内的低烟无卤外皮单微管或多微管
墙上出口	插入模块元件集成在出口内，与光纤盒相连用来在背面端接光纤并可存储多达 4 芯光纤；可直接同标准英制（UA2）墙上暗盒连接
地面出口	模块元件用来同光纤盒端接光纤并可存储多达 4 芯光纤；可与标准地面暗盒进行连接
带滑块托盘的配线架	标准 19in，可端接 24 芯光纤到 ST、SC 或 FC－PC 头，托盘中可安装一个或两个光纤管理器，均可容纳 12 芯光纤以便进行熔接或直接端接

其他附件还有 2.5mm 和 4.5mm 直径测试钢珠、路由接头盒、熔接接头盒、Y 形适配

器、T 形头、切管器、熔接保护器，需视光纤布线工程的具体需要而选定。

4）吹光纤安装设备

常见的吹光纤安装设备是 BICC 公司生产的 IM2000，如图 5-58 所示。IM2000 由安装设备箱和空气处理箱两部分组成，总净质量不到 35kg，便于携带和安装。该设备通过压缩空气，将光纤吹入微管内，吹制速度最高可达到 40m/min。吹光纤布线施工吹光纤系统在设计时只需考虑光纤系统的物理结构，尽可能地敷设吹光纤微管，然后按实际需要再将光纤吹入并进行端接。由于吹光纤系统将基础设施与布线产品分离，大大提高了性能价格比，可以分散投资成本，减轻用户负担。

图 5-58　吹光纤设备 IM2000

3. 吹光纤布线施工步骤

（1）设计光缆路由。

（2）沿路由敷设吹光纤微管或微管缆。

（3）由楼外进入楼内、在楼层电信间的配线架连接时，用特制陶瓷接头将微管拼接。

（4）当所有微管敷设连接好后，通过钢珠测试法来测试路由是否畅通，对不畅通的微管进行定位和更换处理。

（5）将吹光纤置于需要敷设光纤的微管入口，启动光纤安装设备将光纤吹入微管至目的端位置。

（6）安装光纤出线盒，做好端接的准备工作。

5.5　设备安装

综合布线系统中的设备安装主要涉及信息插座模块、配线架以及机柜与机架的安装等，下面分别进行介绍。

5.5.1　信息插座模块的安装

1. 信息插座模块安装的基本要求

信息插座的安装方式主要有两种，一种是安装在墙面或柱面上的方式，另一种是安装在地面上的方式。安装在墙面或柱面上的信息插座应高出地面 300mm；安装在地面上的信息插座有弹起式地插和开启式两种，地面插座应能防水防尘。

信息插座底盒的固定方法，分为暗埋和明装两种方式。信息面板的固定螺丝应拧紧不得有松动现象，并且要贴有标签说明其用途。信息插座中模块化引针与电缆端接有两种标准方式：一种是按照T568-B标准端接电缆，另一种是按照 T568-A 标准端接电线缆。在同一个综合布线系统工程中只能采用一种端接方式，即 T568-A 或 T568-B，其中包括信息插座端及配线架端。

根据 GB 50312—2007，信息插座模块安装的基本要求如下：

（1）信息插座模块、多用户信息插座、集合点配线模块安装位置和高度应符合设计要求。

（2）安装在活动地板内或地面上时，应固定在接线盒内，插座面板采用直立和水平等形式；接线盒盖可开启，并应具有防水、防尘、抗压功能。接线盒盖面应与地面齐平。

（3）信息插座底盒同时安装信息插座模块和电源插座时，间距及采取的防护措施应符合设计要求。

（4）信息插座模块明装底盒的固定方法根据施工现场条件而定。

（5）固定螺丝需拧紧，不应产生松动现象。

（6）各种插座面板应有标识，以颜色、图形、文字表示所接终端设备业务类型。

（7）工作区内终接光缆的光纤连接器件及适配器安装底盒应具有足够的空间，并应符合设计要求。

2. 信息插座模块的端接

综合布线系统所用的信息插座模块多种多样，但其核心是模块化插座利用线路板在内部做固定线连接，这样就减少了接触损耗，保证了链路的电气性能。在双绞线与信息插座模块连接时，必须按色标和线对的顺序进行端接。信息插座模块与面板连接有两种方式：一种是90°连接；另一种是 45°连接，如图 5-59 所示。面板应符合国标标准，国内常用的信息插座面板为 86 系列。

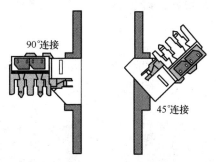

图 5-59　模块与面板连接方式

信息插座模块分打线模块（又称冲压型模块）和免打线模块（又称扣锁端接帽模块）两种。打线模块需要用打线工具将每个电缆线对的线芯端接在信息模块上，扣锁端接帽模块使用一个塑料端接帽把每根导线端接在模块上。所有模块的每个端接槽都有 T568-A 和 T568-B接线标准的颜色编码，通过这些编码可以确定双绞线电缆每根线芯的确切位置。下面以打线模块端接（采用 T568-B 接线标）为例，介绍信息插座模块的端接步骤。

（1）用剥线钳剥去 4 对双绞线的外皮约 3cm，如图 5-60 所示。

（2）用剪刀剪去撕剥线，如图 5-61 所示。

图 5-60　剥去外皮图

图 5-61　剪去撕剥线

（3）按照模块上标示的 T568-B 标线序，将线对整理至对应的位置，如图 5-62 所示。

（4）将线芯卡接到对应的槽位上，有两种方法：方法 1 是从线头处打开绞对并卡接到槽位上（开绞长度为刚好能卡入槽位），方法 2 不用开绞，从线头处挤开线对，将两个线芯同时卡入相邻槽位，如图 5-63 所示。

图 5-62　理线

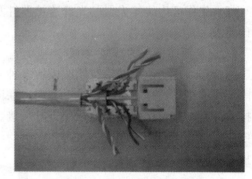

图 5-63　卡线

（5）当线对都卡入相应的槽位后，再一次检查各线对线序是否正确，如图 5-64 所示。

（6）用专用单线打线刀逐条压入线芯，注意刀口向外，打断多余的线头，如图 5-65 所示。

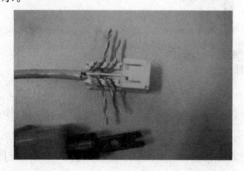

图 5-64　检查

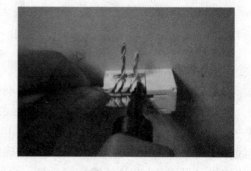

图 5-65　压线

（7）压接后的信息模块如图 5-66 所示。

（8）给模块安装上保护帽，如图 5-67 所示，模块安装完毕。

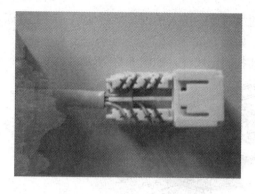

图 5-66　压接后的信息模块

图 5-67　给模块安装上保护帽

5.5.2　配线架的安装

1. 配线架安装要求

配线架是提供铜缆端接的装置，它一般安装在设备间和楼层配线间内，是连接配线子系统和干线子系统的连接枢纽，是整个综合布线系统的管路单元。配线架安装的基本要求如下：

（1）为了管理与设备连接方便，配线间的数据配线架和网络交换设备一般都安装在同一个 19in 的机柜中。

（2）根据楼层信息点标识编号，按顺序安放配线架，并画出机柜中配线架信息点分布图。

（3）线缆一般从机柜的底部进入，所以通常将配线架安装在机柜下部，交换机安装在机柜上部，也可根据进线方式作出调整。

（4）为美观和管理方便，机柜正面配线架之间和交换机之间要安装理线架，跳线从配线架面板的 RJ-45 端口接出后通过理线架从机柜两侧进入交换机间的理线架，然后再接入交换机端口。

（5）对于要端接的线缆，先以配线架为单位，在机柜内部进行整理、用扎带绑扎、将冗余的线缆盘放在机柜的底部后再进行端接，使机柜内整齐美观、便于管理和使用。

2. 配线架的端接

在端接配线架电缆前，应把电缆按编号进行整理，然后捆扎整齐并用塑料带缠绕电缆直至进入机柜或机架，固定在机柜或机架的后立柱上或其他固定位置，要求电缆进入机柜或机架后整齐美观，并留有一定余量。常用的配线架分为 110 型与模块化两种，下面简要说明这两种配线架电缆端接安装步骤。

1）110 型配线架的电缆端接安装步骤

（1）将配线架固定到机柜合适位置，在配线架背面安装理线环。

（2）从机柜进线处开始整理电缆，电缆沿机柜两侧整理至理线环处，使用绑扎带固定好电缆，一般 6 根电缆作为一组进行绑扎，将电缆穿过理线环摆放至配线架处。

（3）根据每根电缆连接接口的位置，测量端接电缆应预留的长度，然后使用压线钳、剪刀、斜口钳等工具剪断电缆。

（4）根据选定的接线标准，将 T568-A 或 T568-B 标签压入模块组插槽内。

219

（5）根据标签色标排列顺序，将对应颜色的线对逐一压入槽内，然后使用打线工具固定线对连接，同时将伸出槽位外多余的导线截断，如图 5-68 所示。

（6）将每组线缆压入槽位内，然后整理并绑扎固定线缆，如图 5-69 所示。

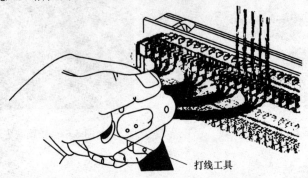

图 5-68 将线对逐次压入槽位并打压固定

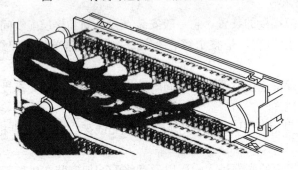

图 5-69 整理并绑扎固定线缆

2）模块化配线架的电缆端接安装步骤

模块化配线架主要用在数据传输的应用中，因为它是标准的 RJ-45 插座，与交换设备的端口类型相同，使用也比较方便，更为重要的是其传输特性比 110 系列配线架好，所以在数据传输应用中是一种较好的选择。模块化配线架有 24 口和 48 口两种规格，可以安装在标准的 19in 机柜中。模块化配线架电缆的端接安装步骤如图 5-70 所示。

5.5.3 机柜安装

根据 GB 50311—2007 第 6 章安装工艺要求内容，对机柜的安装有如下要求：一般情况下，综合布线系统的配线设备和计算机网络设备采用 19in 标准机柜安装。机柜尺寸通常为 600mm（宽）×900mm（深）×2000mm（高），共有 42U 的安装空间。机柜内可安装光纤连接盘、RJ-45（24 口）配线模块、多线对卡接模块（100 对）、理线架、计算机 HUB/SW 设备等。如果按建筑物每层电话和数据信息点各为 200 个考虑配置上述设备，大约需要有 2 个 19in（42U）的机柜空间，以此测算电信间面积至少应为 $5m^2$（2.5m×2.0m）。对于涉及布线系统设置内、外网或专用网时，19in 机柜应分别设置，并在保持一定间距的情况下预测电信间的面积。

对于管理间来说，多数情况下采用 6U～12U 壁挂式机柜，一般安装在每个楼层的竖井内或者楼道中间位置。具体安装方法采取三角支架或者膨胀螺栓固定机柜。

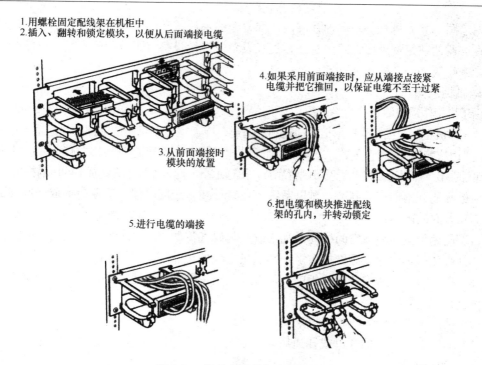

1. 用螺栓固定配线架在机柜中
2. 插入、翻转和锁定模块，以便从后面端接电缆

3. 从前面端接时模块的放置

4. 如果采用前面端接时，应从端接点接紧电缆并把它推回，以保证电缆不至于过紧

5. 进行电缆的端接

6. 把电缆和模块推进配线架的孔内，并转动锁定

图 5-70　模块化配线架安装步骤

1. 机柜安装的一般要求

（1）机柜、设备的排列布置、安装位置和设备朝向都应符合设计要求。安装的机柜要方便柜门的开关，特别是前门开关。在确定机柜的摆放位置时要对开门和关门动作进行试验，观察柜门打开和关闭的角度，所有的门和侧板都应很容易打开，以便于安装和维护。

（2）机柜安装完工后，垂直偏差度不应大于 3mm。若厂家规定高于这个标准时，其水平度和垂直度都必须符合生产厂家的规定。

（3）机柜和设备上各种零件不应脱落或碰坏，表面漆面如有损坏或脱落，应予以补漆。机柜和设备上的各种标志应统一、完整、清晰、醒目。

（4）机柜和设备必须安装牢固可靠。在有抗震要求时，应根据设计规定或施工图中防震措施要求进行抗震加固。各种螺丝必须拧紧，无松动、缺少、损坏或锈蚀等缺陷，机柜不应有摇晃现象。

（5）必须合理安排机柜内网络设备和配线设备摆放位置，重点考虑网络设备的散热性能，并方便配线设备的线缆接入。由于机柜的风扇一般安装在顶部，机柜内一般采用上层网络设备下层配线设备的安装方式，也可采用交错摆放方式。同时也要注意线缆的走线空间，线缆进入机柜有上部、下部和底部进入机柜等方式，进入机柜的线缆必须用扎带和专用固定环进行固定，确保机柜的整洁美观和管理方便。

（6）建筑群配线架或建筑物配线架如采用单面配线架的墙上安装方式时，要求墙壁必须坚固牢靠，能承受机柜重量，其接线端子应按电缆用途划分连接区域，方便连接，并设置标志，以示区别。

（7）新建的智能建筑中，综合布线系统应采用暗配线敷设方式，所使用的配线设备宜采取暗敷方式，埋装在墙体内。为此，在建筑施工时，应根据综合布线系统要求，在规定位置处预留墙洞，并先将设备箱体埋在墙内，综合布线系统工程施工时再安装内部连接硬件和面板。在已建的建筑物中因无暗敷管路，配线设备等接续设备宜采取明敷方式，以减少凿打墙洞和影响建筑物的结构强度。

2. 机柜散热

由于机柜中需安装各种网络设备，为了达到良好的散热效果，通常在机柜中以交替模式排列设备行，即机柜面对面排列以形成热通道和冷通道。冷通道位于机架的前面，热通道位于机架的后部，采用从前到后的冷却配置。针对线缆布局，电子设备在冷通道两侧相对排列，冷气从钻孔的架空地板吹出。热通道两侧电子设备则背靠背，热通道下的地板无孔，天花板上的风扇排出热气。

为更好地利用现有的制冷与排风系统，在设计和施工的时候，应避免形成迂回气流，注意以下几方面的内容：

（1）避免架空地板下空间线缆杂乱堆放，阻碍气流的流动。

（2）避免机柜内部线缆堆放太多，影响热空气的排放。

（3）在没有满设备安装的机柜中，建议采用空白挡板以防止"热通道"气流进入"冷通道"，造成气流短路。

对于适中的热负荷，机柜可以采用以下通风措施：

（1）通过前后门上的开口或孔通风，提供50%以上开放空间，增大通风开放尺寸和面积能提高通风效果。

（2）采用风扇，利用门上通风口和设备与机架门间的充足的空间推动气流通风。对于高的热负荷，自然气流效率不高，要求采用冷热通道系统附加通风口的方式的强迫气流，从而为机柜内所有设备提供足够的冷却。

安装机柜风扇时，要求不仅不能破坏冷热通道性能，而且要能增加其性能。来自风扇的气流要足够驱散机柜发出的热量。在数据中心热效率最高的地方，风扇要求从单独的电路供电，避免风扇损坏时中断通信设备和计算机设备的正常运行。

3. 机柜进线及理线

线缆敷设至电信间后，以楼层、房间、工作区的顺序，依序将线缆整理进机柜。机柜里线缆根据端接位置、盘缆要求应预留3～6m长度线缆。以下是常见的几种进线方式。

1）机柜顶部进线

图5-71所示为开放式桥架机柜顶部进线方式。

2）活动地板机柜底部进线

图5-72所示为活动地板下槽式桥架机柜底部进线方式。

图5-71　开放式桥架机柜顶部进线方式

图 5-72　活动地板下槽式桥架机柜底部进线方式

　　在进线间、主配线区和水平配线区，在每对机架之间和每列机架两端安装垂直线缆管理器（布线空间），垂直线缆管理器宽度至少为 83mm（3.25in）。在单个机架摆放处，垂直线缆管理器至少 150mm（6in）宽。两个或多个机架一列时，在机架间考虑安装宽度 250mm（10in）的垂直线缆管理器，在一排的两端安装宽度 150mm（6in）的垂直线缆管理器。线缆管理器要求从地面延伸到机架顶部。

　　在进线间、主配线区和水平配线区，水平线缆管理器要安装在每个配线架上方或下方，水平线缆管理器和配线架的首选比例为 1∶1。

　　线缆管理器的尺寸和线缆容量应按照 50% 的填充度来设计。管理 6A 类及以上级别线缆和跳线，宜采用在高度或深度上适当增加理线空间的线缆管理器以满足其最小弯曲半径要求。

　　图 5-73 所示为机柜内线缆理线效果图。

图 5-73　机柜内线缆理线效果图

4. 机柜接地

　　机柜应当安装接地排，以作为到共用等电位接地网络的汇集点。接地排根据共用等电位接地网络的位置，安装在机架的顶部或底部。接地排和共用等电位接地网络的连接使用 6AWG 的接地线缆。线缆一端为带双孔铜接地端子，通过螺丝固定在接地排。另一段则用压接装置与共用等电位接地网络压接在一起。机柜上的接地装置应当采用自攻螺丝以及喷漆垫圈以获得最佳电气性能。

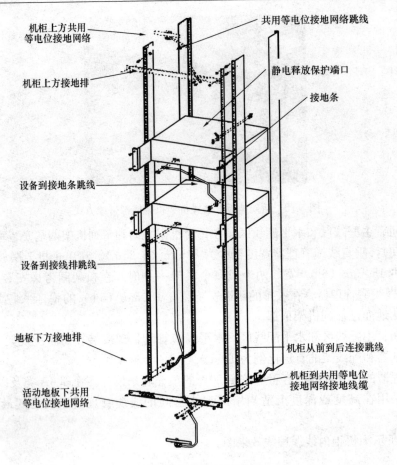

机柜上方共用等电位接地网络

机柜上方接地排

设备到接地条跳线

设备到接线排跳线

地板下方接地排

活动地板下共用等电位接地网络

共用等电位接地网络跳线

静电释放保护端口

接地条

机柜从前到后连接跳线

机柜到共用等电位接地网络接地线缆

图 5-74　机柜接地图

5.6　屏蔽施工

根据《公共建筑电磁兼容设计规范》(DG/TJ 08-1104—2005)，当建筑物内的电磁环境复杂，且一旦计算机网络系统发生运行故障将造成较严重后果时，相关系统宜采用光缆或屏蔽型电缆。

屏蔽布线系统往往用于需要考虑传输质量和传输效率的场所、在电磁干扰较大的区域或在有精密仪器的房间、屏蔽机房和不希望发生泄密的地方。屏蔽布线系统常安装在工厂、屏蔽机房、机场、医院、政府机关、军事机关、银行、金融机构、自用办公楼、精密实验室等对传输性能要求较高的地方，也会应用于某些涉及商业秘密的场合。

5.6.1　屏蔽施工的基本原则

屏蔽布线系统主要应用于综合布线系统中的配线子系统。使用屏蔽布线必须满足两个条件："全程屏蔽"和"屏蔽层正确可靠接地"。全程屏蔽，即布线系统中所使用的配线架、线缆、接插件、跳线、网络设备、网卡均采用屏蔽产品，而且屏蔽层之间保持良好地接触与连接。对于综合布线系统而言，最理想的接地方式是两端接地，即在屏蔽对绞线的两端（工作区和电信间的配线架）分别接地。综合布线系统在工作区信息插座的屏蔽层不做专门接地，工作区通过屏蔽跳线将屏蔽信息插座与屏蔽网络设备的屏蔽层连接。

　　屏蔽布线工程除了穿线、理线、端接、测试和管理外，还需要关注以下施工要点和必须遵守的基本原则：

　　（1）严格按照国标 GB 50312—2007 所制定的条款要求制订施工操作规程进行施工。

　　（2）根据 GB 50312—2007 的规定，屏蔽对绞线的弯曲半径为对绞线外径（缆径）的 8 倍，这要求施工时对桥架和线管的弯角处需特别注意。

　　（3）在工程中，应根据所用屏蔽对绞线的外径确定桥架和电线管的尺寸，以免造成穿线困难。

　　（4）轴装线布放电缆时使用支架。

　　（5）接地系统要求完整无缺、没有松动的现象。

　　（6）工作区的面板以及其中所安装的模块屏蔽壳体不需要接地。

5.6.2　屏蔽对绞电缆的护套及屏蔽层处理

　　对于屏蔽电缆根据防护的要求，可分为 F/UTP（电缆金属箔屏蔽）、U/FTP（线对金属箔屏蔽）、SF/UTP（电缆金属编织丝网加金属箔屏蔽）、S/FTP（电缆金属箔编织网屏蔽加上线对金属箔屏蔽）几种结构。

　　不同的屏蔽电缆会产生不同的屏蔽效果。一般认可金属箔对高频、金属编织丝网对低频的电磁屏蔽效果为佳。如果采用双重绝缘（SF/UTP 和 S/FTP）则屏蔽效果更为理想，可以同时抵御线对之间和来自外部的电磁辐射干扰，减少线对之间及线对对外部的电磁辐射干扰。因此，屏蔽布线工程有多种形式的电缆可以选择，但为保证良好屏蔽，电缆的屏蔽层与屏蔽连接器件之间必须做好 360°的连接。

　　屏蔽对绞线的屏蔽层可以分成三种情况处理：

1. 含有丝网的对绞电缆

　　此类对绞电缆有 SF/UTP、S/FTP 和 SF/FTP 等。基本方法如下：

　　（1）精确测量需保留的长度，剪断多余的线缆后，在电缆上制作永久性标签。

　　（2）使用专业剥线刀剥离屏蔽对绞线的护套，避免剥离护套时将铜网或铝箔切断。为保证端接质量，通常会距离电缆末端5cm处进行线缆的外护套剥离。

　　（3）剪去铝箔层，将丝网翻转后均匀覆盖在对绞电缆的护套外（图 5-75）。

图 5-75　丝网层翻转后均匀覆盖在护套外

2. 仅含铝箔层，且铝箔层导电面向内的对绞电缆

　　此类对绞电缆有 F/UTP、F/FTP、F2TP 等。基本方法如下：

（1）精确测量需保留的长度，剪断多余的线缆后，在电缆上制作永久性标签。

（2）使用专业剥线刀剥离屏蔽对绞线的护套，避免剥离护套时将铜网或铝箔切断。为保证端接质量，通常会距离电缆末端5cm处进行线缆的外护套剥离。

（3）将铝箔层翻转后，均匀覆盖在对绞电缆的护套，导电面向外。

（4）用模块包装内的铜箔粘在电缆的开剥处。注意，要可靠紧固的粘住，同时之后，将长出铜箔的多余铝箔剪断。

（5）将导流线缠绕在铝箔屏蔽层外。翻转后的铝箔完全覆盖了整个护套，不留任何缝隙，且导电面在外（图5-76）。

图5-76　翻转后的铝箔完全覆盖整个护套

3. 仅含铝箔层，且铝箔层导电面向外的对绞电缆

此类对绞电缆有U/FTP等。基本方法如下：

（1）精确测量需保留的长度，剪断多余的线缆后，在电缆上制作永久性标签。

（2）使用专业剥线刀剥离屏蔽对绞线的护套，避免剥离护套时将铜网或铝箔切断。为保证端接质量，通常会距离电缆末端5cm处进行线缆的外护套剥离。

（3）将铝箔层折叠翻转后，均匀覆盖在对绞电缆的护套上，导电面向外。

（4）将导流线缠绕在铝箔屏蔽层外。

5.6.3　屏蔽模块端接方法

屏蔽模块端接分为两个部分：屏蔽层端接和8芯对绞芯线端接。

1. 屏蔽层端接的基本方法

屏蔽层端接是指对绞线的屏蔽层与模块屏蔽壳体之间的端接过程。屏蔽对绞线与屏蔽模块端接时应满足GB 50312—2007的要求："屏蔽对绞电缆的屏蔽层与连接器件终接处屏蔽罩应通过紧固器件可靠接触，缆线屏蔽层应与连接器件屏蔽罩360°圆周接触，接触长度不宜小于10mm。屏蔽层不应用于受力的场合。"屏蔽对绞线屏蔽层与屏蔽模块屏蔽层之间的端接方法取决于屏蔽对绞线的种类，而更多的是取决于屏蔽模块的结构。屏蔽模块的屏蔽层端接方法大体可以分为三种情况。

1）在芯线端接前完成屏蔽层端接

屏蔽对绞电缆按5.4节方法处理后，将屏蔽层（SF/UTP、S/FTP和SF/FTP的丝网层，F/UTP、F2TP、U/FTP、F/FTP则为铝箔和接地导线）插入或固定在模块屏蔽壳体的尾部，确保屏蔽层之间完全导通，然后进行芯线端接。

2）在芯线端接后完成屏蔽层端接

屏蔽对绞电缆按5.6.2节处理后，先进行芯线端接，然后将屏蔽层（SF/UTP、S/FTP）和SF/FTP的丝网层（F/UTP、F2TP、U/FTP、F/FTP则为铝箔和接地导线）固定在模块屏蔽壳体的尾部，确保屏蔽层之间完全导通。

3）在芯线端接期间同时屏蔽层端接

屏蔽对绞电缆按 5.6.2 处理后，根据模块自带的说明书进行芯线端接，同时完成屏蔽层（SF/UTP、S/FTP 和 SF/FTP 的丝网层，F/UTP、F2TP、U/FTP、F/FTP 则为铝箔和接地导线）与模块屏蔽壳体之间的完成，并确保屏蔽层之间完全导通。

2. 对绞芯线端接

屏蔽模块内 8 芯对绞芯线的端接要求可参照 GB50312－2007，基本做法如下：

（1）根据 T568-A 或 T568-B 的色标，将蓝、橙、绿、棕色线对分别卡入相应的卡槽内，最好不要破坏各个线对的绞合度。注意：如果为了保证色谱而被迫改变绞距时，应将芯线多绞一下，而不是让它散开。用手或专用工具将各个线对卡到位，采用工具（斜口钳或剪刀）将多余的线对剪断，手动或采用专用工具将模块的其他部件安装到位。

（2）芯线端接的打线规则在整个布线工程要求统一，不能混用。

（3）剪断多余线对，同时将模块卡接到位。

（4）注意检查端接点附近是否有丝网或铝箔。如果有则全部清除，以免造成芯线对地短路。

习题 5

1. 简述综合布线系统施工前需做好哪些准备工作？
2. 综合布线系统施工技术准备主要包括哪些内容？
3. 预埋线槽和暗管敷设缆线需符合哪些规定？
4. 通常情况下在金属管和线槽内布放线缆的占空比为多少较为合适？
5. 设置缆线桥架和线槽敷设缆线需符合哪些规定？
6. 管路敷设时怎么选择管路材料？
7. 线槽分为哪几种？怎么选择？
8. 网络地板下安装线槽需符合哪些规定？
9. 水平布线子系统在吊顶内布线施工有什么要求？
10. 水平布线子系统在地板下布线施工有什么要求？
11. 在竖井中敷设主干线缆有几种方式？各有什么特点？
12. 在建筑群之间敷设线缆，一般采用哪些方法？试比较各种方法的优缺点。
13. 4 对双绞线缆预留长度有哪些要求？
14. 简述双绞电缆端接的基本要求。
15. 入户光缆布放有哪些要求？
16. 光纤接续方式有哪几种？各有什么特点？
17. 光纤端接有哪些基本要求？
18. 简述光纤熔接过程。
19. 布线过程中，哪些不恰当的人为因素会增加光纤连接损耗？
20. 吹光纤纤芯是怎么区分的？
21. 信息插座模块安装的基本要求是什么？
22. 110 配线架与模块化配线架可以互换吗？

23. 怎么合理布置机柜中的设备,以解决散热问题?

24. 标准机柜的宽度是多少?机柜容量单位 1U 等于多少厘米?某建筑物的一个楼层,共有 200 个网络信息点,从设备间敷设一条多模光缆到该层的电信间,选用 24 口网络设备与 24 口网络配线架,若网络设备与配线设备都安装在同一机柜中,最少需要多高的机柜才能容纳下这些设备?

25. 简述吹光纤技术的主要设备有哪些?作用分别是什么?

26. 屏蔽模块与非屏蔽模块的端接有何异同?

27. 屏蔽布线施工的基本原则是什么?

第6章 综合布线系统测试与验收

学习目标

通过本章学习，掌握综合布线系统电缆与光缆的主要测试参数与测试方法，掌握测试标准的应用方法，了解综合布线系统验收的主要内容与要求。

6.1 综合布线系统测试概述

测试是综合布线系统工程实施过程中的一个重要环节，综合布线系统的通信链路是否符合设计要求，是否能够满足当前或者将来对网络传输性能的要求，这些问题只有通过测试才能确定。

6.1.1 测试的类型

在综合布线系统实施过程中，按照测试对象或工程阶段的不同，可以分为选型测试、进场测试、随工测试、监理测试、验收测试、开通测试、故障诊断测试以及日常维护测试等。所有这些测试根据测试要求的不同，可以分为验证测试、鉴定测试和认证测试三种类型。

1. 验证测试

验证测试的目的主要是监督线缆、接插件质量和安装工艺，一般是边施工边测试，及时发现并纠正所出现的问题。选型测试、进场测试都可以用到验证测试，通过验证测试避免等到工程完工时发现问题再返工，减少不必要的人力、物力和财力的浪费。

验证测试一般不需要使用复杂的检测设备，只需要能检测接线图和线缆长度的测试仪即可。在工程中，线序错误、开路、短路、反接、线对交叉、链路超长等问题占整个工程安装质量问题的 80%，而这些问题在施工的当期通过一系列的重新端接、调换线缆、修正布线路由等措施就能较容易地解决。

2. 鉴定测试

鉴定测试的目的主要是检查链路支持应用的能力，即布线系统链路是否可以支持所需的网络速度与网络技术。鉴定测试的内容和方法较为简单，属于非标准检验。

例如，测试链路是否支持某个应用和带宽要求、能否支持 10/100/1000M 网络通信，属于鉴定测试的范畴；只测试光纤的通断、极性、衰减值或接收功率而不依据标准值去判定"通过/失败"，也属于鉴定测试的范畴；随工测试、监理测试、开通测试、升级前的评估测试、日常维护和故障诊断测试等都可以用到鉴定测试，通过鉴定测试可以减少停工返工时间，并避免不必要的资金浪费。

3. 认证测试

认证测试是按照某一标准，对综合布线系统的设计方案、产品选材、安装方法、电气特性、传输性能以及施工质量进行的全面检验，是评价综合布线工程质量的科学手段。认证测试与鉴定测试最明显的区别就是测试的参数多而全面，而且一定要在比较了标准极限值后给出"通过/失败"判定结果。例如，依照标准对光纤的衰减值和长度进行"通过/失败"测试属于认证测试。认证测试是项目验收工作中的最重要项目，其测试结论也是验收报告中必备的内容。本章讨论的测试技术主要针对认证测试。

实际工程中，综合布线系统的初期性能（建网阶段）不仅取决于综合布线方案设计和所选器材的质量，同时也取决于施工工艺。后期性能（用网阶段）则取决于交付使用后的定期测试、变更后测试、预防性测试、升级前评估测试等质保措施的实施。认证测试是真正能衡量链路质量的测试手段，在建网和用网的整个过程中，即综合布线系统的整个生命周期中都会被经常使用。

认证测试也不等同于工程验收。验收是建设单位对综合布线工程的认可，检查确认工程建设质量是否符合设计要求和有关验收标准；而认证测试是由专家组、独立的第三方测试机构以及建设单位、承建方共同进行的对工程建设水平的评价，一般先由建设单位向鉴定小组客观地反映使用情况，然后再由鉴定小组组织人员对系统进行全面的考查，通过认证测试，写出鉴定书，提交上级主管部门进行备案。

6.1.2　测试标准简介

验证测试和鉴定测试均不需要标准支持，但若要测试和验收综合布线的产品质量和工程质量，就必须有一个公认的标准。与布线设计标准一样，国际上制订布线测试标准的组织主有国际标准化组织 ISO、美国国家标准协会 ANSI、通信工业协会 TIA、电子工业协会 EIA、国际电工委员会 IEC 和欧洲标准化委员会 CENELEC 等。

1995 年，TIA/EIA 发布的技术白皮书《现场测试非屏蔽双绞电缆布线系统传输性能技术规范》（TSB 67）比较全面地规定了非屏蔽双绞电缆布线的现场测试内容、方法以及对测试仪器的细节要求。此后，ANSI/EIA/TIA 又顺应综合布线技术的发展，制定了 ANSI/TIA/EIA 568-A、ANSI/TIA/EIA568-B、ANSI/TIA 568-C 一系列标准。

为了建立支援多厂商的通信配线标准，推动建筑物中结构化配线系统的推广，ANSI/EIA/TIA 568-A 将综合布线系统划分为工作区、水平配线系统、分线箱系统、主干线配线系统、主设备机房与出入口设施六大组成部分，并制定了 3 类、4 类与 5 类线缆通道的测试要求。

ANSI/TIA/EIA 568-B 包括 B.1、B.2 和 B.3 三大部分。B.1 为商业建筑物电信布线标准总则，包括布线子系统定义、安装实践、链路/信道测试模型及指标；B.2 为平衡双绞线部分，包含了组件规范、传输性能、系统模型以及与用户验证布线系统的测量程序相关的内容；B.3 为光纤布线部分，包括光纤线缆、光纤连接件、跳线和现场测试仪的规格要求。

ANSI/TIA 568-C 包括 C.0、C.1、C.2 和 C.3 四大部分，由 ANSI/TIA/EIA 568-B 标准的三个文件拆分而成，并进行了更新与修改。其中，C.0 为通用建筑物电信布线标准，定义了新的通用术语，增加了光纤链路测试和性能要求；C.1 为商业楼宇电信布线标准，认可了 Cat.6A 类作为传输介质，删除了部分传输介质；C.2 为平衡双绞线和连接硬件标准，引入了耦合衰减（Coupling Attenuation）参数，定义了 Cat.6A 类系统信道、永久链路及元器件标准性能参数要求；C.3 为光纤布线和连接硬件标准，加入了 ISO 光纤命名的种类和连接器应力释放、外壳、适配器颜色等方面的建议。

国际标准化委员会 ISO/IEC 推出的布线测试标准有 ISO/IEC11801。除了定义了实验室和现场测试的对比方法，它还定义了布线系统的现场测试方法以及跳线和工作区电缆的测试方法。此外，它还定义了布线参考测试过程以及相应的测试仪器的精度要求。目前，该标准有 ISO/IEC 11801—1995、ISO/IEC 11801—2000 和 ISO/IEC 11801—2000＋三个版本，ISO/IEC 11801—1995 制定了综合布线系统测试的相应标准，把电缆的级别分为 B、C、D 三级，与 EIA/TIA 的 3 类、4 类、5 类相对应。ISO/IEC 11801—2000 对链路的定义进行了修正，认为以往的链路定义应被永久链路和通道的定义所取代。ISO/IEC 11801—2000＋定义了 6 类、7 类电缆的标准，把 5 类/D 级布线系统按照 5 类以上标准重新定义，以确保 5 类/D 级布线系统均可运行于千兆位以太网。

我国对综合布线系统专业领域的标准和规范的制定工作也非常重视，先后颁布了国家标准和行业标准，国家标准主要有《综合布线工程设计规范》（GB 50311—2007）和《综合布线工程验收规范》（GB 50312—2007），行业标准主要有《大楼通信综合布线系统》（YD/T 926.1-3—2009）和《综合布线系统电气性能通用测试方法》（YD/T 1013—2013）。

GB 50312—2007 是布线系统工程验收、电气测试的国家标准，参照了 ANSI/TIA/EIA TSB 67 标准，对 5 类及以下电缆系统的测试，提出了长度、接线图、衰减、近端串扰等主要测试内容，对电气性能测试提出了相应的仪表精度要求。

YD/T 1013—2013 是专门为我国综合布线系统现场测试和工程验收编制的标准。该标准弥补了 TSB 67 在使用中的不足，除了定义 3 类、5 类链路外，还定义了增强型 5 类、6 类千兆链路、7 类万兆链路及光纤链路的测试方法和标准，上述链路所需要测试的技术参数、测试连接方式、各技术指标测试原理、仪表的选择使用及布线系统测试报告应包括的内容、链路验收测试的判定准则等，是综合布线系统验收测试工作的重要指导性文件，它可以作为数字通信线缆、器材、生产、检测、工程设计及验收的依据。

6.2　电缆的测试

本节的电缆测试主要针对水平配线电缆，因为这段电缆是综合布线各个子系统中用线量最大、生命周期最长、建设质量要求最高的部位，几乎国内外制定的所有认证标准都主要针对这部分线缆。

6.2.1　电缆测试模型

根据我国的《综合布线工程验收规范》（GB 50312—2007），电缆认证测试模型有基本链路模型、永久链路模型和信道模型三种。3 类和 5 类布线系统按照基本链路和信道进行测试，5e 类和 6 类布线系统按照永久链路和信道进行测试。

1）基本链路（Basic Link，BL）模型

基本链路模型又称为承包商连接方式，用以测量所安装的固定布线链路的性能。

基本链路模型的架构形式如图 6-1 所示，包括最长 90m 的固定安装的水平电缆 F、水平电缆两端的接插件（一端为工作区信息插座模块，另一端为楼层配线架模块）和两条与现场测试仪相连的 2m 测试仪专用跳线 G、E，电缆总计长度为 94m。

模型中所有的连线、连接点都会对测试结果产生影响。由于基本链路定义中包含了测试跳线的参数，在高速链路中这根跳线的质量会影响链路的测试结果，而实际测试时人们多使用自制的跳线代替经过严格检验的测试跳线使得测试质量无法保障，故新标准中已将其放弃。

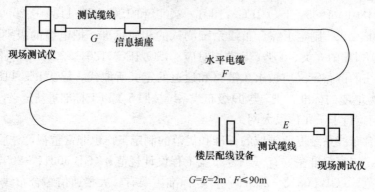

$G=E=2\text{m} \quad F\leqslant 90\text{m}$

图 6-1　基本链路模型

2）永久链路（Permanent Link，PL）模型

永久链路又称固定链路，在国际标准化组织 ISO/IEC 制定的电缆增强 5 类、6 类标准及 TIA/EIA 568-B 新测试定义中都增加了永久链路测试方法，用以代替基本链路模型。

永久链路是由最长为 90m 的水平电缆 $G+H$、水平电缆两端的接插件（一端为工作区信息插座模块，另一端为楼层配线架模块）和链路可选的集合点连接器 CP 组成，电缆总长度为 90m。如图 6-2 所示，永久链路不包括基本链路两端各 2m 的测试电缆。

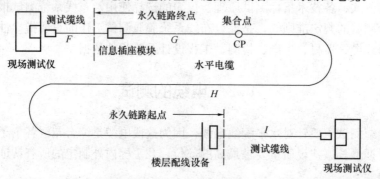

图 6-2　永久链路模型

在永久链路测试中，测试仪能够自动扣除测试设备连线 F、I 在测试过程中带来的误差。

3）信道（Channel，CH）模型

信道模型又称为用户连接方式，用以保证包括用户终端连接线在内的整体通道的性能，这也正是用户所关心的实际工作链路。信道模型如图 6-3 所示。

信道是指从网络设备连接线 E 到工作区用户终端连接线 A 的端到端连接，它还包括了最长为 90m 的固定安装的水平电缆 $C+B$、水平电缆两端的接插件（一端为工作区信息插座模块，另一端为楼层配线架模块）、一个靠近工作区的可选的集合点连接器 CP、最长为 2m

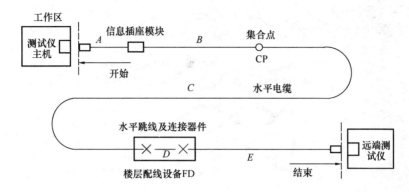

图 6-3　信道模型

的位于楼层配线架上的连接跳线 D，$A+D+E$（软跳线）最大长度为 10m，信道总计最长为 100m。

在进行 6 类布线系统测试时，永久链路模型适用于测试固定链路部分水平电缆及相关连接器件性能；信道连接模型在永久链路连接模型的基础上，测试包括工作区和电信间的设备电缆和跳线在内的整体信道性能。

在永久链路模型和信道模型中都包含了一个中间转接点，标准中测试参数的相关技术指标限值也都是针对含有中间转接点的，然而在实际工程中绝大部分水平布线没有转接点，少 1 个连接点的测试结果当然更容易通过。因此，为了得到尽可能准确的测试，在工程验收中应严格检查那些测试数据没有什么余量，甚至是临界值的测试点的建设质量。

6.2.2　电缆认证测试的参数

TSB 67 和 ISO/IEC 11801—95 标准只定义到 5 类布线系统，测试指标只有接线图、长度、衰减、近端串音和衰减串音比等参数。T568-B 和 ISO/IEC 11801—2000 定义的指标项目有插入损耗（IL）、近端串音、衰减串音比（ACR）、等电平远端串音（ELFEXT）、近端串音功率和（PSNEXT）、衰减串音比功率和（PSACR）、等电平远端串音功率和（PSELEFXT）、回波损耗（RL）、时延、时延偏差等。568-C 和 ISO/IEC 11801—2008，则对万兆铜缆系统工程的测试提出了更高要求。

随着 IEEE802.3an 的发布，对于支持 10GBase-T 的 6 类或 7 类双绞线的测试又提出了更高要求。对于屏蔽的布线系统，还应考虑非平衡衰减、传输阻抗、耦合衰减及屏蔽衰减。下面将对电缆认证测试的主要参数进行一一介绍。

1. 接线图／线序图（Wire Map）

接线图是用来检验每根电缆两端的八条芯线与接线端子实际连接是否正确，并对安装连通性进行的检查。测试仪能显示出电缆端接的正确性。正确的接线线序如图 6-4 所示。

2. 长度（Length）

长度是指链路的物理长度。基本链路的最大长度是 94m，通道的最大长度是 100m，永久链路的最大长度是 90m，它们可通过测量电缆的表皮长度确定，也可从每对芯线的电气测量中得出。

需要说明的是，一条电缆的 4 对双绞线由于绞距不同使得实际长度略有差异。

电气测量链路的长度是基于计算信号传输反射回波时间原理和电缆的额定传播速

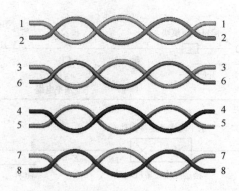

图 6-4　正确接线

度（NVP）值来实现的。所谓额定传播速度是指信号在该电缆中的传输速度与真空中光的传输速度比值的百分数。测量额定传播速度的方法有电容法和时域反射法（TDR）两种。其中，时域反射法是最常用的方法，它通过测量信号在链路上的往返延迟时间，然后与该电缆的额定传播速度值进行计算就可得出链路的电气长度。

时域反射法的工作原理是：测试仪从电缆一端发出一个脉冲波，在脉冲波行进时，如果碰到阻抗的变化，如开路、短路或不正常接线时，就会将部分或全部的脉冲能量反射回测试仪。依据来回脉冲波的延迟时间及已知的信号在电缆传播的额定传播速率，测试仪就可以计算出脉冲波接收端到该脉冲返回点的长度，如图 6-5 所示。

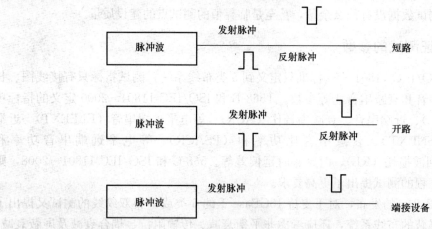

图 6-5　时域反射法测量长度原理图

为了保证长度测量的精度，进行此项测试前需对被测线缆的 NVP 值进行校核。校核的方法是使用一段该标号标准长度如 300m 的电缆来调整测试仪器，使长度读数等于 300m，NVP 值随不同类型不同绞距的线缆而异，通常范围为 $60\% \sim 80\%$。

长度的计算公式为

$$L = \frac{1}{2}T \cdot NVP \cdot C \tag{6-1}$$

式中，L 为电缆长度，m；T 为信号发送与接收之间的时间差，s；C 为真空状态下的光速（3×10^8 m/s）。

如果长度超过标准规定的最大限值，不仅链路上的信号损耗增大，而且易产生计算机网络信号碰撞延迟，导致网络流量下降，信号传递效率降低等软故障。

3. 特性阻抗（Impedance）

特性阻抗是电缆对高频信号所呈现的阻抗，与线上的分布电感和分布电容有关，所谓 100ΩUTP 中的 100Ω 就是指该电缆的标称特性阻抗值。正常情况下，整条电缆在测试频率范围内的测量值不超过标称值的 15％都算合格。

线上任一点的特性阻抗不连续、不匹配都会导致链路信号反射和信号畸变，最严重的情况是开路或短路，它们会产生信号全反射，在网络上造成信号碰撞或帧破损。使用测试仪器上的时域反射技术可以很快进行特性阻抗故障点的定位，如果沿电缆发出的脉冲信号没有反射说明特性阻抗均匀，否则利用脉冲信号返回的时间可以计算出不连续点的距离，反射脉冲的幅度可以告之不匹配的程度。

4. 插入损耗（Insert Loss）

插入损耗也称衰减，是指发射机与接收机之间插入电缆或元器件产生的信号损耗，如图 6-6 所示。插入损耗是对信号能量沿链路传输损耗的量度，取决于双绞线的分布电阻、分布电容、分布电感等分布参数和信号频率，并随频率和线缆长度的增加而增大，用 dB 表示。除了上述因素，引起损耗的原因还有集肤效应、绝缘损耗、特性阻抗不匹配、连接点接触电阻以及温度升高等因素。信号损耗增大到一定程度，将会引起链路传输的信息不可靠，如网络速度下降、间歇地找不到服务器等。

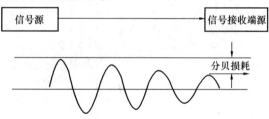

图 6-6　传输所造成的信号损耗

在选定的某一频率上，不同连接方式的损耗允许极限值不同，如表 6-1 所示。这个表是在 20℃时给出的允许值，随着温度的增加，损耗值还会增加。具体来说，3 类电缆在温度每增加 1℃时损耗增加 1.5％，4 类和 5 类电缆在温度每增加 1℃时损耗增加 0.4％，超 5 类以上等级电缆的温度系数也可照此估算。当电缆安装在金属管道内时，链路的损耗将增加 2％～3％。 TSB 67 规定，在其他温度下测得的损耗值按式（6-2）换算到 20℃时的相应值再与表 6-1 比较。通道的损耗包括 10m 跳线、4m 测试仪连接电缆、各电缆段及连接件损耗的总和。

表 6-1　不同连接方式下允许的最大插入损耗

频率（MHz）	C 级（dB）		D 级（dB）		E 级（dB）		F 级（dB）	
	信道链路	永久链路	信道链路	永久链路	信道链路	永久链路	信道链路	永久链路
1	4.2	4.0	4.0	4.0	4.0	4.0	4.0	4.0
16	14.4	12.2	9.1	7.7	8.3	7.1	8.1	6.9
100			24.0	20.4	21.7	18.5	20.8	17.7
250					35.9	30.7	33.8	28.8
600							54.6	46.6

$$A_{20} = \frac{A_\mathrm{T}}{1 + K_\mathrm{t}(T-20)} \tag{6-2}$$

式中，A_{20} 为修正到 20℃ 的衰减值，dB；T 为测量环境温度，℃；A_T 为测量出的衰减值，dB；K_t 为电缆温度系数，1/℃。

现场测试仪器可以同时测量已安装的同一根电缆内所有线对的损耗值，通过将其中的最大损耗值与损耗标准值比较后，给出这项指标通过或未通过的结论。

5. 近端串扰（NEXT）

串扰是高速信号在双绞线上传输时，由于分布互感和电容的存在，在邻近线对中感应的信号。近端串扰是指在一条双绞电缆链路中，某侧的发送线对向同侧其他线对通过电磁感应造成的信号耦合，NEXT 值是对这种耦合程度的度量，它对信号的接收产生不良的影响。串扰的单位是 dB，定义为导致串扰的发送信号功率与同端相邻线对接收到的串扰功率之比。NEXT 值越大，串扰越低，链路性能越好。

近端串扰是决定链路传输能力的最重要参数。NEXT 的大小与链路长度无关，与信号频率、电缆类别和连接方式有关。图 6-7 为双绞电缆基本链路的近端串扰与频率的关系图，由图可以看出，随着信号频率的增大，链路的近端串扰性能将变差。

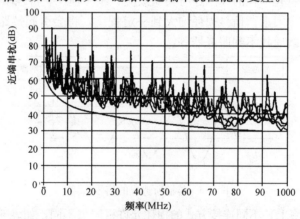

图 6-7　近端串音与频率的关系

对于双绞电缆链路，近端串扰是一个关键的性能指标，也是最难精确测量的指标，随着信号频率的增加，近端串扰的测量难度也在增加。TSB 67 中要求 5 类电缆链路必须在 1～100MHz 的频率范围内测试；3 类链路是 1～16MHz；4 类链路是 1～20MHz。

由图 6-7 曲线中不规则的形状还可以看出，除非沿频率范围测试很多点，否则峰值情况很容易被漏过。对于近端串扰的测试，采样频率点的步长越小，测试就越准确，所以 TSB 67 定义了近端串扰测试时的最大频率步长，如表 6-2 所示。

表 6-2　NEXT 最大频率步长

频率段（MHz）	1～31.25	31.26～100	100～250	250～900
最大采样步长（MHz）	0.15	0.25	0.50	1.00

另外，由测试报告给出的曲线也可看出，一条电缆的各对双绞线的近端串扰损耗不同。表 6-3 给出了不同链路的最小近端串音损耗一览表。

表 6-3　最小近端串音损耗一览表

频率（MHz）	C 级（dB）		D 级（dB）		E 级（dB）		F 级（dB）	
	信道链路	永久链路	信道链路	永久链路	信道链路	永久链路	信道链路	永久链路
1	39.1	40.1	60.0	60.0	65.0	65.0	65.0	65.0
16	19.4	21.1	43.6	45.2	53.2	54.6	65.0	65.0
100			30.1	32.3	39.9	41.8	62.9	65.0
250					33.1	35.3	56.9	60.4
600							51.2	54.7

　　TSB 67 中明确指出，任何一条链路的近端串扰性能必须由双向测试的结果来决定。因此，近端串扰必须进行双向测试。大多数近端串扰发生在近端的连接件上，只有长距离的电缆才能累积起比较明显的近端串扰，而绝大多数的近端串扰是由在链路测试端的近处测到的。另外，有时在链路的一端测试近端串扰是可以通过的，而在另一端测试则是不能通过的，这是因为发生在远端的近端串扰经过电缆的衰减到达测试点时，其影响已经减小到标准的极限值以内。所以，对近端串扰的测试要在链路的两端各进行一次。

　　此外，线对 i 向线对 j 的近端串音与线对 j 向线对 i 的近端串音不一定相同。现场测试仪应该能测试并报告出在该条电缆上哪两对线之间 NEXT 性能最差。与 5 类电缆相比，超 5 类布线技术在 NEXT 方面改进了 3dB。尽管超 5 类电缆的最高传输频率仍为 100MHz，但其新增了多个 5 类电缆不要求的测试参数，如后面介绍的 PSNEXT 等，以保证兼容千兆以太网。

　　关于近端串扰的测试，还有一点需要指出的是：在采用 ISO 11801—2002 标准时，如果衰减小于 4dB 时，可以忽略近端串扰值，此即所谓的 4dB 原则。图 6-8 显示的测试结果验证了该原则在测试仪器中的应用。

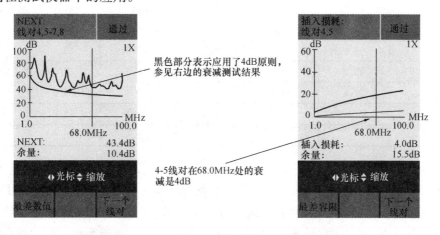

图 6-8　dB 原则

6. 近端串扰功率和（Power Sum NEXT，PSNEXT）

近端串扰是一对发送信号的线对对被测线对在近端的串扰，实际上在 4 对双绞线电缆中，当其他 3 个线对都发送信号时也会对被测线对产生串扰。因此，在 4 对电缆中，3 个发送信号的线对向另一相邻接收线对产生的总串扰就称为近端串音功率和，也可称为综合近端串扰，如图 6-9 所示。

用功率的平方和的平方根值来计算，即

$$N_4 = \sqrt{N_1^2 + N_2^2 + N_3^2} \tag{6-3}$$

式中，N_1、N_2、N_3 分别为线对 1、线对 2、线对 3 作用于线对 4 的近端串扰功率值。

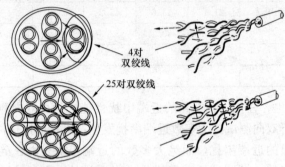

图 6-9　近端串音功率和

近端串音功率和是双绞线布线系统中的一个新的测试指标，在 3 类、4 类和 5 类电缆中都没有要求，只有 5e 类以上电缆中才要求测试它，这种测试在用多个线对传送信号的 100Base-T4 和 1000Base-T 等高速以太网中非常重要。因为电缆中多个传送信号的线对把更多的能量耦合到接收线对，在测量中近端串音功率和要低于同种电缆线对间的近端串音损耗值。

不同连接方式下的相邻线对近端串音功率和损耗限定值如表 6-4 所示。

表 6-4　近端串音功率和的最小极限值一览表

频率（MHz）	D 级（dB）		E 级（dB）		F 级（dB）	
	信道链路	永久链路	信道链路	永久链路	信道链路	永久链路
1	57.0	57.0	62.0	62.0	62.0	62.0
16	40.6	42.2	50.6	52.2	62.0	62.0
100	27.1	29.3	37.1	39.3	59.9	62.0
250			30.2	32.7	53.9	57.4
600					48.2	51.7

7. 近端衰减串扰比（ACR）

信号在链路中传输时，信号的插入损耗和串扰都会存在，串扰反映出电缆系统内的噪声水平，插入损耗反映线对本身的实际传输能量。总的希望当然是接收到的信号能量尽量大（即电缆的衰减值要小），耦合过来的串音尽量小。可用它们的比值来相对衡量收到信号的质量，这个比值就叫衰减串音比。衰减串扰比定义为被测线对受相邻发送线对串扰的近端串扰与本线对上传输的有用信号的比值，用对数来表示这种比值，就是做减法（单位为 dB）。因此，ACR 就是以 dB 表示的近端串扰与以 dB 表示的插入损耗的差值，即 ACR＝NEXT－A，其绝对值越大越好。布线系统信道的 ACR 值应符合表 6-5 所示的规定。

表 6-5　信道衰减串扰比值规定

频率（MHz）	最小衰减串扰比（dB）		
	D 级	E 级	F 级
1	56.0	61.0	61.0
16	34.5	44.9	56.9
100	6.1	18.2	42.1
250		−2.8	23.1
600			−3.4

插入损耗、近端串扰、ACR 都是频率的函数，ACR 应在同一频率下进行运算，三者的关系如图 6-10 所示。

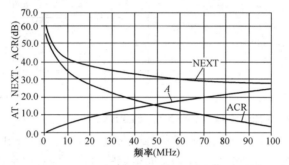

图 6-10　ACR、NEXT 和衰减 A 的关系

图 6-11 可以进一步说明 ACR 的计量意义，线对 2 上接收的信号功率 $P_{2收}$ 与串音功率 $P_{2串}$ 的关系为

$$\text{NEXT} - A = 10\lg\frac{P_{2串}}{P_{1发}} - 10\lg\frac{P_{2收}}{P_{2发}} = 10\lg\left(\frac{P_{2串}}{P_{1发}} \cdot \frac{P_{2发}}{P_{2收}}\right)$$

式中，$P_{1发} = P_{2发}$ 时，$\text{ACR} = |10\lg(P_{2串}/P_{2收})|$，希望其中 $P_{2收} > P_{2串}$。

从图 6-10 可见，ACR 随频率升高而减小，确定不同等级电缆频带宽度的方法可以使用 ACR 的 3dB 频率点。例如，在图 6-10 中 100MHz 频点，$\text{ACR} = 3\text{dB}$，说明 $P_{2收}$ 已相对减小到 $P_{2串}$ 的 2 倍，可认为有用信号 $P_{2收}$ 即将与干扰噪声 $P_{2串}$ 相当，网络已不能正常工作，故界定该电缆的带宽为 100MHz。

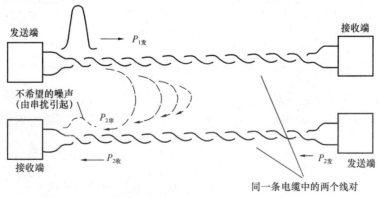

图 6-11　ACR 示意图

8. 综合衰减近端串扰比（PSACR-N）

综合衰减近端串扰比是近端串音功率和损耗与衰减的差值。同样，它不是一个独立的测量值，而是在同一频率下衰减与近端串音功率和损耗的计算结果。综合布线系统信道的 PSACR-N 值应符合表 6-6 的规定。

表 6-6　信道衰减串扰比限定值

频率（MHz）	最小衰减串扰比（dB）		
	D 级	E 级	F 级
1	53.0	58.0	58.0
16	31.5	42.3	53.9
100	3.1	15.4	39.1
250		−5.8	20.1
600			−6.4

9. 等电平远端串扰（Equal Level FEXT，ELFEXT）

与近端串扰定义相类似，远端串扰是从近端发出信号时，在链路的远端，发送信号的线对向其同侧其他相邻线对通过电磁感应耦合而造成的串扰。但是由于线路的损耗，会使远端点接收的串扰信号过小，以致所测量的串扰不是在整个链路上的真实串扰影响。因此，测量到的远端串扰值再加上线路的损耗值（与线长有关）后，得到的就是所谓的等电平远端串音。图 6-12 显示了各种串扰的意义。

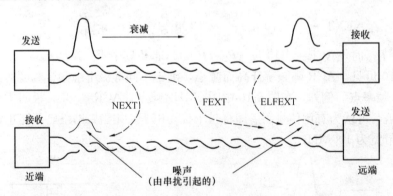

图 6-12　各种串扰示意图

等电平远端串扰是指某线对上远端串音损耗与该线路传输信号衰减的差值，也称为远端衰减远端串扰比 ACR-F。减去损耗后的 FEXT 比较真实地反映了在远端的信噪比，其关系如图 6-13 所示。

ELFEXT 的定义如下：

$$ELFEXT = FEXT - A \quad (A \text{ 为被干扰线对的衰减值})$$

这是局域网信噪比（S/N）的另一种表示方式，即两个以上的信号朝同一方向传输时的情况信噪比等。等电平远端串扰最小限定值如表 6-7 所示。

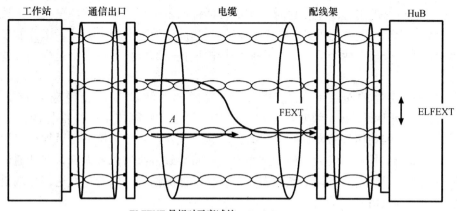

ELFEXT 是相对于衰减的 FEXT(FEXT−A)

图 6-13　FEXT、A 和 ELFEXT 的关系图

表 6-7　等电平远端串扰最小限定值表

频率（MHz）	D 级		E 级		F 级	
	信道链路	永久链路	信道链路	永久链路	信道链路	永久链路
1	57.4	58.6	63.3	64.2	65.0	65.0
16.0	33.3	34.5	39.2	40.1	57.5	59.3
100	17.4	18.6	23.3	24.2	44.4	46.0
250			15.3	16.2	37.8	39.2
600					31.3	32.6

10. 等电平远端串扰功率和（PSELFEXT）

等电平远端串扰功率和是几个同时传输信号的线对在接收线对形成的串扰总和，是指在电缆的远端测量到的每个传送信号的线对对被测线对串扰能量的和，等电平远端串扰功率和是一个计算参数，对 4 对 UTP 而言，它是其他 3 对远端串扰对第 4 对线对的联合干扰，有 8 种干扰组合。表 6-8 列出了关键频率下等电平远端串扰功率和的极限值。

表 6-8　等电平远端串音功率和极限值表

频率（MHz）	D 级（dB）		E 级（dB）		F 级（dB）	
	信道链路	永久链路	信道链路	永久链路	信道链路	永久链路
1	54.4	55.6	60.3	61.2	62.0	62.0
16.0	30.3	31.5	36.2	37.1	54.5	56.3
100	14.4	15.6	20.3	21.2	41.4	43.0
250			12.3	13.2	34.8	36.2
600					28.3	29.6

11. 回波损耗（Return Loss）

回波损耗主要是指电缆与接插件连接处的阻抗突变（不匹配）导致的一部分信号能量的

反射值。当沿着链路的阻抗发生变化时，例如接插件的阻抗与电缆的特性阻抗不一致（不连续）时，就会出现阻抗突变时的特有现象：信号到达此区域时必定消耗掉一部分能量来克服阻抗的偏移，由此会出现两个后果，一个是信号被损耗一部分，另一个则是少部分能量被反射回发送端。

在超 5 类和 6 类的布线系统测试中，回波损耗的测试工作变得越来越重要。以 1000Base-T 以太网为例，每个线对都是双工通信，每个线对既担负发送信号的任务也担负接收信号的任务。因为信号的发射线对同时也是接收线对，由于阻抗突变后被反射回到发送端的能量对于接受信号就会成为一种干扰噪声，这将导致接收的信号失真，降低通信链路的传输性能。此外，对于全双工网络系统而言，合格的回波损耗可以避免发送信号端错误地将回波信号识别为有效信号。

回波损耗的定义为

$$回波损耗＝发送信号值/反射信号值$$

由上式可以看出，回波损耗值越大则反射信号越小，这意味着链路中的电缆和相关连接硬件的阻抗一致性越好，传输信号失真小，在信道上的反射噪声也越小。因此，回波损耗测量值越大越好。

ANSI/TIA/EIA 和 ISO 标准中对布线材料的特性阻抗作了定义，常用的 UTP 特性阻抗为 $100\,\Omega$，但不同厂商或同一厂商不同批次的产品都有在允许范围内的不同偏离值。因此在综合布线工程中，建议采购同一厂商同一批生产的双绞线电缆和接插件，以保证整条通信链路特性阻抗的匹配性，减少回波损耗和衰减。在施工过程中端接不规范、布放电缆时出现牵引用力过大或过度踩踏、挤压等都可能引起电缆特性阻抗变化，从而发生阻抗不匹配的现象，因此要文明施工，规范施工，以此减少阻抗不匹配现象的发生。

表 6-9 列出了不同链路模型在关键频率点的最小回波损耗极限值。

表 6-9　关键频率点的最小回波损耗极限值表

频率（MHz）	C 级（dB）		D 级（dB）		E 级（dB）		F 级（dB）	
	信道链路	永久链路	信道链路	永久链路	信道链路	永久链路	信道链路	永久链路
1	15.0	15.0	17.0	19.0	19.0	21.0	19.0	21.0
16	15.0	15.0	17.0	19.0	18.0	20.0	18.0	20.0
100			10.0	12.0	12.0	14.0	12.0	14.0
250					8.0	10.0	8.0	10.0
600							8.0	10.0

关于回波损耗，需要指出的是：在采用 TIA 和 ISO 标准时，当衰减值小于 3dB 时，可以忽略回波损耗值。图 6-8 显示的测试结果验证了该原则在测试仪器中的应用。

图 6-14 所示为一条电缆回波损耗的图形测试报告，在 46.5MHz 处余量已经是 −2.5dB，而测试总结果是"通过"。表面上看，最坏情况应是图中给出的与标准交叉的点，测试总结果也应该是失败。但是，因为衰减是频率函数，1、2 线对 46.5MHz 之后的衰减都小于 3dB. 若在测试频带内衰减有小于 3dB 的点，则这些点上所产生的回波损耗即使超出了标准所规定的极限，也可以认为对数据的传输没有太大影响，而不作为最差的情况被列出

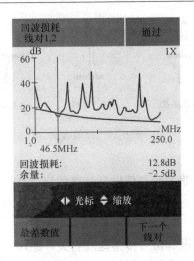

图 6-14　回波损耗图形测试报告

来，这就是 3dB 原则。这也就是测试可以通过的理由。另外，若链路长度很短，可能整个频率段就会落在 3dB 范围。

　　回波损耗的测试还可以用于故障定位。例如，Fluke 系列布线测试仪表采用高精度时域反射技术（High Definition Time Domain Reflectmeter，HDTDR）对回波损耗的故障进行定位。HDTDR 技术通过在时域范围接受反射信号，计算反射信号的时延确定反射点的位置，进而定位故障点。

　　图 6-15 中，横坐标为距离，从左往右对应于从主机到远端，纵坐标为百分比，是反射信号与发射信号的比值。图 6-16 所示为峰值的含义。

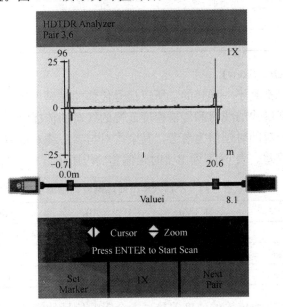

图 6-15　回波损耗用于故障定位

　　一般定义当峰值超过 3％时，则认为其为故障点。如果是正负双峰值，那么正值与负值的绝对值相减后的数据来判断；如果是单峰值，可以直接判断。

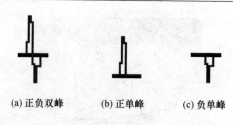

(a)正负双峰　　　(b)正单峰　　　(c)负单峰

图 6-16　峰值含义

12. 传输时延（Delay）

传播时延代表了信号从链路的起点传输到链路的终点所用的时间，这一参数过大将导致传输信号的相位漂移，即脉冲的变形信号的失真。这也是局域网水平布线有长度限制的另一原因。

传播时延的大小与链路长度和信号传播速度有关，距离一定时不同种类和等级的电缆所用的介质材料决定了相应的传播速度，如双绞线的传播时延约为435ns/100m，同轴线的传播时延约为500ns/100m。表 6-10 列出了关键频率点的 100m 电缆传播时延极限值。

表 6-10　传播时延极限值表

频率（MHz）	C 级（μs）		D 级（μs）		E 级（μs）		F 级（μs）	
	信道链路	永久链路	信道链路	永久链路	信道链路	永久链路	信道链路	永久链路
1	0.580	0.521	0.580	0.521	0.580	0.521	0.580	0.521
16	0.553	0.496	0.553	0.496	0.553	0.496	0.553	0.496
100			0.548	0.491	0.548	0.491	0.548	0.491
250					0.546	0.490	0.546	0.490
600							0.545	0.489

13. 时延偏差（Delay Skew）

电缆中的每个线对都是不一样长的，所以信号传输的时延也是不一样的。时延偏差就是指同一电缆中传输速度最快的线对和传输速度最慢的线对的传播时延差值，它以同一电缆中信号传播延迟最小的线对的时延值为参考，其余线对与参考线对都有时延差值，最大的时延差值即是电缆的时延偏差。表 6-11 列出了时延偏差的极限值。

表 6-11　不同频率下时延偏差极限值

等级	C 级（dB）	D 级（dB）	E 级（dB）	F 级（dB）
频率（MHz）	1≤f≤16	1≤f≤100	14≤f≤250	14≤f≤250
信道链路最大时延偏差（μs）	0.050	0.050	0.050	0.030
永久链路最大时延偏差（μs）	0.044	0.044	0.044	0.044

电信号在 4 对双绞电缆传输的速度差异过大会影响信号的完整性而产生误码。例如，千兆网使用 4 对线同时全双工传输一组数据，数据传送时先在发送端被分配到不同线对后才并行传送，到接收端后再重新组合成原始信号，如果线对间传输的时差过大，接收端就会因为信号在时间上不能对齐而丢失数据，从而影响重组信号的完整性并产生错误。6 类电缆标准

以 100m 通道为基础，时延偏差与线对长度有关，以最长的一对为准计算其他线对与该线对的时间差异。线对间的时延偏差对于高速数据传输系统是十分重要的参数。

传输延迟和延迟偏差的关系如图 6-17 所示。

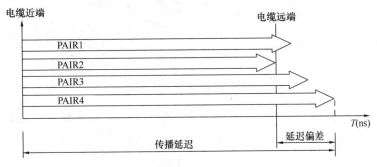

图 6-17　传输延迟和延迟偏差的关系

14. 直流环路电阻（DCLoop Resistance）

任何导线都存在电阻，直流环路电阻是指一对双绞导线的线电阻之和。当信号在双绞线中传输时，会消耗一部分能量且在导体中转变为热量。直流环路电阻的测量原理是将每对双绞线远端短路在近端测量取数，其值应与电缆中导体的长度和直径相符合。

一条电缆的直流环路电阻是由电缆的电导率、电容以及阻值组合后的综合特性，这些参数是由诸如导体尺寸、导体间的距离以及电缆绝缘材料特性等物理参数决定的。正常的物理运行依靠整个系统电缆与连接器件具有的恒定的直流环路电阻，直流环路电阻的突变或异常会造成信号的反射，从而会引起网络电缆中传输信号畸变并导致网络出错。

布线系统信道的直流环路电阻应符合表 6-12 所示的规定。

表 6-12　信道直流环路电阻限值表

	A 级	B 级	C 级	D 级	E 级	F 级
最大直流环路电阻（Ω）	560	170	40	25	25	25

标准规定 100Ω 非屏蔽双绞电缆直流环路电阻不大于 19.2Ω/100m，150Ω 屏蔽双绞电缆直流环路电阻不大于 12Ω/100m。

15. 外部串扰（Alien Crosstalk）

同一线缆中的 4 个线对由于电磁耦合会有部分能量泄漏到其他邻近线对中，这个耦合效应被称为"串扰"。串扰不仅干扰相邻线对的信号传输（线内干扰：近端串扰/远端串扰），同样也会干扰线缆外部其他线缆传送的信号（线外干扰：外部近端串扰/外部远端串扰）。我们用外部近端串扰（Alien-NEXT，ANEXT）和外部远端串扰（Alien-FEXT，AFEXT）来考察这类干扰的程度。类似地，同样也存在综合近端外部串扰（PSANEXT）和综合远端外部串扰（PSAFEXT）。因为频率越高，线对的对外辐射能力越强，所以这些参数对于运行速率为 10Gbit/s 的非屏蔽线缆而言，有重大的意义。通常，在布线过程中使用同一厂商的线缆，同种颜色的线芯其几何结构（线对的扭绞率）几乎一致，因此同颜色线芯间的干扰还会更严重一些，如图 6-18 所示。

外部串扰 ANEXT 和 AFEXT 的测试原理是：用一个信号发送机发送信号到（干扰）电缆中，用一个信号接收机接收被干扰信号，记录接收到的干扰信号（ANEXT、AFEXT）。

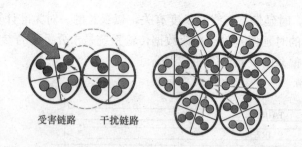

图 6-18 ANEXT 或 AFEXT

将此信号值运算后就得到 PSANEXT 和 PSAFEXT。所以，除了使用仪器默认配置的适配器外，还要使用外部串扰测试适配器。具体的测试方式如图 6-19 和图 6-20 所示。

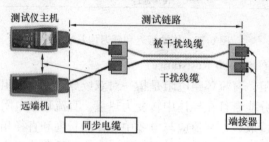

图 6-19 ANEXT 测试方法

图 6-19 的远端机负责释放干扰信号（干扰链路），通过空间辐射进入邻近的被干扰链路（又称受害链路）。主机负责测试、记录干扰信号（即 ANEXT）。为了保证测试仪主机（信号接收机）和远端（干扰信号发射机）测试过程同步，主机和远端之间通过一条标准电缆相互连接。此外，在测试远端为了防止远端信号反射，在待测试的链路（被干扰链路）及干扰链路两端各插入一个特殊的终端阻抗匹配插头。

图 6-20 所示为外部远端串扰的测试方法。远端机释放干扰，主机测试并记录干扰数据。为了保证测试仪主机和远端测试过程同步，测试仪主机和远端之间通过同一捆线缆中一条未用的链路相互连接，此外在测试远端为了防止远端信号反射，在待测试的链路（被干扰）及干扰链路两端各插入一个特殊的终端阻抗匹配插头。

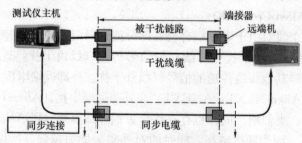

图 6-20 AFEXT 测试方法

由于 PSANEXT 是一个计算值，而非测试值，所以测试多线对外部近端串扰的时候，可将测试好的线缆线对之间的单个外部近端串扰测试结果上传到计算机，计算机上安装的"AxTalk"应用软件会自动计算综合近端外部串扰。类似地，同样也可计算综合远端外部串扰。此处使用电脑来计算综合外部串扰的目的是大量节省测试分析时间，缩短工程测试现场耗用的时间。

16. 其他参数

在工程测试中，除了上述参数需要测试外，还有一些参数为抽样测试参数，如链路脉冲噪声电平、背景杂讯噪声、综合布线系统接地性能等。

（1）链路脉冲噪声电平：由于大功率设备间断性启动，给布线链路带来电冲击干扰，布线链路在不连接有源器件及设备的情况下，对高于 200mV 的脉冲噪声发生个数的统计。

由于布线链路用于传输数字信号，为了保证数字脉冲的幅度和个数，通常在 2min 的测试时间内，要求捕捉脉冲噪声个数不大于 10。

（2）背景杂讯噪声：由一般用电器工作带来的高频干扰、电磁干扰和杂散宽频低幅干扰。综合布线链路在不连接有源器件及设备的情况下，杂讯噪声电平应不大于 −30dB。

（3）综合布线系统接地测量：综合布线系统接地自成系统，应与楼宇地线系统接触良好，并与楼内地线系统联成一体，构成等压接地网络。接地导线电阻不大于 1Ω。

另外，还有一些参数是为屏蔽电缆制定的，包括转移阻抗、非平衡衰减、耦合衰减及屏蔽衰减等，这里简单介绍一下转移阻抗和耦合衰减，其他参数可以参考《屏蔽布线系统的设计与施工检测技术白皮书》。

转移阻抗与屏蔽电缆和连接硬件的屏蔽效率相关，它描述了屏蔽层内表面的共模电压与其外表面电流之间的比值，其数值可通过实验室高频密封箱测量屏蔽插入损耗，计算得出。

耦合衰减用于描述电缆系统的电磁兼容性能，它被定义为输入功率与近端或远端辐射功率的最大值之比值，这个参数的测试与电缆的带宽无关，从 30MHz 测试到 1GHz。

对于屏蔽电缆，耦合衰减测试的是屏蔽与对绞等抗干扰手段共同作用的 EMC 性能；对于非屏蔽电缆，耦合衰减测试的是电缆的对绞平衡效果，其意义与屏蔽衰减相同。

6.2.3　对电缆认证测试的要求

与在生产线和实验室里使用台式认证测试仪按照元件标准检测电缆、跳线和插座模块的质量不同，在布线工程项目中最重要的还是现场认证测试。用于现场认证的测试仪器具有便携、手持操作方便等特点，主要采用模拟和数字两类测试技术。

传统的测试基于模拟技术，主要采用频率扫描方式来实现，即测试仪发出的每个测试频点信号都进入电缆进行测试，将每个频点对应测得的值（比如 NEXT、RL、IL 等）标注在坐标上，再将其用一条曲线连接起来；数字技术则是通过发送数字脉冲信号完成测试的。由于数字脉冲周期信号可以分解为由直流分量和 K 次谐波之和组成的傅里叶级数，所以通过相应的信号处理软件就可以检测数字信号在电缆中的各次谐波的频谱特性，也能计算出图 6-7 所示曲线。Fluke DSP 系列电缆认证分析仪采用数字技术，DTX 系列电缆认证分析仪采用数字和模拟相结合的技术进行测试，使得测试速度得以大幅提高。

认证测试仪是综合布线工程电缆测试的专用仪器。现场测试仪最主要的功能是认证综合布线链路性能能否通过综合布线标准的各项测试，如果发现链路不能达到要求，测试仪器具有故障查找和诊断能力就十分必要。所以在选择综合布线现场测试仪器时通常考虑以下几个因素：测试仪的精度和测试结果的可重复性；测试仪能支持多少测试标准；是否具有对所有综合布线故障的诊断能力；使用是否简单容易。

通常来说，对测试仪的基本要求以及对测试精度、测试速度等方面的具体要求如下。

1. 测试仪的基本要求

（1）精度是综合布线测试仪的基础，所选择的测试仪既要满足永久链路认证精度，又要满足信道的认证精度。测试仪的精度是有时间限制的，必须在使用一定时间后进行定期校准。

（2）具有精确的故障定位和快速的测试速度并带有远端测试单元的测试仪，使用 6 类电缆时，近端串音应进行双向测试，即对同一条电缆必须测试两次，而带有智能远端测试单元的测试仪可实现双向测试一次完成。

（3）为了便于测试结果的保存与输出，通常要求测试仪可以与 PC 连接在一起，以便把测试的数据传送到 PC 机中。

2. 测试精度要求

测试仪的精度决定了对被测链路检验的可信程度，即被测链路是否真的达到了测试标准的要求。如何保证测试仪精度的可信度，通常是通过获得第三方专业机构的认证方式来说明的，如美国安全检测实验室的 UL 认证等。

在 ANSI/TIA/EIA 568-B.2-1 附录 B 中给出了永久链路、基本链路和信道的性能参数。对衰减和近端串音等参数的测量精度要求如表 6-13 所示，因此综合布线认证测试最好都使用Ⅲ级以上精度的测试仪。ISO/IEC 要求 ClassF 链路要测试到 600MHz，并且要求测试仪需要满足 IV 级精度。

现在由于需要支持 10G 以太网的测试，基本只有达到 IV 精度的仪器才能支持 10G 以太网的测试。如：10GBase-T 实际工作频率上限为 417MHZ，远高于 1000Base-T 80MHZ 的工作频率。所以测试仪表的测试频率需要在 500MHz 频率范围内达到Ⅳ精度。

表 6-13　电缆认证测试仪精度要求

电缆类型	UL 测试精度要求
5 类电缆	第Ⅱ级
5e 类电缆	第Ⅱe 级
6 类电缆	第Ⅲ级

FLUKE 的 DSP-4000 系列产品获得了Ⅲ级精度认证，DTX 系列产品获得了 IV 级精度认证。

测试仪表还要求具有处理以下三种影响精度情况的能力。

1）测试判断临界区

测试结果以"通过"和"失败"给出结论，由于仪表存在测试精度决定的误差范围，当测试结果处在"通过"和"失败"临界区域之内时，FLUKE 测试仪以特殊标记如"＊"表示。测试数值处于该区时，即使报告"通过"，也应视为已接近"不通过"的危险边缘，宜作为"失败"处理。

如果仪器误差较大，则带"＊"号的测试结果就比较多。为了减少带"＊"号引起争议的结果数量，可以使用特制的永久链路适配器获得较高的精度。

2）测试接头误差补偿

由测试模型可知，无论是信道还是永久链路都不应包括两端测试仪接头部件的影响，但只要进行测试，这两个接头的误差就会客观存在。接头是造成整个链路 NEXT 的主要因素。因此，要解决测试仪接头带来的测试误差问题有以下三种方法：

（1）由测试仪制造方提供专用测试线，该测试线配用的缆线和接头是特制的以保证 NEXT 很小，但存在下述缺点：该测试线价格昂贵而且是易磨损的消耗器材，需要经常校准或更换；在信道连接方式中，用户末端线缆与接头是要包括在链路之中的，无法由测试仪制造商给这些末端用户线缆——配接专用插头。

（2）采用数字式时域串扰分析技术（TDX）补偿接头的误差，该方法能够根据时域分析原理计算整条链路各位置的 NEXT 值，可以准确地找出链路两端接头所造成的 NEXT 值并从总测试结果中予以扣除，对测试插头带来的影响有效地起到补偿作用，提高了测试精度。第二种方法比第一种方法更易处理，是 FLUKE 网络的专利技术。而且，在信道测试通过的情况下，测试仪仍能提示这条测试跳线可能已经"不合格"了，提醒用户更换。

（3）将跳线接头影响进行反射串扰补偿计算并给予校正。RCC 算法也是 Fluke 网络公司的专利技术。

3）仪器自校准

测试仪的精度是有时间限制的，必须在使用一定时间后进行校准。自校准分为用户仪器自校（2月）、用户永久链路自校（半年）、仪器实验室校准（国家规定 1 年）三种。对于测试适配器的校准，其中的永久链路适配器由于是特制的适配器，参数稳定可靠，一般半年自校一次，无需经常校准；信道适配器由于采用算法扣除，待仪器给出提示的时候即可更换之，无需校准。

3. 测试速度要求

电缆测试仪首先应在性能指标上同时满足通道和永久链路的 III 级精度要求，同时在现场测试中还要有较快的测试速度。在要测试成百上千条链路的情况下，测试速度哪怕只相差几秒都将对整个综合布线的累计测试时间产生很大的影响，并将影响用户的工程进度。目前最快的认证测试仪表是 FLUKE 公司推出的 DTX-1800 电缆认证测试仪，可以在 9s 内完成一条 6 类链路测试。

4. 故障定位能力要求

测试目的不仅仅是辨别链路的好坏，而是为了能够迅速找到链路中故障部件的位置，从而能迅速加以修复。因此，测试仪的故障定位是十分重要的。FLUKE 网络的 DSP/DTX 系列电缆分析仪具有 HDTDX 高精度串扰分析技术，可以诊断定位回波损耗（RL）故障的精确位置。

5. 测试仪的稳定性、一致性、兼容性和测试的可重复性要求

测试仪的稳定性包括仪器主体的稳定性与测试适配器的稳定性两个方面；一致性是指不同的测试仪特别是其测试适配器接口的参数能保持一致；兼容性是指被测对象是否满足互换条件，这对 Cat6 链路的认证测试是非常重要的特性要求，否则一旦更换另一品牌的电缆链路却可能变得不合格；可重复性有两个含义：一是同一台测试工具在不同的时间测试同一条链路其结果应保持一致，二是同一品牌不同型号的测试仪对同一条链路的测试结果也能保持一致。

Fluke 的永久链路适配器采用高稳定性电缆特制，这个电缆的两端分别以固化无摆动的方式与仪器（一端）和测试模块（另一端）相连，彻底消灭参数波动的问题，加上使用了兼容性的测试模块，使得链路的稳定性、一致性、可重复性和兼容性达到较高水平。永久链路适配器在连续使用的情况下，只需半年自校一次。

6. 测试环境要求

为保证测试数据准确可靠，对综合布线技术对测试环境有严格的如下规定。

1）无环境干扰

为了避免测试受到干扰或损坏仪表，综合布线测试现场应远离产生严重电火花的电焊、电钻和产生强磁干扰的设备作业，被测综合布线系统必须是无源网络，测试时应断开与之相连的有源、无源通信设备。

2）测试温度要求

综合布线测试现场的温度宜在 20～30℃左右，湿度宜在 30％～80％，由于衰减指标的测试受测试环境温度影响较大，当测试环境温度超出上述范围时，需要按有关规定对测试标准和测试数据进行修正。

3）防静电措施

我国北方地区春秋冬季气候干燥，湿度常常在 10％～20％，验收测试在湿度为 20％以下时静电火花时有发生，不仅影响测试结果的准确性，甚至可能使测试无法进行或损坏仪表。在这种情况下，参与测试者要采取一定的防静电措施，最好不要用手指直接接触测试端口的金属部分。

6.2.4　电缆认证测试结果及其说明

完整的 5e 类线测试报告书见第 8 章实验结果图 8-57，测试结论用通过（PASS）或失败（FAIL）表示。

1. 接线图

RJ-45 模块插针与电缆线对分配在国际布线标准 ISO/IEC11801—1995（E）中都已定义，正确的线对连接如图 6-21（a）所示，常见的各种连接错误如图 6-21（b）所示。

（1）开路、短路：在施工时由于安装工具或接线技巧问题以及墙内穿线技术问题，会产生这类故障。

（2）反接：又称顶/环颠倒，是指同一对线在两端针位接反，一端为 1&2，另一端为 2&1。

（3）错对：将一对线接到另一端的另一对针位上。比如一端是 1&2，另一端接在 3&6 针上。出现这类错误最典型的原因是打线时混用 T568-A 与 T568-B 的接线标准。

（4）串绕：没有端接错误，但是线对开绞太长失去扭绞作用必将使串音增大。

2. 余量

长度指标用 4 对线中最短线对的测量长度代表电缆的长度测试结果；传输延迟和延迟偏差用每线对实测结果及其差值显示；对于 NEXT、PS NEXT、衰减、ACR、ACR-F/ELF-EXT、PS ACR-F/PSELEXT 和 RL 等用 dB 表示的电气性能指标，用余量和最差余量来表示测试结果。

余量（Margin），就是各参数的测量值与该项参数的标准极限值（Limit，即边界值）的

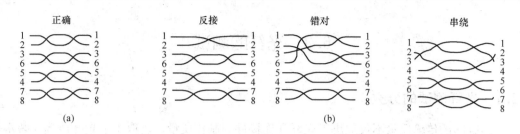

图 6-21　正确与不正确的插针/线对连接

差值。正余量（正差值）表示比测试极限值好，结果为 PASS；负余量（负差值）表示比测试极限值差，结果为 FAIL。正余量越大，说明各参数的测量值距离极限值越远，性能越好。

最差情况的余量有两种，一种是指频点最差，即在整个测试频率范围（5e 类至 100MHz，6 类至 250MHz，6a 类至 500MHz，7 类至 600MHz）测试参数值最靠近标准极限值曲线的频点，如图 6-22 所示最差情况的余量是 3.8dB，大约发生在 2.7MHz 处；另一种情况是线对最差，如图 6-23 所示，所有线对中近端串扰余量最差值 6.5dB 出现在 1，2—7，8 线对之间，其他线对的最差余量都比 1，2—7，8 好。最差余量是综合两种情况来考虑。

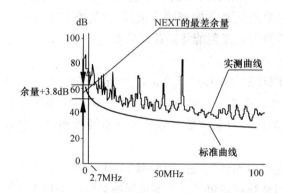

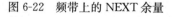

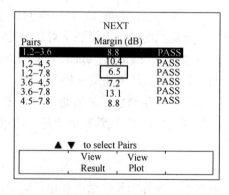

图 6-22　频带上的 NEXT 余量　　　　　　　图 6-23　线对间的 NEXT 余量

3. 最终总评结果

当测试仪根据测试标准对所有测试参数度量完成后，就会根据各项测试结果对线缆给出一个确定的评估结果（PASS/FAIL），参数测试结果与最终总评结果的关系如表 6-14 所示。

表 6-14　测试结果与评估结果关系

测试结果	评价结果
所有参数都 PASS	PASS
一个或多个 PASS*，其他所有参数都 PASS	PASS
一个或多个 FAIL*，其他所有参数都 PASS	FAIL
一个或多个 FAIL	FAIL

* 表示测试仪可能接受的临界值。

6.3 光纤的测试

6.3.1 光纤测试的分类

光纤链路的传输质量不仅取决于光纤和连接件的制作质量，还取决于光纤连接安装水平及应用环境。加上光通信本身的复杂性，因此光纤测试比双绞线测试难度更大。

光纤的使用寿命比较长，在使用过程中可能会因为设备的更换而使得光纤链路上传输的信号波长发生变化，因此验收时要对不同的典型波长分别进行测试。通用型标准中的一般要求是：对于多模光纤，用 LED 光源对 850nm 和 1300nm 两个工作波长进行测试；对于单模光纤，用激光光源对 1310nm 和 1550nm 两个工作波长进行测试。

在现场进行的光纤链路验收测试中，通常都习惯使用"衰减"或者"损耗"来判断被测链路的质量。在 ISO 11801、TIA 568-B 和 GB 50312 等常用标准中都倾向于使用这种测试方法。仅根据误差与损耗来判断光纤链路的质量，在低速链路的质量评估中是非常有效的方法，但在高速链路中误码率就很可能达不到要求，在高速链路中需要对光纤链路的连接点、跳接点的数量与质量进行评估。

TIA TSB-140 规范中对光纤链路定义了两个级别的测试，分别叫做"一类测试（Tier 1）"和"二类测试（Tier 2）"。一类测试主要测试光缆的衰减（损耗）、带宽与长度；二类测试在一类测试的基础上增加了对每条光缆链路的反射能量追踪评估报告。

1. 一类测试（Tier 1，Basic Fiber Link Test）

Tier 1 测试光纤链路的损耗和长度，并对测试结果进行"通过/失败"的判断。一类测试只关心光纤链路的总衰减值是否符合要求，并不关心链路中的可能影响误码率的连接点（连接器、熔接点、跳线等）的质量，所以测试的对象主要是低速光纤布线链路（千兆及以下）。

Tier 1 常常分为"通用型测试"和"应用型测试"。通用型测试关注光纤本身的安装质量，通常不对光纤的长度做出规定；而应用型测试则更关注当前选择的某项应用是否能被光纤链路所支持，包含光纤链路长度的限制。

2. 二类测试（Tier 2，Expanded Fiber Link Test）

由损耗值来判断光纤链路的质量，在低速链路的质量评估中是非常有效的方法，但在高速链路中却并不总是这样。当链路中有不合格器件，而链路总损耗却符合要求的情况下，高速链路中的误码率就很有可能达不到要求，甚至完全无法开通链路。

在数据传输的误码率或丢包率达不到要求的情况下，用户会要求测试光纤链路中的实际的连接点、跳接点的数量（而不是文档上标注的数量），并且对这些连接点和熔接点的数量和质量进行评估，以便帮助判断是设备（或设备上的光模块）的问题还是光纤链路本身的问题。目前这类测试都主要在高速光纤链路中被采用，低速光纤链路仍然继续使用一类测试。

二级光纤测试需要使用光时域反射计（Optical Time-Domain Reflect Meter，OTDR）来对链路中的各种"事件"进行评估。二类测试的主要"参数"就是在一类测试的基础上增加能反映链路中各种"质量事件"（连接点、熔接点等）和链路真实结构的 OTDR 曲线。

6.3.2　光纤链路衰减的测试模型

光纤链路衰减的测试模型根据测试的连接方式，可以分为 A、B、C 三种模式。

1. A 模式

A 模式的基本原理如图 6-24 与图 6-25 所示，先测试光源输出的光功率 P_0，再测试经过光纤链路衰减后的光功率 P_i，从而计算出光纤链路衰减值＝P_0-P_i。

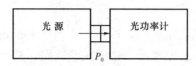

图 6-24　先测试光源输出的光功率 P_0

图 6-25　再测试加了被测光纤后的输出光功率 P_i

实际工程测试时，一定要使用测试跳线。如图 6-26 和图 6-27 所示，先将测试跳线用光耦合器短接，然后移去光耦合器，将测试跳线接入被测光纤链路，测出 P_i，则这根光纤链路的衰减值等于 P_0-P_i。实际按图 6-26 测得 P_0 后，将此 P_0 值强行设为"相对零"——即将 P_0 设置为参考值零（又称"归零"、设置基准值、设置基准零等）。

图 6-26　工程测试原理一：先将测试跳线用光耦合器对接，测得 P_0 并"归零"

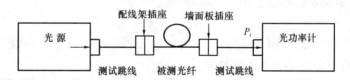

图 6-27　工程测试原理二：去掉耦合器，加入被测光纤，测得光纤衰减值

由于 P_0 已经等于相对"零"，所以图 6-27 中测得的 P_i 值就等于这条被测光纤链路的衰减值（$P_0=$ "0"，链路损耗 Loss＝ $|P_0-P_i|$ ＝ $|P_i|$ ）。

A 模式的光纤衰减值包含的是被测光纤本身及其一端连接器的等效衰减。

光源和光功率计的测试插座在经过一定次数的插拔后会磨损，精度和稳定性会逐渐下降，在使用一定次数以后，需要更换费用较高的光源和光功率计上的插座。而在测试工程中使用测试跳线就可以避免这个问题，测试跳线的一端与光源或光功率计相连，另一端与被测光纤链路相连，为了减少仪器插座的磨损次数，测试跳线装上后，在最长一整天或者持续半天的测试工作中一般不再从仪器上拔下来。此时被频繁插拔和磨损的是测试跳线的一端，此端被磨损到一定程度后，可随时更换测试跳线，而更换测试跳线的费用比更换仪器插座的费用要低得多。

使用测试跳线的另一个好处是，在每一次测试工程中，测试跳线与光源仪器连接不再改变。因为测试跳线与测试仪接口也存在偶合偏差问题，所以参考值设定完成后，不能再改变测试跳线的仪表端连接，否则参考值的设定将失去意义。

在实际工程测试时，一般将测试跳线连接测试仪器的一端做好标记，每次测试时都用此端与仪器相连，以此方法来达到减少测试结果漂移，从而保证测试精度及其测试结果的稳定性。

2. B 模式

B 模式的基本原理如图 6-26 与图 6-28 所示，先测出光源输出的光功率 P_0，并将其设为相对零功率，再按图 6-28 所示的方式接入被测光纤链路，测得接收光功率 P_i，P_i 就是光纤链路的损耗值。

由于归零后光功率计测试得到的光功率值是个相对值，并且 P_0 被相对"归零"，故可以直接采用归零后光功率计接收到的功率值的作为光纤的损耗值。

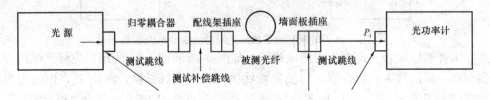

图 6-28　归零时已包含了 3 个连接器和两端跳线的衰减

B 模式适用的被测试光缆链路是在光缆的两端都带有连接器的，而实际使用过程中会增加一条已知的短跳线。因此，B 模式包含被测光纤本身及其两端连接器的等效衰减值。

B 模式测试误差最小，工程上经常推荐使用这种测试模式。补偿光纤一般很短，衰减可以忽略不计。设置参考值这个"动作"一般在仪器开机预热 5min 稳定后进行，如果此前忘记"归零"，则多数测试仪器会向操作者进行"提醒"。

3. C 模式

C 模式的基本原理如图 6-29 与图 6-30 所示，先用短跳线设置基准值（归零），然后按图 6-30 的方式进行实际测试，得到损耗值 P_i。

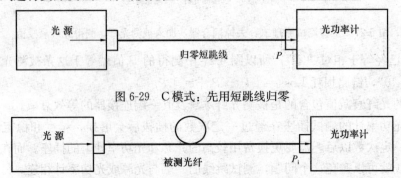

图 6-29　C 模式：先用短跳线归零

图 6-30　只测试光纤的衰减，不包含两端连接器的衰减值，损耗值＝P_i（已归零）

C 模式只包含被测光纤本身的等效衰减值，此法不适合大批量测试，否则会过度磨损仪器插座，测试成本很高。大批量测试先按图 6-31 所示先进行归零，再用图 6-32 的方式进行测试，这种测试模式被称作改进的 C 模式。

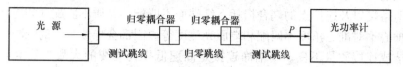

图 6-31　大量测试光纤衰减：设置参考零时使用 0.3m 归零跳线

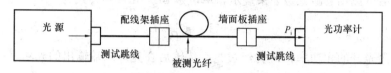

图 6-32　方法 C 中实际被测试的是一段光纤，不包含其两端连接

被测光纤越短，测试精度受耦合器耦合精度波动的影响也越大，因为短链路中光纤本身的衰减值很小，耦合器的衰减值相对短光纤的衰减值所占"份额"比较大，因此耦合器的衰减值出现波动时所占的误差比例就比较高。由于测试时每次插拔耦合器都有可能产生耦合器衰减值的微小波动，而这些微小波动相对于整条短光纤的总衰减值来说已经可以相比拟。因此，短光纤的衰减值一般不提倡用 C 模式进行测试。而且，测试中使用的跳线必须选用高质量的跳线。

测试模式的选择往往给甲方、乙方或者第三方测试人员带来困惑和混乱，从事测试的第三方经常遇到对多种测试结果的矛盾解释。

由前述分析可知，较长距离光纤链路测试时可以考虑使用 A 模式，此时测试跳线较少，仪器接口磨损少；缺点是忽略了一个连接器的衰减值，偏差大，通常仅用于故障诊断时临时测试光纤链路的衰减值。

在工程应用中，为了精确测试光纤链路的衰减值应当使用 B 模式，其优点是精度高，仪器接口磨损少，测试成本低；缺点是测试跳线较多。此方法多在工程验收测试时被采用，有时也用来粗略评估光纤跳线的衰减值。

需要考察较长光纤链路中光纤本身衰减值时，可选择 C 模式或改进的 C 模式，优点是可以测试光纤本身的衰减值；缺点是短光纤的测试误差较高，仪器接口磨损大，测试成本高，仅适合故障诊断时偶尔进行少量测试。

6.3.3　光纤的测试参数

1. 光纤的连续性

光纤的连续性是对光纤的基本要求，因此对光纤的连续性进行测试是基本的测量之一。在进行连续性测量时，通常是把红色激光、发光二极管或者其他可见光注入光纤。并在光纤的末端监视光的输出。如果在光纤中有断裂或其他的不连续点，在光纤输出端的光功率就会减少或者根本没有光输出。

2. 光纤的衰减

光纤的衰减也是光缆传输链路的基本测量参数之一，引起光纤链路衰减的具体原因主要有：

（1）材料原因。光纤纯度不够和材料密度的变化太大。

（2）光缆的弯曲程度。光缆对弯曲度非常敏感，包括安装弯曲和产品制造弯曲问题。

（3）光缆熔接以及连接点的耦合损耗。纤端面不匹配、介质不匹配（如冷连接头介质）、间隙损耗、轴心不对准、角度不匹配和端面光洁度等原因都会导致光纤的衰减。

（4）不洁或连接质量不良。不洁净连接是高速低损耗光缆的大敌，灰尘会阻碍光的传输，操作油污会影响光传输，不洁净光缆连接器可将污渍扩散至其他连接器。

光纤的衰减可以用衰减系数 α 来表示，单位是 dB/km，其公式为

$$\alpha = -10 \lg \frac{P_i}{P_0}/L \tag{6-4}$$

式中，P_i 为注入光纤的光功率；P_0 为经过光纤传输后在光纤末端输出的光功率；L 为光纤的长度。

衰减系数 α 越大，光信号在光纤中衰减得越严重。单模光纤的衰减系数在 1550nm 波长时为 0.5dB/km；渐变折射率多模光纤在 1300nm 波长时为 1dB/km。渐变型多模光纤在 850nm 波长时衰减系数为 3dB/km，表明经过 1km 距离的传输，出口光功率已经损耗掉入口光功率的一半了。塑料光纤的衰减更大，在 650nm 波长时大约为 200dB/km。虽然塑料光纤最近又得到了人们的关注，但专家们认为由于受塑料光纤机理性损耗的限制，其实用长度最多也只能是几百米。

在选定测试光源时，务必要使其光谱及光纤耦合特性与光纤系统本身所用的光源特性相适应。在进行光纤测试时，必须清楚地了解光纤中的模式状态。因为，在光纤中，有许多的光纤通路或模式，会使光纤中的光发散。例如，若光源与光纤端面匹配不好，就会使光纤中充满各种模式，使光纤中光的分布发生变化，这样会影响衰减的测量结果。

光纤接续损耗值应符合表 6-15 的规定。

表 6-15　光纤接续损耗值（dB）

接线类别	多模		单模	
	平均值	最大值	平均值	最大值
熔接	0.15	0.30	0.15	0.30
机械接续	0.15	0.30	0.20	0.30

总而言之，一段光纤加上两端接头的衰减在 3dB 以内比较恰当，这是国际布线标准 ISO/IEC 11801—1995（E）所规定的光纤传输系统认证测试所需测量的唯一参数。

3. 光纤的带宽

带宽是光纤传输系统重要参数之一，也与衰减直接相关。香农公式表明，带宽越宽可承载的信息传输速率就越高。因此，对于光纤的频率特性或者说带宽特性应该进行约束。

把一个用频率为 f 的正弦波调制的光信号 P_i 注入光纤，可在其输出端测量光功率 P_0，提高调制频率 $A_p(f_c) = \dfrac{P_0}{P_i}$，光纤的色散损耗越严重，输出光功率幅度将下降。当光功率的输出 P_0 下降到输入 P_i 的一半时的频率 f_c 就称为光纤的 3dB 光带宽，即 f_c 满足下式：

$$101A_p(f_c) = -3dB \tag{6-5}$$

式中，$A_p(f_c) = \dfrac{P_0}{P_i}$。

实际上，光功率的交流分量不便于直接测量，一般是用检测器把它变为电流 $I_0(f)$ 再

测量。若用 I_0 表示下降到该频率输入电流 I_i 一半时的输出电流，这时光纤带宽 f_c 还满足

$$20 \lg A_I(f_c) = -6\text{dB} \tag{6-6}$$

式中，$A_I(f_c) = \dfrac{I_0}{I_i}$。

所以 f_c 又称为光纤的 6dB 电带宽。实际上，3dB 光带宽与 6dB 电带宽是等效的。

6.3.4 OTDR 原理与光纤链路故障分析

1. 综合布线标准对光纤衰减的要求

与网络应用标准只定义光纤链路的长度和衰减的总要求不同，布线标准既要求整条光纤链路符合衰减标准，同时要求每个测试点（光纤、光纤连接器、光纤连接点）的衰减值也不能超过最大极值。

ANSI/TIA/EIA 568-B.3 和 GB 50312—2007 对光纤信道的衰减值作了具体要求。光纤链路包括光纤、连接器件和熔接点。其中光连接器件可以为工作区 TO、电信间 FD、设备间 BD、CD 的 SC、ST、SFF 小型光纤连接器件连接器件，光缆可以为水平光缆、建筑物主干光缆和建筑群主干光缆。

不同类型的光缆所标称的波长，每千米的最大衰减值应符合表 6-16 的规定。

表 6-16 光缆衰减

	最大光缆衰减（dB/km）			
项目	OM1，OM2 及 OM3 多模		OSl 单模	
波长	850nm	1300nm	1310nm	1550nm
衰减	3.5	1.5	1.0	1.0

光缆布线信道在规定的传输窗口测量出的最大光衰减（介入损耗）应不超过表 6-17 的规定，该指标已包括接头与连接插座的衰减在内，且每个连接处的衰减值最大为 1.5dB。

表 6-17 光缆信道衰减范围

	最大信道衰减（dB）			
级别	单模		多模	
	1310nm	1550nm	850nm	1300nm
OF-300	1.80	1.80	2.55	1.95
OF-500	2.00	2.00	3.25	2.25
OF-2000	3.50	3.50	8.50	4.50

从表中可以看出，光纤链路的衰减极限值是一个"活"的标准，它与被测试光纤链路的长度、光纤适配器个数和光纤熔接点的个数都有关，可用以下公式计算：

光纤链路损耗＝光纤损耗＋连接器件损耗＋光纤连接点损耗

其中，光纤损耗＝光纤损耗系数（dB/km）×光纤长度（km）

连接器件损耗＝连接器件损耗/个×连接器件个数

光纤连接点损耗＝光纤连接点损耗/个×光纤连接点个数

光纤链路损耗参考值如表 6-18 所示。

表 6-18　光纤链路损耗参考值

种类	工作波长（nm）	衰减系数（dB/km）
多模光纤	850	3.5
多模光纤	1300	1.5
单模室外光纤	1310	0.5
单模室外光纤	1550	0.5
单模室内光纤	1310	1.0
单模室内光纤	1550	1.0
连接器件衰减	0.75dB	
光纤熔接点衰减	0.3 dB	

2. 精确的光纤测试技术

光功率计只能测试光功率损耗，如果要测试整个光纤传输系统的衰减特性，更准确的方法是采用光时域反射计（Optical Time-Domain Reflect meter，OTDR），并分析形成损耗的具体位置和起因。

1）OTDR 分析诊断原理

光时域反射仪 OTDR 是从造成光纤损耗的机理上寻找链路故障点及其原因的。OTDR 向被测光纤注入光脉冲，由于受到纤芯里的原子、分子、电子等各种粒子的散射或遇到光纤不连续点产生的反射，然后在 OTDR 发射端口利用光束分离器将其中的菲涅尔反射光和瑞利背向散射光送入接收器，再变成电信号并随时间的变化在示波器上显示，即得到图 6-33 所示的 OTDR 曲线。

探测图 6-33 所示的各种故障时，利用 OTDR 中的定时装置可以测出从脉冲发出到脉冲返回的双程时间 t，若光纤纤芯的折射率为 n，真空中的光速为 c，则不连续点与测量点的距离 L 为

$$L = \frac{t \cdot c}{2 \cdot n} \tag{6-7}$$

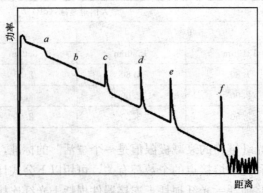

图 6-33　OTDR 曲线

a—熔接点；b—弯曲；c—接头；d—机械拼接；e—破裂；f—光纤末端

如果对这些光信号的强度和属性进行分析和判读，就可对链路中的各种"事件"进行评

估。根据仪器绘制的 OTDR 曲线列出的断点，就可以迅速地查找、确定故障点的准确位置，并判断故障的性质及类别，为分析光纤的主要特性参数提供准确的依据。

在光时域反射计上显示的光纤测试结果，如图 6-33 所示。用光时域反射计测量光纤传输系统可以识别出由于拼接、接头、光纤破损或弯曲及系统中其他故障所造成的光衰减的位置及大小，可以分析出综合布线的故障和潜在的问题。光时域反射计的工作原理非常简单。它向光纤传输系统发送一个光脉冲，并检测被反射回来的光信号，当光脉冲沿着光纤向前传播时，光纤中任何一个不连续点都会把一部分光反射回来，测出返回来的光信号的时间和大小，就可以知道光纤的 6 种基本参数：光纤的长度和不连续点的距离、光纤的损耗、不连续点的损耗、不连续点的结构反射损耗等，参见图 6-33。

只要测出被反射回来的光到达光时域反射计的时间，就可以知道造成这种反射的点在光纤中的位置。当光脉冲遇到接头时，连接比较好的光纤表面使绝大部分光功率传过去，但有一小部分光被反射回来。从抛光的光纤端面所产生的反射在光时域反射计上显示为一个正向的尖峰信号，代表了不连续点的反射损耗。这些能量被反射回来，所以其尖峰值（dB）就是由于反射造成的光功率损耗。光纤接头除了会造成不连续反射外，还会产生不连续衰减，如图 6-33 中 c 点所示，即尖峰，尖峰一侧的信号电平较另一侧为低。不连续衰减是不连续点的反射与接头本身的损耗之和。从光时域反射计所显示的曲线上可以看出，熔接点 a 和弯曲点 b 的不连续反射很小，说明被反射回来的光很微弱，但仍会造成光能量的减小。通过光时域反射计的显示曲线，还可以看出，由于光纤中的散射和吸收所造成的结果。曲线的倾斜即代表了光纤的固有损耗，由此可以估算出光纤的衰减量。

2）OTDR 测试仪器

OTDR 测试仪器进行光纤链路的测试，一般有三种方式：自动方式、手动方式和实时方式。

当需要快速测试整条线路的状况时，可以采用自动方式，此时它只需要事先设置好折射率、波长等基本参数即可，其他则由仪表在测试中自动设定。

手动方式需要对几个主要的参数全部进行预先准确设置，主要用于对测试曲线上的事件进行深度重复测试和详细分析。一般通过变换、移动游标、放大曲线的某一段落等功能对事件进行准确分析定位，以此提高测试的分辨率，增加测试的精度，在光纤链路的实际诊断测试中常被采用。

实时方式是对测试曲线不断地重复刷新，同时观测追踪 OTDR 曲线的变化情况，一般用于追踪正处于物理位置变动过程中的光纤，或者用于核查、确认未知路由的光纤，此方式较少使用。

3）测试步骤

（1）测试前应对光连接的插头、插座进行清洁处理，防止由于接头不洁带来附加损耗，造成测试结果不准确。

（2）在主机上选择测量标准和测试波长。

（3）操作测试仪，在所选择的波长上分别进行两个方向的光传输衰耗测试。

（4）仪器以"通过"与"失败"报告在不同波长、不同方向的测试总结果。

（5）单模光纤链路的测试同样可以参考上述过程进行。

4）OTDR 的测试结果

（1）完整的、包括用户连接跳线的通道图 ChannelMap，识别链路中有几个连接头，如图 6-34 所示。

（2）OTDR 曲线如图 6-35 所示，直观显示光纤的衰减和衰减分布/变化情况。

 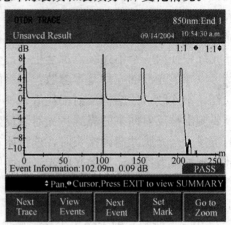

图 6-34　通道图　　　　　　　　图 6-35　OTDR 曲线

6.4　综合布线系统的工程验收

综合布线系统在建筑与建筑群的建设中，得到了广泛应用。但是如果工程存在施工质量问题，将给通信网络和计算机网络造成潜在的隐患，影响信息的传送。为确保综合布线系统的工程质量，工程验收是综合布线系统建设过程中必不可少的重要环节。

6.4.1　综合布线系统验收的依据

我国制定的《综合布线工程验收规范》（GB 50312—2007），适用于新建、扩建和改建建筑与建筑群综合布线系统工程的验收。在实际验收时，还应按照综合布线系统工程的性质和特点，坚持以下几方面的依据。

1. 工程设计和施工文件

（1）由设计单位提供的工程设计和施工图样及有关的施工说明，这些文件都应得到有关主管部门的批准。

（2）由设计单位负责编写，并经建设单位或工程监理单位协商同意签发的设计变更通知单或其他文件（例如有关设计变更的会商记录等）。

2. 标准、规范和图集

现行的国家标准、通信行业标准、国内的协会标准和相关的规定，以及产品生产厂商的技术说明书等。

3. 其他方面的文件

（1）当地建设主管部门或小区管理单位颁布的有关规定（如小区内施工占路申报和赔补费用的规定）。

（2）与建设单位协商签订的施工任务承包合同或与其他单位经过协商一致的合作协议等。

（3）涉及建筑、安防、防灾等方面各种国家现行有关的标准或规定。

6.4.2 综合布线系统验收的原则

综合布线系统工程验收是一项严肃的工作，要求所有参与的人员必须坚持以下原则。

1. 实事求是的原则

工程验收的内容极为广泛，既有技术观点上的争论，也有经济费用上的计较，有时会涉及经济合同和具体管理的内容，直接影响建设单位的经济效益，甚至个人利益，产生观念的分歧和增加所谓的争论是难免的。为此应坚持实事求是的原则，做到对事不对人，充分协商来处理分歧和争论，妥善解决工程中的问题。

2. 理论结合实际的原则

在工程验收时，对出现的问题要认真分析找出原因，采取切实有效的办法解决。但必须注意结合国情民意，符合工程实际，真正做到理论联系实际，切忌盲目崇拜、好高骛远，脱离国内现实情况。

3. 局部服从整体的原则

在工程验收时出现分歧或矛盾的现象在所难免，有时某些经济效益会使某一方的利益受损，产生无休止的争论使验收整体无法进行。要提倡顾全大局，做到求大同存小异，坚持局部服从整体的原则，力求充分协商、通情达理、友好和圆满处理好争端，解决问题。

4. 互相配合、友好协作的原则

综合布线系统工程验收前后的工作不少，有些事情可能追溯到工程前期工作，也有可能涉及今后维护运行，必然会使有关单位之间（如建设单位要求施工单位的善后服务等）产生相互配合等问题。为此，各方都要本着大力协作、互相配合、彼此支持的原则，以综合协调、彼此谅解、互相帮助的精神去处理以往的矛盾和目前遗留的问题。

以上原则是相辅相成的，必须通盘考虑、全面实施，才能做好工程验收和今后事宜，否则会适得其反。

6.4.3 综合布线系统验收的主要方法

在综合布线工程采用的验收方法主要是随工检验和竣工检验，它们各有其作用和适用阶段。

1. 随工检验工程验收方法

随工检验的主要作用是在综合布线工程中对具有隐蔽性、渐进性的工序进行随时随地验收，以防不合格的施工结构被掩盖。为此在施工过程中，监理单位应对要害部位或关键部分加强监督管理，严格抓好质量，认真负责地做好随工记录，对当时施工质量状况应如实记载，以备查考；施工单位也应利用人工、仪器及时地自检安装质量，达到提高工效减少返工的目的。

2. 竣工检验

竣工检验又称工程竣工验收，一般分为预先检验（或称预先验收、初步验收）和正式检验（又称正式验收）。预先验收一般是由建设单位或监理单位组织人员到现场检查和了解工程实际情况和有关资料准备情况，只有预先验收合格才能组织工程的正式验收。工程验收是在预先验收合格后进行的，具有重要的里程碑作用。当确认工程质量合格时，应由验收组签发工程竣工验收证书或工程验收鉴定书。如果综合布线系统工程规模较小，可以两者合二为一，适当简化。

1) 预先检验

在预先检验时，力求把工程验收中可能出现的问题及早解决，为正式验收创造有利条件。为此，在预先检验时应认真做好以下工作：

(1) 竣工技术资料内容的检验，审查的关键点是：技术资料是否齐全，所列数据、文字和图表之间有无矛盾或脱节，有关内容与工程实际是否相符。例如，综合布线系统的信息点数量，各种子系统缆线的最大长度，它们的型号、规格和数量是否正确，各种图纸是否修改为竣工图，信息点 100％测试报告是否齐备，隐蔽工程验收手续是否规范，布线设备器材的产品合格证等。

(2) 工程档案和技术资料的归类、分项和数量是否满足档案管理的要求，类别是否准确划分、资料编号是否符合标准规定和科学合理，能否顺利查阅和使用。

(3) 现场施工质量的预先检验。预先检验现场施工状况有时远比正式验收重要，尤其是综合布线系统的重要部位和关键环节。例如，要用手和眼相结合的方法进行直观检验缆线连接有无松脱、线对排列次序是否准确等。

2) 正式验收

综合布线系统正式验收工作，一般由建设单位主持，邀请设计单位、监理单位、独立的检验机构和施工单位参加。正式验收的主要工作有以下几点：

(1) 审查工程档案和技术资料。按照设计文件要求和设计标准规定，检验工程文件的纸质、电子版是否齐全、有效，如发现有漏项或不合格的内容时，必须要求施工单位及早查明其原因和影响范围，并要分清责任，且要求施工单位或相关单位（如工程监理单位）限期解决，以免影响竣工验收。

(2) 现场抽测布线性能指标。在工程验收时，必须使用权威仪器抽测包括最远点、最近点、最不利点的不少于总数 10％的信息点之性能指标，这是唯一客观的质量保证机制。当建设单位对于工程中某些测试数据或对竣工验收报告中的个别工艺提出疑义时，需要求施工单位在现场进行复测或做出解答。为此，施工单位应事先做好各种测试检验的准备工作，如校准调测好仪表的精度，准备测试的器材和工具，组织和配备精干的测试人员等。

(3) 现场检查布线部件。综合布线工程正式验收过程中应对某些局部段落或关键细节或部件进行抽查检测，确保所用的布线部件的质量、安装工艺符合我国国家标准和设计文件的要求，如果应用了综合布线产品的国内外生产厂商提供的安装施工操作工艺手册或测试标准及施工方法时，其内容不得与国家标准和行业标准的规定相抵触，否则在竣工验收时应按我国现行标准的规定执行。

(4) 办理工程验收和交接手续。

在建设单位逐项验收完毕，确认工程竣工情况符合工程建设各项标准和合同约定条款规定要求后，应向施工单位签发《工程竣工验收报告》，参与工程竣工验收的单位代表均应在该报告上签字，加盖各单位的公章。

在验收会上，施工单位向建设单位移交工程档案资料，逐项办理移交工程手续和其他固定资产移交手续，并签认交接验收证书，同时施工单位应提交工程结算书，经建设单位审查无误后，双方应共同办理工程结算签认手续。上述验收、移交、结算等手续办理完毕后，合同双方除施工单位按合同约定，承担工程保修工作外，建设单位和施工单位双方的经济关系和法律责任都应按合同条款约定予以解除，施工单位的承包工程任务才告完成。

6.4.4　综合布线系统验收的主要内容

对综合布线系统工程而言，验收的主要内容为环境检查、器材检验、设备安装检验、线缆敷设和保护方式检验、线缆终接和工程电气测试等，验收标准为《综合布线系统工程验收规范》（GB 50312—2007）。

1. 环境检查

1）工作区、电信间、设备间的检查内容

（1）工作区、电信间、设备间土建工程应全部竣工。房屋地面平整、光洁，门的高度和宽度应符合设计要求。

（2）房屋预埋线槽、暗管、孔洞和竖井的位置、数量、尺寸均应符合设计要求。

（3）敷设活动地板的场所，活动地板防静电措施及接地应符合设计要求。

（4）电信间、设备间应提供 220V 带保护接地的单相电源插座。

（5）电信间、设备间应提供可靠的接地装置，接地电阻值及接地装置的设置应符合设计要求。

（6）电信间、设备间的位置、面积、高度、通风、防火及环境温、湿度等应符合设计要求。

2）建筑物进线间及入口设施的检查内容

（1）引入管道与其他设施如电气、水、煤气、下水道等的位置、间距应符合设计要求。

（2）引入线缆采用的敷设方法应符合设计要求。

（3）管线入口部位的处理应符合设计要求，并应检查采取排水及防止废气、水、虫等进入的措施。

（4）进线间的位置、面积、高度、照明、电源、接地、防火、防水等应符合设计要求。有关设施的安装方式应符合设计文件规定的抗震要求。

2. 器材及测试仪表工具检查

1）器材检验应符合的要求

（1）工程所用线缆和器材的品牌、型号、规格、数量、质量应在施工前进行检查，应符合设计要求并具备相应的质量文件或证书。无出厂检验证明材料、质量文件或与设计不符者不得在工程中使用。

（2）进口设备和材料应具有产地证明和商检证明。

（3）经检验的器材应做好记录，对不合格的器件应单独存放，以备核查与处理。

（4）工程中使用的线缆、器材应与订货合同或封存的产品在规格、型号、等级上相符。

（5）备品、备件及各类文件资料应齐全。

2）配套型材、管材与铁件的检查应符合的要求

（1）各种型材的材质、规格、型号应符合设计文件的规定，表面应光滑、平整，不得变形、断裂。预埋金属线槽、过线盒、接线盒及桥架等表面涂覆或镀层应均匀、完整，不得变形、损坏。

263

（2）室内管材采用金属管或塑料管时，其管身应光滑、无伤痕，管孔应无变形，孔径、壁厚应符合设计要求。金属管槽应根据工程环境要求做镀锌或其他防腐处理。塑料管槽必须采用阻燃管槽，外壁应具有阻燃标记。

（3）室外管道应按通信管道工程验收的相关规定进行检验。

（4）各种铁件的材质、规格均应符合相应质量标准，不得有歪斜、扭曲、毛刺、断裂或破损。

（5）铁件的表面处理和镀层应均匀、完整，表面光洁，无脱落、气泡等缺陷。

3）线缆的检验应符合的要求

（1）工程使用的电缆和光缆型号、规格及线缆的防火等级应符合设计要求。

（2）线缆所附标志、标签内容应齐全、清晰，外包装应注明型号和规格。

（3）线缆外包装和外护套需完整无损，当外包装损坏严重时，应按进场测试的要求进行测试合格后再在工程中使用。

（4）电缆应附有本批量的电气性能检验报告，施工前应进行链路或信道的电气性能及线缆长度的抽验，并做测试记录。

（5）光缆开盘后应先检查光缆端头封装是否良好。光缆外包装或光缆护套如有损伤，应对该盘光缆进行光纤性能指标测试，如有断纤，应进行处理，待检查合格才允许使用。光纤检测完毕，光缆端头应密封固定，恢复外包装。

（6）光纤接插软线或光跳线检验应符合下列规定：

① 两端的光纤连接器件端面应装配合适的保护盖帽。

② 光纤类型应符合设计要求，并应有明显的标记。

4）连接器件的检验应符合的要求

（1）配线模块、信息插座模块及其他连接器件的部件应完整，电气和机械性能等指标符合相应产品生产的质量标准。塑料材质应具有阻燃性能，并应满足设计要求。

（2）信号线路浪涌保护器各项指标应符合有关规定。

（3）光纤连接器件及适配器使用型号和数量、位置应与设计相符。

5）配线设备的使用应符合的规定

（1）光、电缆配线设备的型号、规格应符合设计要求。

（2）光、电缆配线设备的编排及标志名称应与设计相符。各类标志名称应统一，标志位置应正确、清晰。

6）测试仪表和工具的检验应符合的要求

（1）应事先对工程中需要使用的仪表和工具进行测试或检查，线缆测试仪表应附有相应检测机构的证明文件。

（2）综合布线系统的测试仪表应能测试相应类别工程的各种电气性能及传输特性，其精度应符合相应要求。测试仪表的精度应按相应的鉴定规程和校准方法进行定期检查和校准，经过相应计量部门校验取得合格证后，方可在有效期内使用。

（3）施工工具，如电缆或光缆的接续工具（剥线器、光缆切断器、光纤熔接机、光纤磨光机、卡接工具等）必须进行检查，合格后方可在工程中使用。

现场尚无检测手段取得屏蔽布线系统所需的相关技术参数时，可将认证检测机构或生产厂家附有的技术报告作为检查依据。

对绞电缆电气性能、机械特性、光缆传输性能及连接器件的具体技术指标和要求，应符合设计要求。经过测试与检查，性能指标不符合设计要求的设备和材料不得在工程中使用。

3. 设备安装检验

1）机柜、机架安装应符合的要求

（1）机柜、机架安装位置应符合设计要求，垂直偏差度不应大于 3mm。

（2）机柜、机架上的各种零件不得脱落或碰坏，漆面不应有脱落及划痕，各种标志应完整、清晰。

（3）机柜、机架、配线设备箱体、电缆桥架及线槽等设备的安装应牢固，如有抗震要求，应按抗震设计进行加固。

2）各类配线部件安装应符合的要求

（1）各部件应完整，安装就位，标志齐全。

（2）安装螺丝必须拧紧，面板应保持在一个平面上。

3）信息插座模块安装应符合的要求

（1）信息插座模块、多用户信息插座、集合点配线模块安装位置和高度应符合设计要求。

（2）信息插座模块安装在活动地板内或地面上时，应固定在接线盒内，插座面板采用直立和水平等形式。接线盒盖可开启，并应具有防水、防尘、抗压功能。接线盒盖顶面应与地面齐平。

（3）信息插座底盒同时安装信息插座模块和电源插座时，间距及采取的防护措施应符合设计要求。

（4）信息插座模块明装底盒的固定方法应根据施工现场条件而定。

（5）固定螺丝需拧紧，不应产生松动现象。

（6）各种插座面板应有标识，以颜色、图形、文字表示所接终端设备业务类型。

（7）工作区内终接光缆的光纤连接器件及适配器安装底盒应具有足够的空间，并应符合设计要求。

4）电缆桥架及线槽的安装应符合的要求

（1）桥架及线槽的安装位置应符合施工图要求，左右偏差不应超过 50mm。

（2）桥架及线槽水平度每米偏差不应超过 2mm。

（3）垂直桥架及线槽应与地面保持垂直，垂直度偏差不应超过 3mm。

（4）线槽截断处及两线槽拼接处应平滑、无毛刺。

（5）吊架和支架安装应保持垂直，整齐牢固，无歪斜现象。

（6）金属桥架、线槽及金属管各段之间应保持连接良好，安装牢固。

（7）采用吊顶支撑柱布放线缆时，支撑点宜避开地面沟槽和线槽位置，支撑应牢固。

安装机柜、机架、配线设备屏蔽层及金属管、线槽、桥架使用的接地体应符合设计要求，就近接地，并应保持良好的电气连接。

4. 线缆的敷设检验

1）线缆敷设应满足的要求

（1）线缆的型号、规格应与设计规定相符。

（2）线缆在各种环境中的敷设方式、布放间距均应符合设计要求。

（3）线缆的布放应自然平直，不得产生扭绞、打圈、接头等现象，不应受外力的挤压和损伤。

（4）线缆两端应贴有标签，应标明编号，标签书写应清晰、端正和正确。标签应选用不易损坏的材料。

（5）线缆应有余量以适应终接、检测和变更。对绞电缆预留长度：在工作区宜为3～6cm，电信间宜为0.5～2m，设备间宜为3～5m；光缆布放路由宜盘留，预留长度宜为3～5m，有特殊要求的应按设计要求预留长度。

（6）线缆的弯曲半径应符合下列规定：

① 非屏蔽4对对绞电缆的弯曲半径应至少为电缆外径的4倍。

② 屏蔽4对对绞电缆的弯曲半径应至少为电缆外径的8倍。

③ 主干对绞电缆的弯曲半径应至少为电缆外径的10倍。

④ 2芯或4芯水平光缆的弯曲半径应大于25mm；其他芯数的水平光缆、主干光缆和室外光缆的弯曲半径应至少为光缆外径的10倍。

（7）线缆间的最小净距应符合下列设计要求：

① 电力线、综合布线系统线缆应分隔布放，并应符合表6-19的规定。

表6-19　对绞电缆与电力电缆最小净距

条件	最小净距（mm）		
	380V <2kV·A	380V 2～5kV·A	380V >5kV·A
对绞电缆与电力电缆平行敷设	130	300	600
有一方在接地的金属槽道或钢管中	70	150	300
双方均在接地的金属槽道或钢管中②	10①	80	150

注：①当380V电力电缆<2kV·A，双方都在接地的线槽中，且平行长度≤10m时，最小间距可为10mm。
　　②双方都在接地的线槽中，系指两个不同的线槽，也可在同一线槽中用金属板隔开。

② 综合布线与配电箱、变电室、电梯机房、空调机房之间最小净距宜符合表6-20的规定。

表6-20　综合布线电缆与其他机房最小净距

名称	最小净距（m）	名称	最小净距（m）
配电箱	1	电梯机房	2
变电室	2	空调机房	2

③ 建筑物内电、光缆暗管敷设与其他管线最小净距见表6-21的规定。

表6-21　综合布线缆线及管线与其他管线的间距

管线种类	平行净距（mm）	垂直交叉净距（mm）
避雷引下线	1000	300
保护地线	50	20
热力管（不包封）	500	500
热力管（包封）	300	300
给水管	150	20
煤气管	300	20
压缩空气管	150	20

④ 综合布线线缆宜单独敷设，与其他弱电系统各子系统线缆间距应符合设计要求。

⑤ 对于有安全保密要求的工程，综合布线线缆与信号线、电力线、接地线的间距应符合相应的保密规定。对于具有安全保密要求的线缆应采取独立的金属管或金属线槽敷设。

（8）屏蔽电缆的屏蔽层端到端应保持完好的导通性。

2）预埋线槽和暗管敷设线缆应符合的规定

（1）敷设线槽和暗管的两端宜用标志表示出编号等内容。

（2）预埋线槽宜采用金属线槽，预埋或密封线槽的截面利用率应为 30%～50%。

（3）敷设暗管宜采用钢管或阻燃聚氯乙烯硬质管。布放大对数主干电缆及 4 芯以上光缆时，直线管道的管径利用率应为 50%～60%，弯管道应为 40%～50%。暗管布放 4 对对绞电缆或 4 芯及以下光缆时，管道的截面利用率应为 25%～30%。

3）设置线缆桥架和线槽敷设线缆应符合的规定

（1）密封线槽内线缆布放应顺直，尽量不交叉，在线缆进出线槽部位、转弯处应绑扎固定。

（2）线缆桥架内线缆垂直敷设时，在线缆的上端和每间隔 1.5m 处应固定在桥架的支架上；水平敷设时，在线缆的首、尾、转弯及每间隔 5～10m 处进行固定。

（3）在水平、垂直桥架中敷设线缆时，应对线缆进行绑扎。对绞电缆、光缆及其他信号电缆应根据线缆的类别、数量、缆径、线缆芯数分束绑扎。绑扎间距不宜大于 1.5m，间距应均匀，不宜绑扎过紧或使线缆受到挤压。

（4）楼内光缆在桥架敞开敷设时应在绑扎固定段加装垫套。

采用吊顶支撑柱作为线槽在顶棚内敷设线缆时，每根支撑柱所辖范围内的线缆可以不设置密封线槽进行布放，但应分束绑扎。线缆应阻燃，线缆选用应符合设计要求。

建筑群子系统采用架空、管道、直埋、墙壁及暗管敷设电、光缆的施工技术要求应按照《通信线路工程验收规范》的相关规定执行。

5. 线缆保护方式检验

1）配线子系统线缆敷设保护应符合的要求

（1）预埋金属线槽的保护要求如下：

① 在建筑物中预埋线槽，宜按单层设置，每一路由进出同一过路盒的预埋线槽均不应超过 3 根，线槽截面高度不宜超过 25mm，总宽度不宜超过 300mm。线槽路由中若包括过线盒和出线盒，截面高度宜在 70～100mm 范围内。

② 线槽直埋长度超过 30m 或在线槽路由交叉、转弯时，宜设置过线盒，以便于布放线缆和维修。

③ 过线盒盖应能开启，并与地面齐平，盒盖处应具有防灰与防水功能。

④ 过线盒和接线盒盒盖应能抗压。

⑤ 金属线槽至信息插座模块接线盒之间或金属线槽与金属钢管之间相连接时的线缆宜采用金属软管敷设。

（2）预埋暗管的保护要求如下：

① 预埋在墙体中间暗管的最大管外径不宜超过 50mm，楼板中暗管的最大管外径不宜超过 25mm，室外管道进入建筑物的最大管外径不宜超过 100mm。

② 直线布管每 30m 处应设置过线盒装置。

③ 暗管的转弯角度应大于 90°。在路径上每根暗管的转弯角不得多于 2 个，并不应有 S

弯出现。有转弯的管段长度超过 20m 时，应设置管线过线盒装置；有 2 个弯时，不超过 15m 应设置过线盒。

④ 暗管管口应光滑，并加有护口保护，管口伸出部位宜为 25～50mm。

⑤ 至楼层电信间暗管的管口应排列有序，便于识别与布放线缆。

⑥ 暗管内应安置牵引线或拉线。

⑦ 金属管明敷时，在距接线盒 300mm 处，弯头处的两端，每隔 3m 处应采用管卡固定。

⑧ 管路转弯的弯曲半径不应小于所穿入线缆的最小允许弯曲半径，并且不应小于该管外径的 6 倍，如暗管外径大于 50mm 时，不应小于 10 倍。

（3）设置线缆桥架和线槽的保护要求如下：

① 线缆桥架底部应高于地面 2.2m 及以上，顶部距建筑物楼板不宜小于 300mm，与梁及其他障碍物交叉处间的距离不宜小于 50 mm。

② 线缆桥架水平敷设时，支撑间距宜为 1.5～3m。垂直敷设时固定在建筑物结构体上的间距宜小于 2m，距地 1.8m 以下部分应加金属盖板保护，或采用金属走线柜包封，门应可开启。

③ 直线段线缆桥架每超过 15～30m 或跨越建筑物变形缝时，应设置伸缩补偿装置。

④ 金属线槽敷设时，在下列情况下应设置支架或吊架：线槽接头处，每间距 3m 处，离开线槽两端出口 0.5m 处和转弯处。

⑤ 塑料线槽槽底固定点间距宜为 1m。

⑥ 线缆桥架和线缆线槽转弯半径不应小于槽内线缆的最小允许弯曲半径，线槽直角弯处最小弯曲半径不应小于槽内最粗线缆外径的 10 倍。

⑦ 桥架和线槽穿过防火墙体或楼板时，线缆布放完成后应采取防火封堵措施。

（4）网络地板线缆敷设的保护要求如下：

① 线槽之间应沟通。

② 线槽盖板应可开启。

③ 主线槽的宽度宜为 200～400mm，支线槽宽度不宜小于 70mm。

④ 可开启的线槽盖板与明装插座底盒间应采用金属软管连接。

⑤ 地板块与线槽盖板应抗压、抗冲击和阻燃。

⑥ 当网络地板具有防静电功能时，地板整体应接地。

⑦ 网络地板板块间的金属线槽段与段之间应保持良好导通并接地。

（5）在架空活动地板下敷设线缆时，地板内净空应为 150～300mm。若空调采用下送风方式，则地板内净高应为 300～500mm。

（6）吊顶支撑柱中电力线和综合布线线缆合一布放时，中间应用金属板隔开，间距应符合设计要求。

当综合布线线缆与大楼弱电系统线缆采用同一线槽或桥架敷设时，子系统之间应采用金属板隔开，间距应符合设计要求。

2）干线子系统线缆敷设保护方式应符合的要求

（1）线缆不得布放在电梯或供水、供气、供暖管道竖井中，线缆不应布放在强电竖井中。

（2）电信间、设备间、进线间之间干线通道应沟通。

3）建筑群子系统线缆敷设保护方式应符合设计要求

4）信号线路浪涌保护器应符合的要求

当电缆从建筑物外面进入建筑物时，应选用适配的信号线路浪涌保护器，信号线路浪涌保护器应符合设计要求。

6. 线缆终接

1）线缆终接应符合的要求

（1）线缆在终接前，必须核对线缆标识内容是否正确。

（2）线缆中间不应有接头。

（3）线缆终接处必须牢固、接触良好。

（4）对绞电缆与连接器件连接应认准线号、线位色标，不得颠倒和错接。

2）对绞电缆终接应符合的要求

（1）终接时，每对对绞线应保持扭绞状态，扭绞松开长度对于 3 类电缆不应大于 75mm；对于 5 类电缆不应大于 13mm；对于 6 类电缆应尽量保持扭绞状态，减小扭绞松开长度。

（2）对绞线与 8 位模块式通用插座相连时，必须按色标和线对顺序进行卡接。插座类型、色标和编号应符合 T568-A 和 T568-B 的规定。两种连接方式均可采用，但在同一布线工程中两种连接方式不应混合使用。

（3）7 类布线系统采用非 RJ-45 方式终接时，连接图应符合相关标准规定。

（4）屏蔽对绞电缆的屏蔽层与连接器件终接处屏蔽罩应通过紧固器件可靠接触，线缆屏蔽层应与连接器件屏蔽罩 360°圆周接触，接触长度不宜小于 10mm。屏蔽层不应用于受力的场合。

（5）对不同的屏蔽对绞线或屏蔽电缆，屏蔽层应采用不同的端接方法。应对编织层或金属箔与汇流导线进行有效的端接。

（6）每个两口 86 面板底盒宜终接 2 条对绞电缆或 1 根 2 芯/4 芯光缆，不宜兼做过路盒使用。

3）光缆终接与接续应采用的方式

（1）光纤与连接器件连接可采用尾纤熔接、现场研磨和机械连接方式。

（2）光纤与光纤接续可采用熔接和光连接子（机械）连接方式。

4）光缆芯线终接应符合的要求

（1）采用光纤连接盘对光纤进行连接、保护，在连接盘中光纤的弯曲半径应符合安装工艺要求。

（2）光纤熔接处应加以保护和固定。

（3）光纤连接盘面板应有标志。

（4）光纤连接损耗值，应符合表 6-22 的规定。

5）各类跳线的终接应符合的规定

（1）各类跳线线缆和连接器件间接触应良好，接线无误，标志齐全。跳线选用类型应符合系统设计要求。

（2）各类跳线长度应符合设计要求。

表 6-22　光纤连接损耗值（dB）

连接类别	多模		单模	
	平均值	最大值	平均值	最大值
熔接	0.15	0.3	0.15	0.3
机械连接		0.3		0.3

7. 工程电气测试

（1）综合布线工程电气测试包括电缆系统电气性能测试及光纤系统性能测试。电缆系统电气性能测试项目应根据布线信道或链路的设计等级和布线系统的类别要求制定。各项测试结果应有详细记录，作为竣工资料的一部分。测试记录内容和形式宜符合表 6-23 和表 6-24 的要求。

表 6-23　综合布线系统工程电缆（链路/信道）性能指标测试记录

序号	工程项目名称									
	编号			内容						备注
				电缆系统						
	地址号	线缆号	设备号	长度	拉线图	衰减	近端串音	电缆屏蔽层连通情况	其他项目	
测试日期、人员及测试仪表型号、测试仪表精度										
处理情况										

表 6-24　综合布线系统工程光纤（链路/信道）性能指标测试记录

序号	工程项目名称									备注
	编号			光缆系统						
				多模			单模			
				850mm		1300mm		1310mm		1550mm
	地址号	线缆号	设备号	衰减（插入损耗）	长度	衰减（插入损耗）	长度	衰减（插入损耗）	长度	衰减（插入损耗）
测试日期、人员及测试仪表型号、测试仪表精度										
处理情况										

（2）对绞电缆及光纤布线系统的现场测试仪应符合下列要求：

① 应能测试信道与链路的性能指标。

② 应具有针对不同布线系统等级的相应精度，应考虑测试仪的功能、电源、使用方法等因素。

③ 测试仪精度应定期检测。每次现场测试前，仪表厂家应出示测试仪的精度有效期限证明。

（3）测试仪表应具有测试结果的保存功能并提供输出端口，将所有存储的测试数据输出至计算机和打印机。测试数据必须保证不被修改，并进行维护和文档管理。测试仪表应提供所有测试项目、概要和详细的报告。测试仪表宜提供汉化的通用人机界面。

8. 管理系统验收

1）综合布线管理系统宜满足的要求

（1）管理系统级别的选择应符合设计要求。

（2）需要管理的每个组成部分均应设置标签，并由唯一的标识符进行表示，标识符与标签的设置应符合设计要求。

（3）管理系统的记录文档应详细完整并汉化，包括每个标识符的相关信息、记录、报告和图纸等。

（4）不同级别的管理系统可采用通用电子表格、专用管理软件或电子配线设备等进行维护管理。

2）综合布线管理系统的标识符与标签的设置应符合的要求

（1）标识符应包括安装场地、线缆终端位置、线缆管道、水平链路、主干线缆、连接器件、接地等类型的专用标识。系统中每一组件应指定一个唯一的标识符。

（2）电信间、设备间、进线间所设置的配线设备及信息点处均应设置标签。

（3）每根线缆应指定专用标识符，标在线缆的护套上或在距每一端护套 300mm 内设置标签。线缆的终接点应设置标签标记指定的专用标识符。

（4）接地体和接地导线应指定专用标识符，标签应设置在靠近导线和接地体的连接处的明显部位。

（5）根据设置的部位不同，可使用粘贴型、插入型或其他类型标签。标签表示内容应清晰，材质应符合工程应用环境要求，具有耐磨、抗恶劣环境、附着力强等性能。

（6）终接色标应符合线缆的布放要求，线缆两端终接点的色标颜色应一致。

3）综合布线系统各个组成部分管理信息记录和报告的内容

（1）记录应包括管道、线缆、连接器件及连接位置、接地等内容，各部分记录中应包括相应的标识符、类型、状态、位置等信息。

（2）报告应包括管道、安装场地、线缆、接地系统等内容，各部分报告中应包括相应的记录。

综合布线系统工程如采用布线工程管理软件和电子配线设备组成的系统进行管理和维护工作，应按专项系统工程进行验收。

习题 6

1. 简述验证测试、鉴定测试和认证测试的区别。

2. 认证测试分哪三个级别，简述元件级测试、链路级测试和应用级测试的区别。

3. 选型测试、进场测试、随工测试、监理测试、验收测试、开通测试、故障诊断测试以及日常维护测试中哪些属于验证测试？哪些属于鉴定测试？哪些属于认证测试？

4. 认证测试与工程验收有何区别？

5. 现场环境对测试结果有何影响？

6. 综合布线系统测试标准主要有哪些？在应用中如何选择？

7. 试比较基本链路、通道链路和永久链路三者之间的差别。

8. 为什么建议使用永久链路作为验收测试的主要模式？

9. 简述电缆长度测试的原理。

10. 电缆传输链路认证测试的主要指标有哪些？

11. 电缆的近端串扰是由哪些因素决定的？与链路长度有关吗？

12. 什么是电缆近端串扰的 4dB 原则？在应用中的主要作用是什么？

13. 什么是电缆回波损耗的 3dB 原则？在应用中的主要作用是什么？

14. 高精度时域串扰分析技术 HDTDX 是如何对串扰故障进行精确定位的？

15. 高精度时域反射分析技术 HDTDR 是如何对 RL 故障进行精确定位的？

16. 光纤测试分为哪两类？它们之间的区别是什么？

17. 简述光纤链路衰减的测试的 A、B、C 模型分别适用于什么场合？

18. 引起光纤衰减的主要原因有哪些？

19. 什么是光纤的 3dB 光带宽？什么是光纤的 6dB 电带宽？二者之间有什么关系？

20. 简述光缆长度和衰减测试的工作原理。

21. 简述光时域反射计的工作原理。

22. 什么是瑞利背向散射损耗？怎么减小瑞利散射损耗的影响？

23. 什么是菲涅尔反射损耗？怎么定位并消除菲涅尔反射损耗的影响？

24. 综合布线系统验收的依据有哪些？

25. 综合布线系统验收的主要方法有哪些？

26. 综合布线验收的主要内容有哪些？

第7章 综合布线系统的工程应用

学习目标

在进行综合布线系统工程项目时，应从系统角度出发，按照系统建设流程的顺序进行。通过本章大学校园与数据中心布线综合布线系统设计案例的学习，掌握综合布线系统工程应用的要点。

7.1 大学校园综合布线系统设计

7.1.1 大学校园布线设计概述

为适应数字化校园通讯技术的飞速发展，校园智能化系统建设需要一套先进的综合布线系统。为满足未来系统集成的需要，大学校园综合布线系统设计通常采用开放式结构，能支持电话及多种计算机数据系统，还能支持视频会议、视频监控等系统的需要。本节以某大学校园的综合布线系统设计方案为蓝本，介绍大学校园布线系统设计的要点。

7.1.2 设计依据

《智能建筑设计标准》GB 50314—2006

《综合布线系统工程设计规范》GB 50311—2007

《综合布线系统工程验收规范》GB 50312—2007

《民用建筑电气设计规范》JGJ 16—2008

《建筑物电子信息系统防雷技术规范》GB 50343—2004

《建筑物防雷设计规范》GB 50057—2010

《计算机信息系统防雷保安器》GA 173—2002

《体育建筑智能化系统工程技术规程》JGJ/T 179—2009

《计算站场地安全技术》GB 9361—2011

7.1.3 设计原则

大学校园综合布线系统设计的核心思想是将整个布线系统结构化、体系化、模块化，集中、系统的管理，使它既具有可靠的实用性，又具有充分的灵活性和扩展性。同时，在设计时，一切从实际出发，不盲目追求过高的标准，以免造成不必要的浪费。系统设计主要从以下几个方面考虑：

1. 综合性

本系统能支持各种语音、数据通信、多媒体技术以及信息管理系统，能适应当前和未来

15 年技术发展的基本需要。

2. 开放性

在整个系统的设计中，将墙面及地面作为临界面，留有标准的 RJ-45 接口，通过连接线把外设连接到整个布线系统上，整个系统拥有很强的开放性。

3. 先进性和灵活性

系统采用模块化结构，使用与管理非常容易，符合各种数据、控制信号的应用要求。

4. 模块化

除水平线缆外，系统内所有的接插件均为积木式的标准件，以确保管理和扩展的简易化。

5. 扩展性

系统具有可扩展性，一旦用户需要，随时可以对系统进行扩展。

6. 经济性

减少一次性的投资，在选材上尽量选用高品质材料以确保系统具有很高的可靠性和极低的故障率，将运行与维护费用降至最低。

7. 可靠性

采用星型拓扑结构布线，确保系统的稳定性和安全性。系统对使用环境具有良好的适应性，并确保具有极低的故障率。

8. 合理性

在设计时不仅要考虑系统的开放性、先进性和灵活性，而且还要考虑整个系统设计的合理性和实用性，使综合布线系统在最经济的方式下，满足高速信息通道的要求。

7.1.4 需求分析

通常来说，大学校园都包括了图书馆、行政楼、教学楼、实验楼、体育馆、宿舍楼等建筑。综合布线涉及校园内所有建筑区域，某大学校园整体规划拓扑如图 7-1 所示。

整个布线系统不仅仅要求能支持一般的语音数据传输，还应能满足广播电视、安全防范、校园一卡通应用、会议系统和其他智能化子系统的布线要求。整个校园以办公教学为主导思想，校园内所有楼宇的信息语音点数量较庞大，整个校园总点位约 10000 左右（其中设计 6 类 5000 左右、超 5 类约 4000 左右），与之对应数据传输的带宽要求也相应很大，对主干的设计要求能够实现 10G 以上的连接带宽。

根据需求，在进行主干设计时首先考虑的是满足系统使用最低需求：

（1）可以实现 10G 以上带宽的数据传输线路。

（2）提供一条 1G 以上带宽备份线路。

其次在保证目前数据传输的必要条件的前提下同时为楼内其他弱电系统提供必要的主干线路，如安防系统、广播电视系统、多媒体教学系统等。

1. 总体规划

行政办公教学区（行政楼、教学楼、实验楼等）语音和数据插座均采用 6 类非屏蔽布线系统；生活后勤区（学生宿舍、公寓等）语音和数据插座均采用超 5 类非屏蔽布线系统。网络数据点和语音信息点具有互换性，只需要简单地改变一下跳线即可。整个校园采用扩展树型拓扑结构，行政办公教学区水平采用全 6 类布线模式；生活后勤区水平采用超 5 类布线模

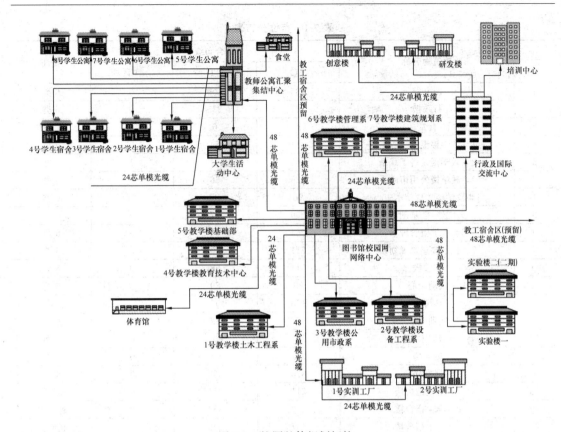

图 7-1 校园整体规划拓扑

式。主干采用单模光纤和三类大对数电缆，干线支持万兆带宽，水平支线支持 250MHZ 带宽，单体楼内汇聚采用单模光纤。

2. 点位分布情况

依据委托方提供的建筑平面图中的功能划分进行信息点位设置。一般区域按照每 5~10m² 布设一个语音点和一个数据点来设计。信息点的布置除按照综合型标准设计外，结合应用特点，每个教室 3 数据点，一般办公室 2~3 组信息点；领导办公室 2 组信息点（一组信息点包括：数据、语音），休息室和办公室都考虑语音和数据点分布；所有会议室都预留地插（根据会议室大小和会议桌摆放位置确定，可在深化设计时确定）；库房、专业机房、值班室都布有信息插座。

建议重点部位或对今后的有重要应用但在现在又无法预测具体应用的部位（如电子阅览室、培训教室、学生用计算机机房等）考虑放置光纤点，采用 4 芯室内多模光缆敷设。

在各类机房如：电梯机房、强电机房等内考虑单口语音点。

考虑装潢的美观性，建议各会议室和领导办公室采用地面插座，同时考虑工作性质，领导办公室及休息场所配备的语音点为双口，考虑两部直拨外线电话、数字电话等综合使用。

针对地下室、电梯等存在手机信号的屏蔽问题，在综合布线时预留管线，以便以后联系电信运营商分别安装其无线信号系统的接收和放大装置。

详细的点位分布表见 7-1，建筑群光缆配置见表 7-2。

表 7-1　点位分布表

序号	建筑物名称	综合布线			备注
		TO	TP	CP	
1	图书馆	135	109	0	6 类
2	行政楼	251	235	0	6 类
3	食堂	6	6	0	超 5 类
4	1#教学楼土木工程系	351	84	5	6 类
5	2#教学楼设备工程系	162	41	1	6 类
6	3#教学楼公用市政系	225	66	0	6 类
7	4#教学楼教育技术中心	96	85	31	6 类
8	5#教学楼基础部	206	27	0	6 类
9	6#教学楼管理系	264	66	0	6 类
10	7#教学楼建筑规划系	211	50	0	6 类
11	实验楼	511	58	0	6 类
12	活动中心	89	89	0	6 类
13	体育馆	125	95	0	6 类
14	实训工厂	97	32	0	6 类
15	培训中心	227	204	0	6 类
16	创意楼	342	340	0	6 类
17	研发楼	370	368	0	6 类
18	1#学生宿舍楼	211	211	0	超 5 类
19	2#学生宿舍楼	360	360	0	超 5 类
20	3#学生宿舍楼	497	497	0	超 5 类
21	4#学生宿舍楼	154	154	0	超 5 类
22	5#、6#、7#、8#学生宿舍楼	184	184	0	超 5 类
23	教师公寓	400	400	0	超 5 类
24	合计	5474	3761	37	

表 7-2　建筑群光缆配置表

序号	楼宇信息		单模光缆（芯）	数量	备注
1	图文信息中心（网络中心）	1#教学楼土木工程系	24	1 根	网络、监控、报警、一卡通公用光缆
2		2#教学楼设备工程系	24	1 根	网络、监控、报警、一卡通公用光缆
3		3#教学楼公用市政系	24	1 根	网络、监控、报警、一卡通公用光缆
4		4#教学楼教育技术中心	24	1 根	网络、监控、报警、一卡通公用光缆
5		5#教学楼基础部	24	1 根	网络、监控、报警、一卡通公用光缆
6		6#教学楼管理系	24	1 根	网络、监控、报警、一卡通公用光缆
7		7#教学楼建筑规划系	24	1 根	网络、监控、报警、一卡通公用光缆
8		实验楼一	48	1 根	网络、监控、报警、一卡通公用光缆
9		教室公寓北楼（职工宿舍）	48	1 根	网络、监控、报警、一卡通公用光缆
10		体育馆	24	1 根	网络、监控、报警、一卡通公用光缆
11		1#实训工厂	48	1 根	网络、监控、报警、一卡通公用光缆
12		行政及国际交流中心	48	1 根	网络、监控、报警、一卡通公用光缆
13		北教工宿舍区	48	1 根	预留
14		东教工宿舍区	48	1 根	预留

序号	楼宇信息		单模光缆（芯）	数量	备注
15	生活区教工宿舍北楼（汇聚结点中心）	食堂	24	1根	网络、监控、报警、一卡通公用光缆
16		大学生活动中心	24	1根	网络、监控、报警、一卡通公用光缆
17		1#学生宿舍楼	24	1根	网络、监控、报警、一卡通公用光缆
18		2#学生宿舍楼	24	1根	网络、监控、报警、一卡通公用光缆
19		3#学生宿舍楼	24	1根	网络、监控、报警、一卡通公用光缆
20		4#学生宿舍楼	24	1根	网络、监控、报警、一卡通公用光缆
21		5#学生宿舍楼	24	1根	预留
22		6#学生宿舍楼	24	1根	预留
23		7#学生宿舍楼	24	1根	预留
24		8#学生宿舍楼	24	1根	预留
25	行政楼（汇聚结点中心）	培训中心	24	1根	网络、监控、报警、一卡通公用光缆
26		研发楼	24	1根	网络、监控、报警、一卡通公用光缆
27		创意楼	24	1根	网络、监控、报警、一卡通公用光缆
28	实验楼一（汇聚结点中心）	实验楼二（二期）	24	1根	预留
29		远期规划用地建筑		1根	
30	1#实训工厂（汇聚结点中心）	2#实训工厂	24	1根	网络、监控、报警、一卡通公用光缆
31		远期规划用地建筑		1根	

7.1.5　设计要点

1. 光缆类型

此大学校园为新建校区，建设起点较高，光缆的选择应该以网络中应用需求为基础，网络核心层与各个楼宇设备接入层之间采用 48 芯单模光缆和 24 芯单模光缆作为主干万兆传输介质，以保证各个子系统在网络系统平台上运行需要和今后的扩展需要。

2. 水平线缆

水平线缆作为综合布线系统中造价最高的设备，其定位决定了综合布线系统的造价。根据新校区智能化系统发展规划要求，以及未来发展的趋势和投资预算。行政办公教学区采用全 6 类布线方式，生活后勤区采用超 5 类布线方式。完全能满足现在的应用和将来的扩展要求。在品牌上建议选择中高档布线品牌。

3. 弱电间的选择

弱电设备间对于一个单体来说非常重要，其不但是设备汇集、配线管理的场所，还在整个智能化系统中起着承上启下的作用。如果不能安排一个合适的位置，对弱电系统来说，不仅会增大施工难度，还会加大管理维护的难度和系统成本。

目前的图纸设计中，每栋楼宇都设计有弱电管道井和弱电设备间，极个别楼宇相对空间较小，不适宜作为设备汇集地。在本项目中，各个楼宇均在 3～6 个楼层以上。因此，在后面的深化设计中，必须要和建筑设计院进行交底，对房间的划分和功能进行深层次的规划，建议弱电设备间设在有空调的房间内。

4. 配线架

综合布线系统中，配线架分为数据配线架和电话配线架，主要由110配线架和24口模块式配线架组成。在本项目上建议将水平数据线缆连接至24口模块式配线架，电话部分直接接入110配线架，以节约投资。

5. 机柜

综合布线系统管理间子系统中，各种配线架、跳线、光纤配线架、交换机均设置在机柜内。综合布线机柜为标准的19in机柜。

综合布线机柜中各种跳线数量很多，为了系统建设美观起见，选择综合布线系统2m机柜，内部空间较大，方便线缆整理。

各个弱电楼层管理间内的机柜采用2000×600×600的标准机柜

网络中心机房设备机柜采用2000×600×800的服务器机柜。

7.1.6 功能区设计

单体综合布线系统示意图如图7-2所示，下面分别对其中的功能区进行详细设计。

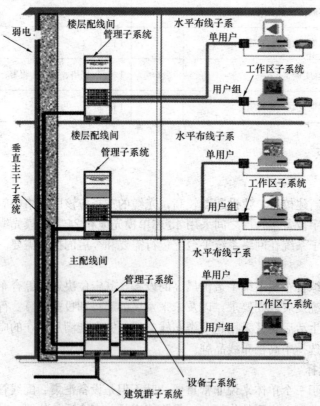

图7-2 单体综合布线系统示意图

1. 工作区子系统

工作区子系统是指从终端设备到信息插座的整个区域。一个独立的需要设置终端的区域划分为一个工作区，工作区布线子系统由终端设备连接到信息插座的连线组成。

用于实现设备（如计算机等）和水平子系统的连接，标准信息座均为墙面暗装（特殊应用环境可考虑吊顶内、地面或明装方式）底边距地 30cm。为使用方便，要求每组信息座附近应配备 220V 电源插座，以便为数据设备供电，如图 7-3 所示，建议安装位置距信息座不小于 20cm。

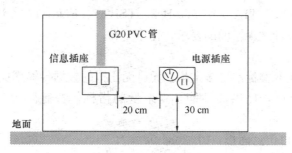

图 7-3　信息插座与电源插座位置示意图

工作区子系统由各个办公区域构成，其中语音与数据均采用模块化插座，最低可支持 2.4Gbit/s 的数据网络通讯及多媒体通信，包括 155Mbit/s/622Mbit/s ATM 网络应用及话音通信。语音和数据均采用标准的 RJ-45 信息插口，兼容 RJ-11 接口，可以直接接入 PC 或者电话机。光纤信息点采用小型化的 LC 连接器。

在培训教室内，教室前侧引入的线缆经桥架由顶板引入沿墙暗敷，先引入多媒体过线盒，再经过地面管道引至多媒体讲桌内；在普通办公室内，线缆经弱电井从过道水平桥架沿墙暗敷，在距地面 30cm 处嵌墙暗敷底盒，采用乳白色面板，与墙体颜色相一致；如果房间内信息点较少且办公桌离墙较远，考虑采用地面出线盒的方式安置信息模块。

模块选择普利驰 6 类信息插座模块 PM1016E，如图 7-4 所示。面板使用国标双口防尘墙上型插座 PB2086-02，如图 7-5 所示。

1）6 类非屏蔽信息模块：PM1016E

图 7-4　PM1016E　　　　　　　图 7-5　PB2086-02

PM1016E 的特点为：

（1）用于端接 22—26 AWG 铜缆，提供可靠性连接。

（2）可提供高达 350MHz 的带宽，性能远远超过 6 类标准的要求。

(3) 特别设计的压线盖保证可靠的端接性能要求。

(4) 直观的线缆颜色标识，易于线缆的安装和检查。

(5) 接触针部位采用沉淀式镀金 $50\mu m$。

(6) 独特的阻抗匹配技术，保证系统传输的稳定性。

(7) 兼容 T568-A 和 T568-B 接线，并分别带有色彩提示。

(8) 符合标准：ANSI/TIA/EIA 568-B.2、TSB 67、EN 50173、ISO/IEC 11801。

(9) 紧凑的结构设计减少空间的要求，轻巧美观。

其性能为：

高可用带宽提供比 6 类标准更多余量，无可无比拟的数据传输率提供最高比特率。满足 UL、ETL、3P 认证测试，提供高性能、高余量的指标；特有防尘盖板保护每次可靠的端接。

2) 二位英式外斜口信息面板：PB 2086-02

PB2086-02 的特点为：

(1) 外形尺寸符合国家标准 86 型。

(2) 面板设计线跳流畅、棱角清晰。

(3) 扣位式面板设计可防止施工时污染面板。

(4) 采用优质工程 PC 塑料，防撞阻燃抗冲击。

(5) 固定架和后座磨砂处理，保护产品不被尖锐物划伤。

(6) 单面拆卸口，拆卸时不损伤墙面。

(7) 信息口带嵌入式图表及标签位置，方便管理。

(8) 可更换外壳，让您随意选择喜欢的颜色。

其性能为：

符合 UL 认证标准，为用户提供更方便的管理面板，45°斜角更方便查看标签，提供最佳的弯曲半径，减少对跳线的损害，节省外部空间。

2. 水平子系统

水平子系统从各个子配线间出发连向各个工作区的信息插座，本方案采用普利驰线缆。语音与数据水平线缆均采用 6 类和超 5 类 8 芯非屏蔽双绞线，数据、语音配线架统一采用模块化快接式配线架。在设计中充分考虑到房间将来的使用变化和满足数据通信的需要。楼内光纤信息点选用普利驰室内多模光缆。

水平铜缆/光纤长度计算方法如下：

水平线平均距离＝（最远点距离＋最近点距离）/2×1.1＋7（m）

线缆箱数＝总点数/（305m/水平线平均距离）＋1

1) 非屏蔽 6 类双绞线：PL6E1004

PL6E1004 采用芯线 4 对 0.57mm（23AWG）单芯裸铜线十字隔离技术，保证了安装前后都具有稳定的串扰和阻抗性能，符合并超过 TIA/EIA 568-B.2 性能要求，传输带宽远远超过标准，如图 7-6 所示。

2) 水平线缆路由设计

由于各栋楼宇内的信息点均为固定的信息点，水平布线由就近设备间的配线架引出。所有的水平布线，通过桥架以及暗敷的 PVC 管引至各工作区。

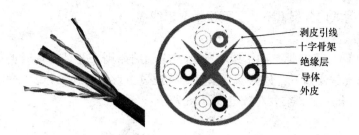

图 7-6　六类非屏蔽双绞线 PL6E1004

　　水平布线可采用各种方式，要求根据建筑物的结构特点与其他工作的配合，用户的不同需求进行灵活掌握。

　　如图 7-7 所示，对于大开间的房间可采用内部走线法或在防静电地板下敷设金属线槽，采用地板面出线方式。

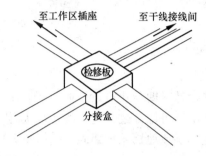

图 7-7　地板下走管布线法示意图

　　如图 7-8 所示，走廊的吊顶上应安装有金属线槽，进入房间时，从线槽引出 PVC 管以埋入方式由墙壁而下或通过地板槽到各个信息点。

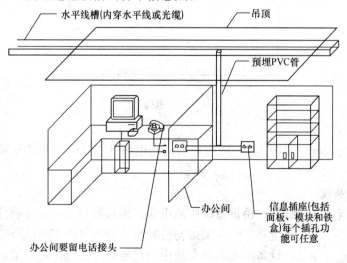

图 7-8　吊顶方式

3. 干线子系统

干线系统由连接主设备间 MDF 与各管理子系统 IDF 之间的干线光缆及大对数电缆构

成，设备间以放射式向各层 IDF 设备间星型配出线缆。

1）干线线缆选择

根据 EIA/TIA 568-B 标准的干线非独立于应用的原则，并结合现时的应用及未来的发展考虑，干线配置建议如下：数据部分垂直干线通过主设备间到各分设备间的 8 芯室内光缆（图 7-9），语音部分采用 3 类大对数电缆（图 7-10）。

图 7-9　PFM11008 室内 8 芯多模光缆　　　图 7-10　三类大对数电缆

2）干线路由设计

由于项目为新建建筑，在设计时即与建筑设计院进行技术交底，在建筑中预留电缆井。在每层楼板上留出一些方孔使电缆可以穿过这些电缆井，从而实现各层电缆之间的互通。电缆捆在钢绳上，钢绳靠墙上金属条或地板三角架固定，如图 7-11 所示。

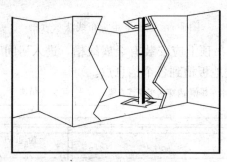

图 7-11　电缆井

3）干线线缆数量计算

每层干线线缆长度＝（距 MDF 层数×层高＋电缆井至 MDF 距离＋端接容限）×（每层需要根数）

4. 设备间子系统

设备间子系统（主配线间）由设备间中的电缆、连接器和相关支撑硬件组成，它把各种不同设备互连起来。该子系统将布线交叉处与公共系统设备（如 Hub 等）连接起来。

按照标准的设计要求，设备间尤其是要集中放设备的设备间，应尽量满足下面的要求：

将设备间尽可能安排在弱电井附近，以减少线缆敷设的浪费；室温应保持在 18～27℃之间，相对湿度保持在 30％～55％；保持室内无尘或少尘，通风良好；安装合适的消防系统（如采用湿型消防系统，不要把喷头直接对准电气设备）；使用防火门，至少能耐火 1h 的防火墙和阻燃漆；提供合适的门至少要有一扇窗口留作安全出口；尽量远离存放危险物品的场所和电磁干扰源（如发射机和电动机）；设备间的地板负重能力至少应为 500kg/m²。

系统中典型的接线间，其可以走进人的最小安全尺寸是 120cm×150cm，标准的天花板高度为 240cm，门的大小至少为高 2.1m、宽 1m，向外开。在配线间，最好有供放置设备的设备柜，其大小可按设备的尺寸而定，一般采用木质或玻璃材料制成。在设备间尽量将设备柜放在靠近竖井的位置，在柜子上方应装有通风口用于设备通风。

在配线间内应至少留有两个为本系统专用的，符合一般办公室照明要求的 220V 电压、电流 10A 单相三极电源插座。如果需要在配线间内放置网络设备，则还应根据接线间内放置设备的供电需求，配有另外的带 4 个 AC 双排插座的 20A 专用线路。此线路不应与其他大型设备并联，并且最好先连接到 UPS，以确保对设备的供电及电源的质量。

5. 管理子系统

根据需求，管理系统设在最方便安装和管理的设备间内。在设备间中，主要包括配线架及交换机，构成系统的管理中心和通信枢纽。此系统交连方式取决于工作区设备的需要和数据网络的结构。

管理子系统均采用标准模块化接插件，便于维护管理。管理子系统采用交叉连接方式，要求语音部分和数据部分能够实现互换，以便于管理。

6 类系统数据水平端均采用 6 类和超 5 类非屏蔽模块式配线架，数据垂直端采用机架式光缆配线架，语音水平及垂直端采用 110 型压接式配线架。所有设备和配线架安排在 19in 标准机柜中。根据工作区子系统的跳线配线原则进行设备间跳线配线，并在机柜内设置线缆管理器。配线产品选用普利驰系列产品。

1）6 类 24 口配线架 PJ1016E-24（图 7-12）

图 7-12　PJ1016E-24

性能与参数：

高性能设计，提供业界最高性能的数据传输速度，结构新颖，拔插和理线更加方便。产品结构更趋合理，极大地提高了可靠性和耐用性。采用了独特平衡及印刷电路板技术，使传输带宽超过 250MHz，各项技术指标均远超国际标准要求。特有标签条，管理功能更加完善，该设计使得施工和日后的管理更加方便简单。

特点：

IDC：整体低辐射镀银，接触部位镀金 50μm；

接触电阻（不包括体电阻）：正常大气压条件下接触电阻≤2.5mΩ；

绝缘电阻：正常大气压条件下绝缘电阻≥1000MΩ；

抗电强度：DC 1000V（AC 700V）1min 无击穿和飞弧现象；

寿命：插头插座可重复插拔次数≥750 次。

符合标准：

· ANSI/TIA/EIA 568-B.2，TSB 67；

· EN 50173；

· ISO/IEC 11801。

2）1U 封闭滑槽式理线架 PAL2011（图 7-13）

图 7-13　PAL2011

性能与参数：

1U 高度，符合 19in 机柜安装标准，设计简洁，用于跳线架及设备跳线的水平和垂直方向的整理、固定和维护，达到布线系统有效和安全的管理，使布线系统整洁美观。

特点：

全塑胶 ABS 料，弹性好，强度高；

将跳线压入理线器后，将防尘盖扣紧，有助于跳线的保护；

有效改善布局，适应布线系统的移动和变化；

将塑胶件安装于 1U 宽度 19in 金属背板上。

3）100 对 DW 型配线架 PDR1015E-100（图 7-14）

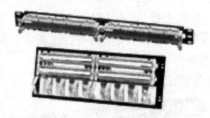

图 7-14　PDR1015E-100

性能与参数：

100 对 DW 型配线架可以安装标准 19in 机架，全部元器件经 Ul 测试并超过超 5 类传输性能的要求。提供 100 对产品。可端接 22—26AWG 实心铜线缆。

特点：

在每一排连接块之间可以安装可更换彩色标识的标签支架；

可拆卸腿可以在配线架安装时、之前或之后拆开；

基座出口引出的线缆被标识标签盖住；

可以提供配套的水平理线器。

4）12 口机架式标准光纤配线架 PFD11012（图 7-15）

图 7-15　PFD11012

性能与参数：

标识明确，管理方便；

现场接头安装、尾纤结合理想之选；

适用于各类型室内外光缆；

与光纤配线架适配器面板或模块配套；

全钢喷塑壳体，结构牢固，美观大方；

坚固的烧结黑色粉末光滑复涂层；

设计合理，走线方便，确保光缆的最小曲率半径；

支持最多 144 个光纤端口；

配有光纤管理环和捆扎设施；

标识护套保护光纤跳线，拔出按锁就可以方便地取下；

进线部位有固定装置；

考虑安全因素时，可提供隐蔽式门锁。

技术参数：

工作温度：$-40 \sim +60℃$；

相对湿度：$\leqslant 95\%$（$+40$ 时）；

大气压力：$70 \sim 106 kPa$；

连接器损耗：$\leqslant 0.5 dB$（包括插入互换和重复）；

插入损耗：$\leqslant 0.2 dB$；

插拔次数：$\geqslant 1000$ 次；

机械强度：箱体各表面能承受的垂直压力大于 980N，箱体门的最外端能承受的垂直压力大于 200N，光缆固定处能承受 1000N 的抽向拉力。

5）标准机柜

产品特点：

19in 标准机柜系列为管理、存储和保护网络设备提供完整解决方案；

结构坚固，结实耐用；

良好的自然通风散热性能；

选用冷轧钢板，表面喷涂塑粉，防锈美观；

前门采用全钢化 5mm 厚玻璃，优美大方；

采用标准化设计，整体拼装，灵活配置；

四面开放式，机柜侧门、前后门可以拆开，方便调试安装；

配件齐全；

全方位操作，多方位查看；

4 个脚轮，方便移动。

根据本工程性质及特点，数据部分管理子系统设备采用管理间专用机柜安装，机柜为 19in 标准，材料选用金属喷塑，并配有网络设备专用配电电源端接位置，可将网络设备同放置其中。此种安装模式具有整齐美观、可靠性高、防尘、保密性好、安装规范、并具有一定的屏蔽作用等优点。而语音部分的管理利用墙面安装配线架。

由于管理间内要安装网络设备，管理间需进行必要的装修或设在同等条件的办公室内，并配备照明设备以便于设备维护，同时为保证网络的可靠运行，管理间内应配备三组独立供电的 220V 电源插座，每管理间功率不小于 400W。

7.2 数据中心布线系统设计

7.2.1 数据中心概述

随着社会、经济的快速发展，信息数据的作用越来越得到重视。目前很多企业已经通过各种信息与通信系统的建设，拥有了大量的电子信息设施与大规模的信息网络构架。如何更好地应用它们，发挥其最大作用，使业务不断增长，成为众多企业最为关心的问题。建立一个稳定、安全、高效的数据中心，将是这类问题最有效的解决方案。

数据中心可以是一个建筑物或建筑物的一个部分，主要用于设置计算机房及其支持空间。图 7-16 给出了数据中心的组成图。其中，计算机房是用于电子信息处理、存储、交换和传输设备的安装、运行和维护的建筑空间，包括服务器机房、网络机房、存储机房等功能区域。支持空间是计算机房外专用于支持数据中心运行的设施和工作空间，包括进线间、内部电信间、行政管理区、辅助区和支持区。

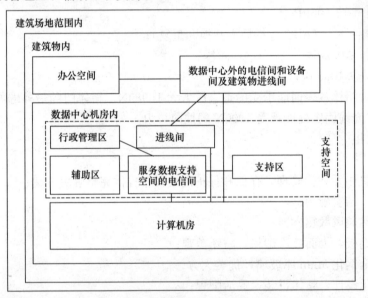

图 7-16　数据中心组成图

数据中心的建立是为了全面、集中、主动并有效地管理和优化 IT 基础架构，实现信息系统高水平的可管理性、可用性、可靠性和可扩展性，保障业务的顺畅运行和服务的及时提供。建设一个完整的、符合现在及将来要求的高标准数据中心，应满足以下功能要求：

（1）一个需要满足安装进行本地数据计算、数据存储和安全的联网设备的地方。

（2）为所有设备运转提供所需的电力。

（3）在设备技术参数的要求下，为设备运转提供一个温度受控环境。

（4）为所有数据中心内部和外部的设备提供安全可靠的网络连接。

本节以某公司数据中心布线系统设计方案为蓝本，介绍数据中心布线系统设计的要点。

7.2.2　设计依据

《智能建筑设计标准》GB 50314—2006

《综合布线系统工程设计规范》GB 50311—2007

《综合布线系统工程验收规范》GB 50312—2007

《国际建筑通用布线标准》ISO 11801

《北美商业建筑电信布线标准》ANSI/TIA/EIA 568-C

《北美电信走道和空间的商业建筑标准》ANSI/TIA/EIA 569

《北美商业建筑物电信设备的管理标准》ANSI/TIA/EIA 606

《北美商业建筑物电信设备的管理标准》ANSI/TIA/EIA TSB 75

《北美数据中心标准》TIA/EIA 942

《中华人民共和国通信行业标准》YD/T 926—2009

《电子信息系统机房设计规范》GB 50174—2008

7.2.3　设计原则

本设计方案参照 ISO/IEC 11801、ANSI/TIA/EIA-568C、TIA/EIA-942、GB 50174 等标准，采用符合 6 类标准的普天布线线缆和接插件、线缆、智能布线及数据中心布线产品，以确保整个系统的规范和质量。本系统支持语言和数据（视频、多媒体）传输，可满足快速以太网、ATM155Mbit/s/622.5Mbit/s、千兆以太网及万兆以太网等应用场合。系统设计主要从以下几个方面考虑。

1. 可靠性

数据中心机房根据不同等级，对可靠性有较高的要求，数据中心布线采用了诸如预端接、模块化等设计理念，保证了系统的可靠性。

2. 易升级和管理性

相比传统机房布线，数据中心的基础架构的部件必须是可灵活扩展的，能根据客户的要求和业务的发展要求不断进行扩展升级。数据中心解决方案需要有一定的升级扩展性能，一方面是系统容量的升级，另一方面是系统性能的升级。

3. 高密度

相比传统机房布线，数据中心布线系统密度更高。密度提高后，单个配线架就可以端接更多的线缆，这样机柜数量就可以减少；机柜数量少，机房的面积就可以减少；机房面积减小，机房内出现热点和死区的机会就会减少，因而空调的制冷所消耗的电能就会减少，符合目前低碳及环保的要求。而且使用高密度布线，尤其是高密度光纤布线，使操作界面更加简洁，也便于后期管理维护。

4. 环保节能

数据中心具有很多核心 IT 设备以及保证这些核心设备可靠运行的空调设备等，这些设备都具有较大的能耗。数据中心设计时必须考虑如何降低机房的能耗，例如通过将机柜按照 TIA/EIA-942 标准的要求面对面形成冷通道，背对背形成热通道，利用冷热通道方式形成气流循环，起到降低机房空调能耗。另外，通过高密度的数据中心产品，可以减少机柜数量，减少机房的空间，也能起到降低能耗的要求。此外，产品要选用环保材料，线缆部分选用低烟无卤阻燃线缆，这样即使发生火灾，也能保护机房人员的安全和重要网络设备的安全。

7.2.4 设计要点

根据某公司数据中心机房综合布线系统具体需求情况和工作的要求，本着一切从用户实际出发，长期可靠稳定和适当超前的原则做出了较先进的数据中心机房布线技术配置方案。

数据中心采用分散式配线结构（常见的列头柜方式，如图 7-17 所示），主配线区到各列头柜采用 12 芯 LC-LC 预端接万兆 OM3 光缆，列头柜到各设备柜根据设计图纸要求采用 16 芯、24 芯和 48 芯 LC-LC 预端接万兆 OM3 光缆和 24 根 6 类非屏蔽电缆。

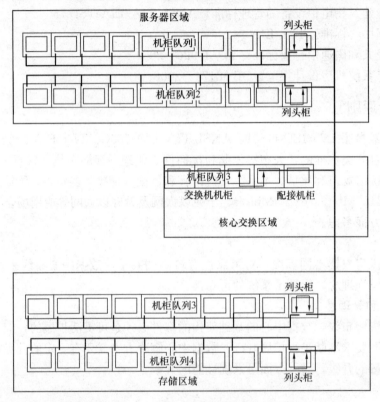

图 7-17　列头柜方式配线结构示意图

根据此布线系统配置设计，机房主干最高可支持 10G 网络带宽，而水平到机柜则支持 1G 的带宽，使得机房内网状路由灵活支持未来的高带宽及其拓扑结构的任意连接，布线无瓶颈限制，性价比高，可最大程度满足用户今后 20 年的网络高带宽需求。

根据用户高标准、高带宽及高性能的配置要求，本方案基于布线标准 TIA/EIA-942 机房布线系统设计原则，并根据标书具体要求，设计出如图 7-18 所示的机房配置。整个机房共设 42U 服务器机柜 114 台，其中接入区 6 台，网络机房 16 台，服务器机房 52 台，存储及小型机房 40 台，机柜面对面排列形成冷通道，背对背排列形成热通道。

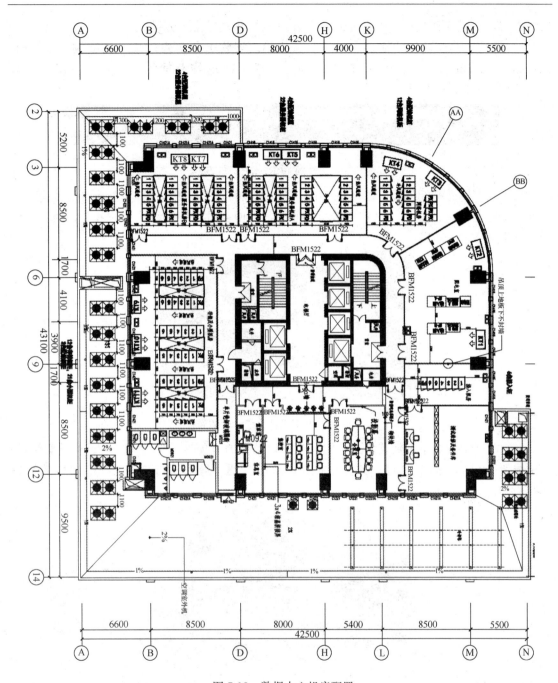

图 7-18　数据中心机房配置

7.2.5　数据中心机房布线设计说明

为了便于连接管理，本方案的服务器机房、存储和小型机机房的设备柜内根据要求安装 6 类 24 位 RJ-45 铜缆配线架和 24 芯光纤配线架。数据中心的光纤配线架采用模块化设计，便于日后灵活跳接和系统扩充以及拓扑结构的变化。主干光缆部分考虑到性能和施工方便，采用预端接主干光缆。因此，本方案光纤配线架采用 1U B 型光纤分线盒盒体套件，并配套

B型24芯LC转接面板；主干光缆部分采用LC-LC预端接主干光缆。

（1）24位RJ-45铜缆配线架。每个设备机柜内安装1个6类24位RJ-45铜缆配线架，该配线架为19in式，占用1U机柜空间，配线架前后均有标签管理区域，便于管理（图7-19）。

图7-19　6类24位RJ-45铜缆配线架

（2）高密度光纤配线架。在设备柜中，光纤配线管理系统采用1U B型光纤分线盒盒体套件，并配套1只B型24芯LC转接面板使用，以便于日后拓扑结构更改和灵活跳接和使用（图7-20）。

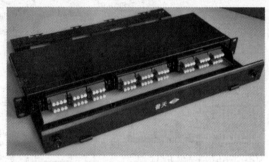

图7-20　1U B型光纤分线盒盒体套件

在列头柜中，对于芯数较多的机柜，考虑到操作的方便性，选用4U B型光纤配线架，该配线架占用4U机柜空间，前后开放式，操作方便，最大支持288芯LC端口的接续（图7-21）。

图7-21　4U B型光纤配线架

主干光缆部分为了便于施工和提高光纤布线系统的密度和可靠性，使用光缆预端接产品。

1. 服务器区HDA-EDA

如图7-23所示，服务器列头柜至每个设备柜分别布24根6类UTP电缆和2根12芯万兆OM3光缆，列头柜中放置相应数量的48口RJ-45配线架和4U B型光纤配线架。设备柜中放置1个24口RJ-45配线架和1个1U B型光纤配线架。设备柜和列头柜之间光纤主干采用LC-LC万兆多模预端接主干光缆。

图 7-22 预端接光缆

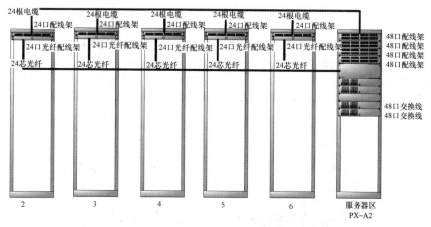

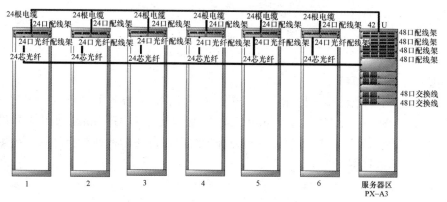

图 7-23 服务器区 HDA-EDA（一）

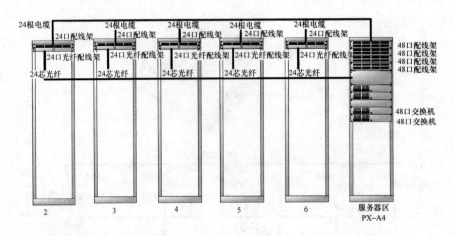

图 7-23 服务器区 HDA-EDA（二）

2. 存储区 HDA-EDA

如图 7-24 所示，存储区列头柜至每个设备柜分别布 24 根 6 类 UTP 电缆和 2 根 12 芯万兆 OM3 光缆，列头柜中放置若干个 48 口 RJ-45 配线架和 4U B 型光纤配线架。设备柜中放置 1 个 24 口 RJ-45 配线架和 1 个 1U B 型光纤配线架。设备柜和列头柜之间光纤主干采用 LC-LC 万兆多模预端接主干光缆。

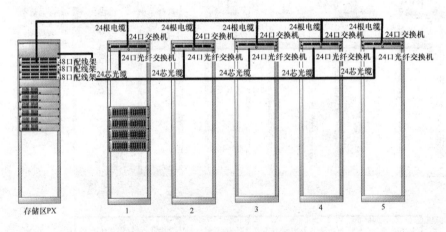

图 7-24 存储区 HDA-EDA

3. 小型机区 HDA-EDA

如图 7-25 所示，小型机区列头柜至每个设备柜分别布 24 根 6 类 UTP 电缆和 2 根 12 芯万兆 OM3 光缆，列头柜中放置若干个 48 口 RJ-45 配线架和 1U B 型光纤配线架。设备柜中放置 1 个 24 口 RJ45 配线架和 1 个 1U B 型光纤配线架。设备柜和列头柜之间光纤主干采用 LC-LC 万兆多模预端接主干光缆。

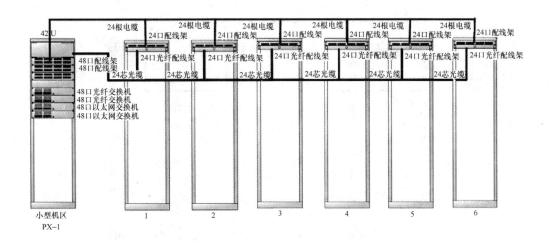

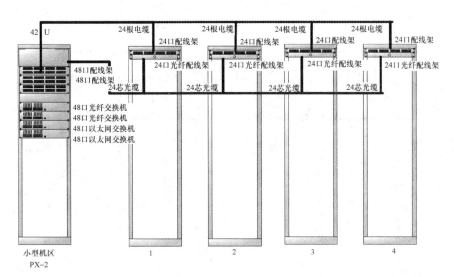

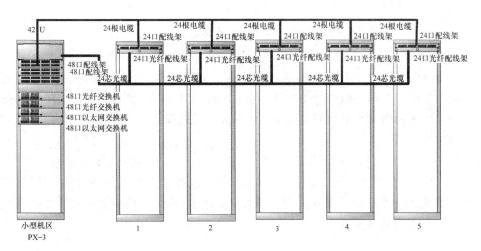

图 7-25 小型机区 HDA-EDA（一）

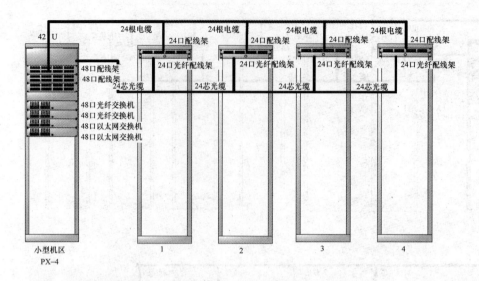

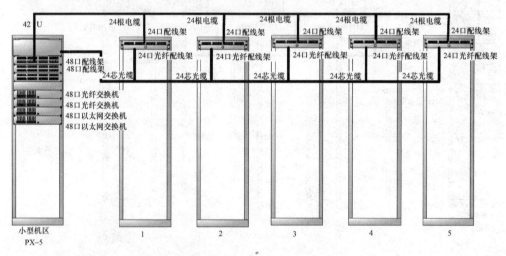

图 7-25 小型机区 HDA-EDA（二）

4. 网络机房区

如图 7-26 所示，网络机房区分为网络机房 A 区、B 区和内网区三个部分。所有服务器机房、存储和小型机房的列头柜通过 1 根 12 芯的万兆 OM3 预端接主干光缆连接至网络机房，光纤配线架部分利用列头柜和网络机房区中的光纤配线架。

5. 接入区

如图 7-27 所示，接入区的 7 台机柜中，分别安装 1 个 24 位 RJ-45 配线架和 1 个 1U B 型光纤配线架。RJ-45 配线架通过 24 根 6 类 4 对 UTP 电缆连接到网络机房的 A 区对应的 24 位 RJ-45 配线架上，光纤配线架通过 24 芯 LC-LC 万兆 OM3 预端接主干光缆连接到网络机房的 A 区对应的光纤配线架中。

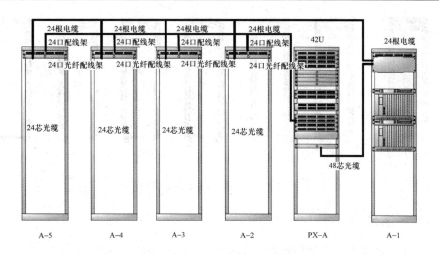

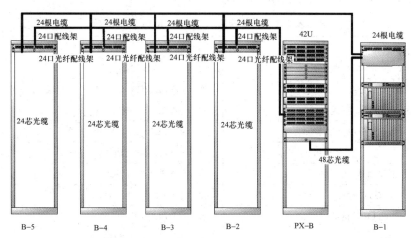

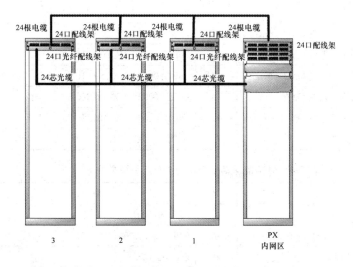

图 7-26　网络机房区 HDA-EDA

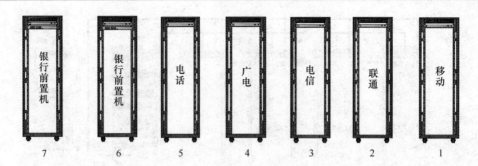

图 7-27　接入区 HDA-EDA

7.2.6　产品清单

根据上述设计方案，具体使用的产品清单如表 7-3～表 7-16 所示。

表 7-3　服务器区 A-1 HDA-EDA 产品清单

序号	名称	单位	型号	数量
1.1.1	6 类 24 位 RJ-45 配线架	件	FA3-08/D2B	6
1.1.2	1U B 型光纤分线盒盒体套件	套	NPL4.104.2005	6
1.1.3	6 类 48 位 RJ-45 配线架	件	FA3-08/D2C	4
1.1.4	4U B 型光纤分线盒盒体套件	套	NPL4.104.2006	1
1.1.5	理线架	件	NPL4.431.157	14
1.1.6	6 类 RJ-45 跳线 2m	根	NPL3.695.2020	336
1.1.7	6 类 4 对 UTP 电缆	箱	HSYV6 4×2×0.57	4
1.1.8	B 型 24 芯 LC 转接板	套	NPL4.106.2055	14
1.1.9	B 型空面板	只	NPL4.106.2046	16
1.1.10	12 芯 LC-LC 预端接主干光缆 OM3　5m	根	F6B12-0050-L1R050-L1R050	2
1.1.11	12 芯 LC-LC 预端接主干光缆 OM3　6m	根	F6B12-0060-L1R050-L1R050	2
1.1.12	12 芯 LC-LC 预端接主干光缆 OM3　7m	根	F6B12-0070-L1R050-L1R050	2
1.1.13	12 芯 LC-LC 预端接主干光缆 OM3　8m	根	F6B12-0080-L1R050-L1R050	2
1.1.14	12 芯 LC-LC 预端接主干光缆 OM3　9m	根	F6B12-0090-L1R050-L1R050	2
1.1.15	12 芯 LC-LC 预端接主干光缆 OM3 10m	根	F6B12-0100-L1R050-L1R050	2
1.1.16	LC 双芯万兆光纤跳线 2m	根	GTX-ST/PC-LC/PC-2×2.0-A1am300-2	144

表 7-4　服务器区 A-2 HDA-EDA 产品清单

序号	名称	单位	型号	数量
1.2.1	6 类 24 位 RJ-45 配线架	件	FA3-08/D2B	5
1.2.2	1U B 型光纤分线盒盒体套件	套	NPL4.104.2005	5
1.2.3	6 类 48 位 RJ-45 配线架	件	FA3-08/D2C	4
1.2.4	4U B 型光纤分线盒盒体套件	套	NPL4.104.2006	1
1.2.5	理线架	件	NPL4.431.157	13

续表

序号	名称	单位	型号	数量
1.2.6	6 类 RJ-45 跳线 2m	根	NPL3.695.2020	312
1.2.7	6 类 4 对 UTP 电缆	箱	HSYV64×2×0.57	3
1.2.8	B 型 24 芯 LC 转接板	套	NPL4.104.2055	12
1.2.9	B 型空面板	只	NPL4.106.2046	15
1.2.10	12 芯 LC-LC 预端接主干光缆 OM3 　5m	根	F6B12-0050-L1R050-L1R050	2
1.2.11	12 芯 LC-LC 预端接主干光缆 OM3 　6m	根	F6B12-0060-L1R050-L1R050	2
1.2.12	12 芯 LC-LC 预端接主干光缆 OM3 　7m	根	F6B12-0070-L1R050-L1R050	2
1.2.13	12 芯 LC-LC 预端接主干光缆 OM3 　8m	根	F6B12-0080-L1R050-L1R050	2
1.2.14	12 芯 LC-LC 预端接主干光缆 OM3 　9m	根	F6B12-0090-L1R050-L1R050	2
1.2.15	LC 双芯万兆光纤跳线 2m	根	GTX-ST/PC-LC/PC-2×2.0-A1am300-2	120

表 7-5　服务器区 A-3 HDA-EDA 产品清单

序号	名称	单位	型号	数量
1.3.1	6 类 24 位 RJ-45 配线架	件	FA3-08/D2B	6
1.3.2	1U B 型光纤分线盒盒体套件	套	NPL4.104.2005	6
1.3.3	6 类 48 位 RJ-45 配线架	件	FA3-08/D2C	4
1.3.4	4U B 型光纤分线盒盒体套件	套	NPL4.104.2006	1
1.3.5	理线架	件	NPL4.431.157	14
1.3.6	6 类 RJ-45 跳线 2m	根	NPL3.695.2020	336
1.3.7	6 类 4 对 UTP 电缆	箱	HSYV64×2×0.57	4
1.3.8	B 型 24 芯 LC 转接板	套	NPL4.106.2055	14
1.3.9	B 型空面板	只	NPL4.106.2046	16
1.3.10	12 芯 LC-LC 预端接主干光缆 OM3 　5m	根	F6B12-0050-L1R050-L1R050	2
1.3.11	12 芯 LC-LC 预端接主干光缆 OM3 　6m	根	F6B12-0060-L1R050-L1R050	2
1.3.12	12 芯 LC-LC 预端接主干光缆 OM3 　7m	根	F6B12-0070-L1R050-L1R050	2
1.3.13	12 芯 LC-LC 预端接主干光缆 OM3 　8m	根	F6B12-0080-L1R050-L1R050	2
1.3.14	12 芯 LC-LC 预端接主干光缆 OM3 　9m	根	F6B12-0090-L1R050-L1R050	2
1.3.15	12 芯 LC-LC 预端接主干光缆 OM3 10n	根	F6B12-0100-L1R050-L1R050	2
1.3.16	LC 双芯万兆光纤跳线 2m	根	GTX-ST/PC-LC/PC-2×2.0-A1am300-2	144

表 7-6　服务器区 A-4 HDA-EDA 产品清单

序号	名称	单位	型号	数量
1.4.1	6 类 24 位 RJ-45 配线架	件	FA3-08/D2B	5
1.4.2	1U B 型光纤分线盒盒体套件	套	NPL4.104.2005	5
1.4.3	6 类 48 位 RJ-45 配线架	件	FA3-08/D2C	4
1.4.4	4U B 型光纤分线盒盒体套件	套	NPL4.104.2006	1
1.4.5	理线架	件	NPL4.431.157	13

序号	名称	单位	型号	数量
1.4.6	6 类 RJ-45 跳线 2m	根	NPL3.695.2020	312
1.4.7	6 类 4 对 UTP 电缆	箱	HSYV6 4×2×0.57	3
1.4.8	B 型 24 芯 LC 转接板	套	NPL4.104.2055	12
1.4.9	B 型空面板	只	NPL4.106.2046	15
1.4.10	12 芯 LC-LC 预端接主干光缆 OM3　5m	根	F6B12-0050-L1R050-L1R050	2
1.4.11	12 芯 LC-LC 预端接主干光缆 OM3　6m	根	F6B12-0060-L1R050-L1R050	2
1.4.12	12 芯 LC-LC 预端接主干光缆 OM3　7m	根	F6B12-0070-L1R050-L1R050	2
1.4.13	12 芯 LC-LC 预端接主干光缆 OM3　8m	根	F6B12-0080-L1R050-L1R050	2
1.4.14	12 芯 LC-LC 预端接主干光缆 OM3　9m	根	F6B12-0090-L1R050-L1R050	2
1.4.15	LC 双芯万兆光纤跳线 2m	根	GTX-ST/PC-LC/PC-2×2.0-A1am300-2	120

表 7-7　存储器区 HDA-EDA 产品清单

序号	名称	单位	型号	数量
2.1.1	6 类 24 位 RJ-45 配线架	件	FA3-08/D2B	5
2.1.2	1U B 型光纤分线盒盒体套件	套	NPL4.104.2005	5
2.1.3	6 类 48 位 RJ-45 配线架	件	FA3-08/D2C	3
2.1.4	4U B 型光纤分线盒盒体套件	套	NPL4.104.2006	1
2.1.5	理线架	件	NPL4.431.157	11
2.1.6	6 类 RJ-45 跳线 2m	根	NPL3.695.2020	264
2.1.7	6 类 4 对 UTP 电缆	箱	HSYV6 4×2×0.57	3
2.1.8	B 型 24 芯 LC 转接板	套	NPL4.104.2055	11
2.1.9	B 型空面板	只	NPL4.106.2046	16
2.1.10	12 芯 LC-LC 预端接主干光缆 OM3　5m	根	F6B12-0050-L1R050-L1R050	2
2.1.11	12 芯 LC-LC 预端接主干光缆 OM3　6m	根	F6B12-0060-L1R050-L1R050	2
2.1.12	12 芯 LC-LC 预端接主干光缆 OM3　7m	根	F6B12-0070-L1R050-L1R050	2
2.1.13	12 芯 LC-LC 预端接主干光缆 OM3　8m	根	F6B12-0080-L1R050-L1R050	2
2.1.14	12 芯 LC-LC 预端接主干光缆 OM3　9m	根	F6B12-0090-L1R050-L1R050	2
2.1.15	LC 双芯万兆光纤跳线 2m	根	GTX-ST/PC-LC/PC-2×2.0-A1am300-2	120

表 7-8　小型机区-1 HDA-EDA 产品清单

序号	名称	单位	型号	数量
3.1.1	6 类 24 位 RJ-45 配线架	件	FA3-08/D2B	6
3.1.2	1U B 型光纤分线盒盒体套件	套	NPL4.104.2005	6
3.1.3	6 类 48 位 RJ-45 配线架	件	FA3-08/D2C	3
3.1.4	4U B 型光纤分线盒盒体套件	套	NPL4.104.2006	1
3.1.5	理线架	件	NPL4.431.157	12
3.1.6	6 类 RJ-45 跳线 2m	根	NPL3.695.2020	288

续表

序号	名称	单位	型号	数量
3.1.7	6 类 4 对 UTP 电缆	箱	HSYV6 4×2×0.57	4
3.1.8	B 型 24 芯 LC 转接板	套	NPL4.104.2055	13
3.1.9	B 型空面板	只	NPL4.106.2046	17
3.1.10	12 芯 LC-LC 预端接主干光缆 OM3　5m	根	F6B12-0050-L1R050-L1R050	2
3.1.11	12 芯 LC-LC 预端接主干光缆 OM3　6m	根	F6B12-0060-L1R050-L1R050	2
3.1.12	12 芯 LC-LC 预端接主干光缆 OM3　7m	根	F6B12-0070-L1R050-L1R050	2
3.1.13	12 芯 LC-LC 预端接主干光缆 OM3　8m	根	F6B12-0080-L1R050-L1R050	2
3.1.14	12 芯 LC-LC 预端接主干光缆 OM3　9m	根	F6B12-0090-L1R050-L1R050	2
3.1.15	12 芯 LC-LC 预端接主干光缆 OM3　10m	根	F6B12-0100-L1R050-L1R050	2
3.1.16	LC 双芯万兆光纤跳线　2m	根	GTX-ST/PC-LC/PC-2×2.0-A1am300-2	144

表 7-9　小型机区-2 HDA-EDA 产品清单

序号	名称	单位	型号	数量
3.2.1	6 类 24 位 RJ-45 配线架	件	FA3-08/D2B	4
3.2.2	1U B 型光纤分线盒盒体套件	套	NPL4.104.2005	4
3.2.3	6 类 48 位 RJ-45 配线架	件	FA3-08/D2C	3
3.2.4	4U B 型光纤分线盒盒体套件	套	NPL4.104.2006	1
3.2.5	理线架	件	NPL4.431.157	10
3.2.6	6 类 RJ-45 跳线 2m	根	NPL3.695.2020	240
3.2.7	6 类 4 对 UTP 电缆	箱	HSYV6 4×2×0.57	2
3.2.8	B 型 24 芯 LC 转接板	套	NPL4.104.2055	9
3.2.9	B 型空面板	只	NPL4.106.2046	15
3.2.10	12 芯 LC-LC 预端接主干光缆 OM3　5m	根	F6B12-0050-L1R050-L1R050	2
3.2.11	12 芯 LC-LC 预端接主干光缆 OM3　6m	根	F6B12-0060-L1R050-L1R050	2
3.2.12	12 芯 LC-LC 预端接主干光缆 OM3　7m	根	F6B12-0070-L1R050-L1R050	2
3.2.13	12 芯 LC-LC 预端接主干光缆 OM3　8m	根	F6B12-0080-L1R050-L1R050	2
3.2.14	LC 双芯万兆光纤跳线 2m	根	GTX-ST/PC-LC/PC-2×2.0-A1am300-2	96

表 7-10　小型机区-3 HDA-EDA 产品清单

序号	名称	单位	型号	数量
3.3.1	6 类 24 位 RJ-45 配线架	件	FA3-08/D2B	5
3.3.2	1U B 型光纤分线盒盒体套件	套	NPL4.104.2005	5
3.3.3	6 类 48 位 RJ-45 配线架	件	FA3-08/D2C	3
3.3.4	4U B 型光纤分线盒盒体套件	套	NPL4.104.2006	1
3.3.5	理线架	件	NPL4.431.157	11
3.3.6	6 类 RJ-45 跳线 2m	根	NPL3.695.2020	264
3.3.7	6 类 4 对 UTP 电缆	箱	HSYV6 4×2×0.57	3

序号	名称	单位	型号	数量
3.3.8	B型24芯LC转接板	套	NPL4.104.2055	11
3.3.9	B型空面板	只	NPL4.106.2046	16
3.3.10	12芯LC-LC预端接主干光缆 OM3 5m	根	F6B12-0050-L1R050-L1R050	2
3.3.11	12芯LC-LC预端接主干光缆 OM3 6m	根	F6B12-0060-L1R050-L1R050	2
3.3.12	12芯LC-LC预端接主干光缆 OM3 7m	根	F6B12-0070-L1R050-L1R050	2
3.3.13	12芯LC-LC预端接主干光缆 OM3 8m	根	F6B12-0080-L1R050-L1R050	2
3.3.14	12芯LC-LC预端接主干光缆 OM3 9m	根	F6B12-0090-L1R050-L1R050	2
3.3.15	LC双芯万兆光纤跳线 2m	根	GTX-ST/PC-LC/PC-2×2.0-A1am300-2	120

表 7-11 小型机区-4 HDA-EDA 产品清单

序号	名称	单位	型号	数量
3.4.1	6类24位RJ-45配线架	件	FA3-08/D2B	4
3.4.2	1U B型光纤分线盒盒体套件	套	NPL4.104.2005	4
3.4.3	6类48位RJ-45配线架	件	FA3-08/D2C	3
3.4.4	4U B型光纤分线盒盒体套件	套	NPL4.104.2006	1
3.4.5	理线架	件	NPL4.431.157	10
3.4.6	6类RJ-45跳线 2m	根	NPL3.695.2020	240
3.4.7	6类4对UTP电缆	箱	HSYV6 4×2×0.57	2
3.4.8	B型24芯LC转接板	套	NPL4.104.2055	9
3.4.9	B型空面板	只	NPL4.106.2046	15
3.4.10	12芯LC-LC预端接主干光缆 OM3 5m	根	F6B12-0050-L1R050-L1R050	2
3.4.11	12芯LC-LC预端接主干光缆 OM3 6m	根	F6B12-0060-L1R050-L1R050	2
3.4.12	12芯LC-LC预端接主干光缆 OM3 7m	根	F6B12-0070-L1R050-L1R050	2
3.4.13	12芯LC-LC预端接主干光缆 OM3 8m	根	F6B12-0080-L1R050-L1R050	2
3.4.14	LC双芯万兆光纤跳线 2m	根	GTX-ST/PC-LC/PC-2×2.0-A1am300-2	96

表 7-12 小型机区-4 HDA-EDA 产品清单

序号	名称	单位	型号	数量
3.5.1	6类24位RJ-45配线架	件	FA3-08/D2B	5
3.5.2	1U B型光纤分线盒盒体套件	套	NPL4.104.2005	5
3.5.3	6类48位RJ-45配线架	件	FA3-08/D2C	3
3.5.4	4U B型光纤分线盒盒体套件	套	NPL4.104.2006	1
3.5.5	6类RJ-45跳线 2m	根	NPL3.695.2020	264
3.5.6	6类4对UTP电缆	箱	HSYV6 4×2×0.57	3
3.5.7	B型24芯LC转接板	套	NPL4.104.2055	11
3.5.8	B型空面板	只	NPL4.106.2046	16
3.5.9	12芯LC-LC预端接主干光缆 OM3 5m	根	F6B12-0050-L1R050-L1R050	2

序号	名称	单位	型号	数量
3.5.10	12 芯 LC-LC 预端接主干光缆 OM3　6m	根	F6B12-0060-L1R050-L1R050	2
3.5.11	12 芯 LC-LC 预端接主干光缆 OM3　7m	根	F6B12-0070-L1R050-L1R050	2
3.5.12	12 芯 LC-LC 预端接主干光缆 OM3　8m	根	F6B12-0080-L1R050-L1R050	2
3.5.13	12 芯 LC-LC 预端接主干光缆 OM3　9m	根	F6B12-0090-L1R050-L1R050	2
3.5.14	LC 双芯万兆光纤跳线 2m	根	GTX-ST/PC-LC/PC-2×2.0-A1am300-2	120

表 7-13　网络机房 A 产品清单

序号	名称	单位	型号	数量
4.1.1	6 类 24 位 RJ-45 配线架	件	FA3-08/D2B	15
4.1.2	1U B 型光纤分线盒盒体套件	套	NPL4.104.2005	9
4.1.3	6 类 48 位 RJ-45 配线架	件	FA3-08/D2C	1
4.1.4	4U B 型光纤分线盒盒体套件	套	NPL4.104.2006	1
4.1.5	理线架	件	NPL4.431.157	17
4.1.6	6 类 RJ-45 跳线 2m	根	NPL3.695.2020	408
4.1.7	6 类 4 对 UTP 电缆	箱	HSYV6 4×2×0.57	5
4.1.8	B 型 24 芯 LC 转接板	套	NPL4.104.2055	22
4.1.9	B 型空面板	只	NPL4.106.2046	17
4.1.10	12 芯 LC-LC 预端接主干光缆 OM3　5m	根	F6B12-0050-L1R050-L1R050	4
4.1.11	12 芯 LC-LC 预端接主干光缆 OM3　6m	根	F6B12-0060-L1R050-L1R050	2
4.1.12	12 芯 LC-LC 预端接主干光缆 OM3　7m	根	F6B12-0070-L1R050-L1R050	2
4.1.13	12 芯 LC-LC 预端接主干光缆 OM3　8m	根	F6B12-0080-L1R050-L1R050	2
4.1.14	12 芯 LC-LC 预端接主干光缆 OM3　10m	根	F6B12-0100-L1R050-L1R050	4
4.1.15	LC 双芯万兆光纤跳线 2m	根	GTX-ST/PC-LC/PC-2×2.0-A1am300-2	168

表 7-14　网络机房 B 产品清单

序号	名称	单位	型号	数量
4.2.1	6 类 24 位 RJ-45 配线架	件	FA3-08/D2B	15
4.2.2	1U B 型光纤分线盒盒体套件	套	NPL4.104.2005	9
4.2.3	6 类 48 位 RJ-45 配线架	件	FA3-08/D2C	1
4.2.4	4U B 型光纤分线盒盒体套件	套	NPL4.104.2006	1
4.2.5	理线架	件	NPL4.431.157	17
4.2.6	6 类 RJ-45 跳线 2m	根	NPL3.695.2020	408
4.2.7	6 类 4 对 UTP 电缆	箱	HSYV6 4×2×0.57	5
4.2.8	B 型 24 芯 LC 转接板	套	NPL4.104.2055	22
4.2.9	B 型空面板	只	NPL4.106.2046	17
4.2.10	12 芯 LC-LC 预端接主干光缆 OM3　5m	根	F6B12-0050-L1R050-L1R050	4
4.2.11	12 芯 LC-LC 预端接主干光缆 OM3　6m	根	F6B12-0060-L1R050-L1R050	2

续表

序号	名称	单位	型号	数量
4.2.12	12 芯 LC-LC 预端接主干光缆 OM3 7m	根	F6B12-0070-L1R050-L1R050	2
4.2.13	12 芯 LC-LC 预端接主干光缆 OM3 8m	根	F6B12-0080-L1R050-L1R050	2
4.2.14	12 芯 LC-LC 预端接主干光缆 OM3 10m	根	F6B12-0100-L1R050-L1R050	4
4.2.15	LC 双芯万兆光纤跳线 2m	根	GTX-ST/PC-LC/PC-2×2.0-A1am300-2	168

表 7-15　网络机房内网区产品清单

序号	名称	单位	型号	数量
4.3.1	6 类 24 位 RJ-45 配线架	件	FA3-08/D2B	7
4.3.2	1U B 型光纤分线盒盒体套件	套	NPL4.104.2005	3
4.3.3	4U B 型光纤分线盒盒体套件	套	NPL4.104.2006	1
4.3.4	理线架	件	NPL4.431.157	7
4.3.5	6 类 RJ-45 跳线 2m	根	NPL3.695.2020	168
4.3.6	6 类 4 对 UTP 电缆	箱	HSYV6 4×2×0.57	2
4.3.7	B 型 24 芯 LC 转接板	套	NPL4.104.2055	7
4.3.8	B 型空面板	只	NPL4.106.2046	14
4.3.9	12 芯 LC-LC 预端接主干光缆 OM3 5m	根	F6B12-0050-L1R050-L1R050	2
4.3.10	12 芯 LC-LC 预端接主干光缆 OM3 6m	根	F6B12-0060-L1R050-L1R050	2
4.3.11	12 芯 LC-LC 预端接主干光缆 OM3 7m	根	F6B12-0070-L1R050-L1R050	2
4.3.12	LC 双芯万兆光纤跳线 2m	根	GTX-ST/PC-LC/PC-2×2.0-A1am300-2	72

表 7-16　接入机房产品清单

序号	名称	单位	型号	数量
5.1.1	6 类 24 位 RJ-45 配线架	件	FA3-08/D2B	7
5.1.2	1U B 型光纤分线盒盒体套件	套	NPL4.104.2005	7
5.1.3	理线架	件	NPL4.431.157	7
5.1.4	6 类 RJ-45 跳线 2m	根	NPL3.695.2020	168
5.1.5	6 类 4 对 UTP 电缆	箱	HSYV6 4×2×0.57	17
5.1.6	B 型 24 芯 LC 转接板	套	NPL4.104.2055	7
5.1.7	B 型空面板	只	NPL4.106.2046	14
5.1.8	12 芯 LC-LC 预端接主干光缆 OM3 30m	根	F6B12-0300-L1R050-L1R050	14
5.1.9	LC 双芯万兆光纤跳线 2m	根	GTX-ST/PC-LC/PC-2×2.0-A1am300-2	168

习题 7

1. 简述校园网络采用层次结构布线方式的优点是什么？

2. 数据中心的空间组成包括哪些部分？各部分的主要作用是什么？

3. 在数据中心设计时怎么解决机柜散热问题？

4. 请以所在学校的图书馆与行政楼为例，对图书馆与行政楼的综合布线系统进行设计，并总结图书馆与行政楼布线系统设计的区别。

第8章 综合布线系统实验

学习目标

综合布线技术是一门理论与实践紧密结合的专业技能课，本章按照电缆传输通道构建、光缆传输通道构建、电缆传输通道测试与光缆传输通道测试顺序设计了四个实验，通过实验，培养学生的安装技能与测试技能，进一步巩固所学的知识。

8.1 电缆传输通道构建实验

一、实验目的

（1）以 T568-B 为标准规格，熟悉和掌握 RJ-45 水晶头连接电缆及其跳线的制作方法。

（2）掌握水平配线电缆至信息插座模块连接器的压接方法和专用工具操作技能。

（3）熟练掌握数据配线架和 110 语音配线架的安装技术和专用工具操作技能。

（4）掌握规范的理线与扎线方法。

（5）熟悉铜缆系统标识方法。

（6）通过配线架上的电缆链路的组合实验，熟练掌握线路连接技术和测试方法。

二、实验设备

实验设备如图 8-1 所示。

图 8-1 铜缆配线设备

三、实验内容

电缆端接实验是在综合布线系统实验台上进行的由浅入深的基本安装和操作训练，包括

303

双绞线的 RJ-45 连接头制作、信息模块压接、110 配线架压接、RJ-45 配线架压接以及电缆链路的连接与测试。电缆端接是综合布线工程技术人员的基本功。

1. 电缆端接配线技术概述

1) 信息模块压接技术

（1）线序。

信息模块是信息插座的核心装置，同时也是终端设备（工作站）与配线子系统连接的接口，因而信息模块的安装压接技术直接决定了高速通信网络系统运行质量。

信息模块与信息插座配套使用，信息模块安装在信息插座中，一般通过卡位来实现固定。实现网络通信的一个必要条件是信息模块线序的正确安装。信息模块与 RJ-45 水晶头压线时有 T568-A 和 T568-B 两种线序方式，如图 8-2 所示。

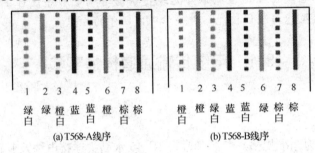

图 8-2　T568-A 和 T568-B 标准信息插座的 8 针引线/线对安排正视图

在同一个综合布线系统工程中，需要统一使用一种接线方式。若不作特殊申明，一般使用 T568-B 标准制作连接线、插座、配线架。

对于模拟式语音终端，行业的标准做法是将触点信号和振铃信号置入对绞电缆的两个中央导线（即 4 对双绞电缆的引针 4 和 5）上，剩余的引针不允许分配给其他信号或配件的远地电源线使用，以保证模块的互换性。低速率的以太网使用引针 1、2、3 和 6 传送数据信号，高速计算机网络将占用信息模块全部 8 针资源。

（2）信息模块的压接。

目前，国内外信息模块产品的结构都类似，有的在面板标注了对绞电缆位置颜色标号，注意颜色标识配对就能够正确地完成压接。

压接信息模块时不同的产品提供了使用打线工具压接和直接压接两种方式，一般是使用打线工具进行模块压接安装效果为好。

打线工艺是信息模块压接中的关键。用户端模块的打线要完全等同配线架端的模块，其中一是严格控制护套开剥长度，二是严格控制线对解绕长度，因为线对开绞是引起串扰的最重要因素，对绞电缆终接时，3 类电缆的开绞长度不应大于 75mm；5 类电缆不应大于 13mm；6 类电缆应尽量保持最长扭绞状态。

在双绞线压接处的护套不能拧、撕开，并防止有断线类伤痕。使用打线工具压接时，要压实，不能有松动。

2) 配线架安装技术

大多数非屏蔽对绞电缆 UTP、屏蔽对绞线缆 STP 的安装都使用 110 型配线架。使用 110 连接块，可将缆线嵌入 110 配线架的底盒，此后再用 110 跳接线完成线路连接。墙装

110 型的有腿和无腿的 50 对和 100 对可供选择；连接块有 3、4、5 对可供选择；110 跳线有 2、3、4 对可供选择。

110 配线架由数排连接单元构成。电缆的各条线插入到连接单元并用一种专业工具冲压，使之与内部金属片连接。连接单元是高度密集的线对端接点，为了减小串扰，缆线的分劈长度不能超过 12.7cm（5in）。

网络配线架的后面是 RJ-45 模块，并标有编号；前面是 RJ-45 跳线接口，也标有编号，这些编号与后面的 RJ-45 模块接口的编号逐一对应。每一组跳线都含有棕、蓝、橙、绿色线对，与对绞电缆的色线逐一对应。

一般情况下，配线架集中安装在交换机、路由器等设备的上方或下方，而不应与之交叉放置，否则缆线管理可能会变得十分混乱。

安装配线架及终接线缆时，还应注意以下几点：

（1）分配线间的分配线架挂墙安装时，下端与地面间距应高于 30cm，垂直偏差度不得大于 3mm。

（2）分配线架采用壁挂式机柜安装，机柜垂直倾斜误差不应大于 3mm，底座水平误差不应大于 2mm。

（3）线缆终接前应确认电缆和光缆敷设完成，电信间土建及装修工程竣工完成，具有清洁的环境和良好的照明条件，配线架已安装好，核对电缆编号无误。

（4）剥除电缆护套时应采用专用电缆开剥器，不得刮伤绝缘层，电缆之间不得产生短路现象。

（5）线缆端接之前需要准备好配线架端接表，并依照其顺序操作。

2. 电缆端接实验项目

1）双绞电缆的水晶头端接

步骤 1：准备好双绞线、RJ-45 插头和一把专用的压线钳，如图 8-3 所示。

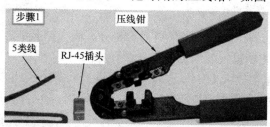

图 8-3　电缆的水晶头端接步骤 1

步骤 2：转动压线钳，剥线刀口将双绞线的外保护套管划开（小心不要将里面的双绞线的绝缘层划破），刀口距双绞线端头至少 2cm，如图 8-4 所示。

步骤 3：将划开的外保护套管剥去（旋转、向外抽），如图 8-5 所示。

步骤 4：露出电缆中的 4 对双绞线，如图 8-6 所示。

步骤 5：按照 T568-B 标准（橙白、橙、绿白、蓝、蓝白、绿、棕白、棕）和导线颜色将导线按规定的序号排好，如图 8-7 所示。

步骤 6：将 8 根导线平坦整齐地并行排列，导线间不留空隙，如图 8-8 所示。

步骤 7：将排列电缆送入压线钳的剪线刀口，如图 8-9 所示。

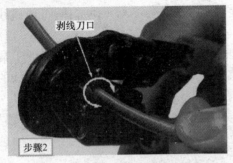

图 8-4　电缆的水晶头端接步骤 2

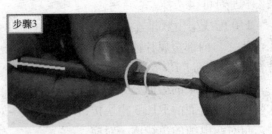

图 8-5　电缆的水晶头端接步骤 3

图 8-6　电缆的水晶头端接步骤 4

图 8-7　电缆的水晶头端接步骤 5

图 8-8　电缆的水晶头端接步骤 6

图 8-9　电缆的水晶头端接步骤 7

步骤 8：剪齐电缆。请注意：一定要剪得很整齐。剥去护套的导线长度不可太短，可以先留长一些待剪。不要碰坏每根导线的绝缘外层，如图 8-10 所示。

步骤 9：将剪齐的电缆放入 RJ-45 水晶头试试长短（要插到底），并使电缆线的外保护层能够进入 RJ-45 插头内的凹陷处被压实。反复进行调整，如图 8-11 所示。

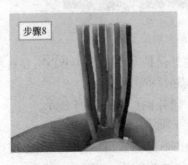

图 8-10　电缆的水晶头端接步骤 8

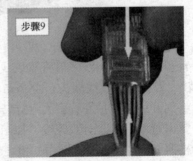

图 8-11　电缆的水晶头端接步骤 9

步骤 10：在确认一切都正确后（特别注意不要将导线的顺序排错），将 RJ-45 插头放入压线钳的压头槽内，如图 8-12 所示。

步骤 11：双手紧握压线钳的手柄，用力压紧，如图 8-13 所示。请注意，在这一步骤完成后，插头的 8 个针脚接触点就穿过导线的绝缘外层，分别与电缆的 8 根导线紧紧地连接在一起。

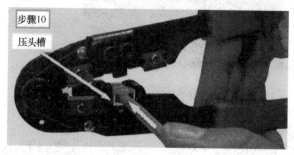
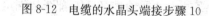

图 8-12　电缆的水晶头端接步骤 10　　　　　　图 8-13　电缆的水晶头端接步骤 11

步骤 12：完成操作如图 8-14 所示。

至此已经完成了电缆一端的水晶头制作，双绞线另一端的水晶头制作照此办理。如果上述步骤 11 之前操作有误尚可调整，一旦完成步骤 11 则水晶头不复再用。

2）双绞电缆的模块化连接器端接

步骤 1：把双绞线从布线底盒中拉出，剪至合适的长度。使用电缆准备工具剥除外护套，然后剪掉抗拉线。

步骤 2：将信息模块的 RJ-45 接口向下，置于桌面、墙面等较硬的平面上。

步骤 3：分开网线中的 4 线对，但线对之间不要开绞，按照信息模块上所指示的线序，稍稍用力将导线一一卡入相应的线槽内（图 8-15）。通常情况下，模块上同时标记有 T568-A 和 T568-B 两种线序，用户应当根据布线设计时的规定，与其他布线设施采用相同的线序。

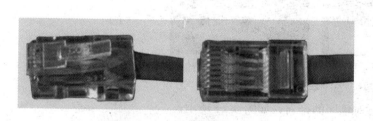
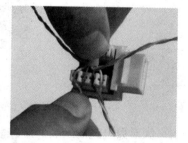

图 8-14　电缆的水晶头端接结果　　　　　　　图 8-15　模块卡线

步骤 4：将打线工具的刀口对准信息模块上的线槽和导线，垂直向下用力，听到"喀"的一声，模块外多余的线会被剪断，并将 8 条芯线同时接入相应颜色的线槽中（图 8-16）。

步骤 5：将模块的塑料防尘片沿缺口插入模块，并牢牢固定于信息模块上。信息模块的端接实验项目完成。

3）双绞电缆的 110 配线架压接

步骤 1：将 4 对双绞线依蓝、橙、绿、棕对的顺序整理，依次压入 110 配线架相应槽内，如图 8-17 所示。

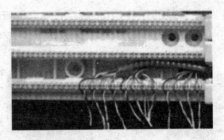

图 8-16　模块打线　　　　　　　图 8-17　110 配线架的压线

步骤 2：用专用打线工具将线头切断，如图 8-18 所示。

步骤 3：根据电缆线路的对数，选择相应的连接块（4 对或 5 对，图 8-19），用专用工具将连接块打到跳线架上，如图 8-20 所示。至此，一条 4 对水平电缆的 110 配线架端接完毕。

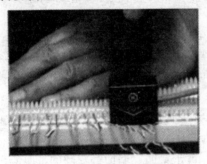

图 8-18　打线工具的切线　　　　图 8-19　4 对、5 对连接块的端口

图 8-20　连接块的压接及其成果

大对数电缆的安装，应注意对色序的排列，如图 8-21 所示。

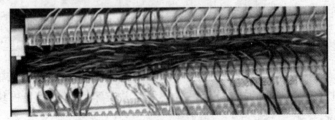

图 8-21　大对数电缆端接

步骤 4：理线。将所有线缆按照设计好的编号顺序根据横平竖直的原则整齐放置在配线

架上下线排之间的凹槽内，尽量不要交叉，要求整齐、美观。

4）双绞电缆的网络配线架压接

步骤 1：在端接电缆之前，首先整理线缆。疏松地将线缆捆扎在配线板的任一边，最好是捆到垂直通道的托架上。

步骤 2：以对角线的形式将固定柱环插到配线板一个孔中。

步骤 3：设置固定柱环，以便柱环挂住并向下形成一角度以有助于线缆的端接插入。

步骤 4：将线缆放到固定柱环的线槽中去，并按照上述 RJ-45 模块连接器的安装过程对其进行端接，如图 8-22 所示。

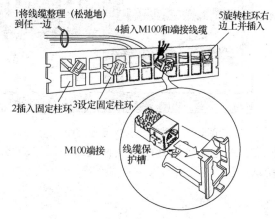

图 8-22　配线板模块安装与端接

步骤 5：向右旋转固定柱环并插入配线架面板，完成此操作必须注意合适的方向，以避免将线缆缠绕到固定柱环上。顺时针方向从左边旋转整理好线缆，逆时针方向从右边旋转整理好线缆。至此，一条 4 对水平电缆的模块化配线架端接完毕。

5）电缆链路的连接与测试

线缆连接实验测试原理如图 8-23 所示。

注释：①楼层 1 网络配线架 A—管理间 110 跳线架—楼层 2 网络配线架 B。

②电缆链路从水平配线子系统 1（楼层 1 信息点→楼层 1 配线架 A）经垂直干线子系统（蓝线）连接至水平配线子系统 2（管理间→楼层 2 配线架 B→楼层 2 信息点）。

（1）线路连接步骤。

步骤 1：将 1 组 110 跳线架、2 组网络配线架安装在综合布线系统实验台开放式机架中。

步骤 2：取 1 根网线，一端压接到网络配线架 A，一端压接到 110 跳线架上排接口（图 8-23 蓝色电缆 1）。

步骤 3：取 1 根网线，一端压接到 110 跳线架下排接口，另一端压接到网络配线架 B（图 8-23 蓝色电缆 2）。

（2）测试步骤。

步骤 1：取 1 根网线，两端分别制作 RJ-45 水晶头，并分别插入配线架 A 及链路通 RJ-45 测试口 a（图 8-23 黄色跳线 3）。

步骤 2：取 1 根网线，两端分别制作 RJ-45 水晶头，并分别插入配线架 B 及链路通测试口 b（图 8-23 黄色跳线 4）。

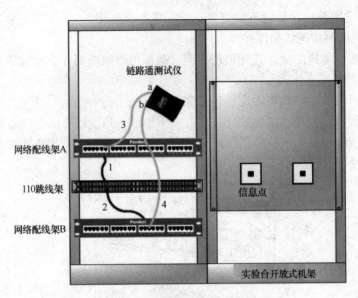

图 8-23　线缆连接实验原理图

步骤 3：链路形成配线架 A 至配线架 B 的电气回路后，操作链路通测试键进行电缆链路的连通性测试，读取测试结果。

四、实验思考题

（1）请绘制一条符合综合布线规范要求的永久链路和一条通道图，并说明其区别。

（2）请绘制 T568-B、T568-A 水晶头及信息插座的线序图。

8.2　光纤传输通道构建实验

一、实验目的

（1）通过对 ST 连接器端接光纤的实训，掌握光纤耦合器的操作流程与安装要点。

（2）训练光纤熔接机的使用方法，掌握光纤的盘纤技术，了解光纤端接衰减的产生。

二、实验设备

实验设备如图 8-24 所示。

三、实验内容

1. 光纤端接技术概述

1）光纤的连接器端接方法

对于互连配线架来说，光纤连接器的端接是将两条半固定的光纤插入模块嵌板上的耦合器两端直接相连起来。

对于交叉连接配线架来说，光纤的端接是将一条半固定光纤上的连接器插入嵌板上耦合器的一端，此耦合器的另一端插入光纤跳线的连接器；然后将光纤跳线另一端的连接器插入

图 8-24　CXT 熔接机

要交叉连接的另一个耦合器的一端，该耦合器的另一端插入要交叉连接的另一条半固定光纤的连接器。

光纤到桌面连接模型如图 8-25 所示。

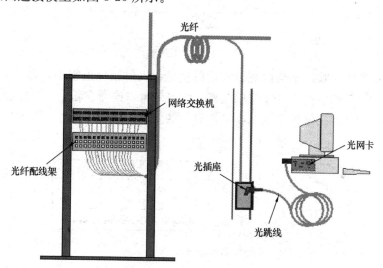

图 8-25　光纤到桌面连接模型

2）光纤的端接极性

每一条光纤传输通道包括两根光纤，一根接收信号，另一根发送信号，即光信号只能单向传输。那么如何保证正确的极性就是在光纤端接中需要注意的问题。

ST 型单工连接器通过繁冗的编号方式来保证光纤连接极性；SC 型连接器为双工接头，在施工中对号入座就完全解决了极性问题。

综合布线在水平光缆或干线光缆配线架的光缆侧，建议采用单工光纤连接器，在用户侧采用双工光纤连接器，以保证光纤连接的极性正确，如图 8-26 所示。用双工光纤连接器时，需用锁扣插座定义极性。

3）光纤熔接技术

光纤的连接采用熔接方式。熔接是通过将光纤的端面融化后将两根光纤连接到一起，这个过程与金属线用电弧焊接类似，如图 8-27 所示。

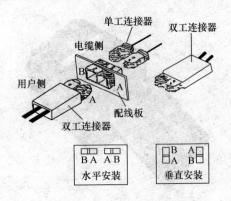

图 8-26　混合光纤连接器的配置

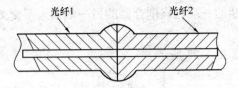

图 8-27　光纤熔接示意

熔接光纤不产生缝隙，不会因此引入反射损耗；入射损耗也很小，在 $0.01 \sim 0.15dB$ 之间。在光纤进行熔接前要把它的涂覆层剥离。熔接处可以选择重新做涂覆层提供保护，也可以使用熔接保护管。熔接保护管的基本结构有一些分层，其通用尺寸如图 8-28 所示。

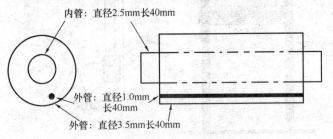

图 8-28　熔接保护管结构和尺寸

将保护管套在结合处，然后对它们进行加热。内管是由热收缩材料制成的，因此这些套管可以牢牢地固定在需要保护的地方。

4）盘纤技术

盘纤是在熔接、热缩之后的光缆整理盘绕操作，科学的盘纤方法经得住时间和恶劣环境的考验，避免了光纤松套管或不同分支光缆间的混乱，使之布局合理、易盘、易拆、易维护，同时使附加损耗减小，可以避免因挤压造成的断纤现象，如图 8-29 所示。

（1）盘纤的规则。

盘纤是根据接线盒内预留盘中能够安放的热缩管数目、沿松套管或光缆分支方向为单元进行，前者适用于所有的接续工程，后者仅适用于主干光缆末端且为一进一出，多为小对数光缆。

（2）盘纤的方法。

先中间后两边盘法是先将热缩后的套管逐个放置于固定槽中，再处理两侧余纤，具有利

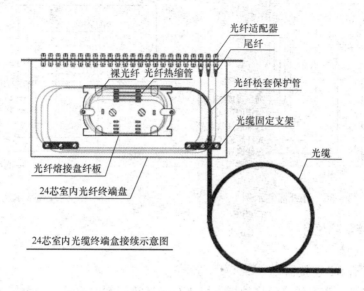

图 8-29　盘纤示意图

于保护光纤接点，避免盘绕可能造成损害的优点。在光纤预留盘空间小、光纤不易盘绕和固定情况下常用此种方法。

端头盘法是从一端开始盘纤，然后固定热缩管，再处理另一侧余纤。其优点是：可根据一侧余纤长度灵活选择铜管安放位置，方便、从容，可避免出现急弯、小圈现象。

特殊情况，如个别光纤过长或过短时，可将其放在最后，单独盘绕；带有特殊光器件时，可将其另一盘处理，若与普通光纤共盘时，应将其放置于普通光纤之上，两种之间加缓冲衬垫，以防止挤压造成断纤，且特殊光器件尾纤不可太长。

根据实际情况采用多种图形盘纤。按余纤的长度和预留空间大小，顺势自然盘绕，且勿生拉硬拽强扭，应灵活地采用圆、椭圆、"CC"、"～"多种图形盘纤（注意弯曲半径 $R \geqslant 4cm$），尽可能最大限度地利用预留空间降低因盘纤带来的附加损耗。

5）光纤连接部件的管理技术

对光纤连接部件进行管理是维护光纤系统时重要的手段和方法。光纤端接按功能场管理，它的标记分为 Level 1 和 Level 2 两级。

Level 1 标记用于点到点的光纤连接，即用于互连场，通过一个直接的金属箍把一根输入光纤与另一根输出光纤连接（简单的发送端到接收端的连接）的标记。

Level 2 标记用于交连场，标记每一条输入光纤通过光纤跳线跨接到输出光纤。

如图 8-30 所示，每根光纤标记应包括以下两大类信息：

（1）光纤远端的位置，包括设备的位置、交连场、墙或楼层连接器等。

（2）光纤本身的说明，包括光纤类型、光纤颜色、该光纤所在的区间号等。

每条光缆上还可增加标记以提供该光缆的特殊信息，包括光缆编号、使用的光纤数、备用的光纤数以及长度，如图 8-31 所示。

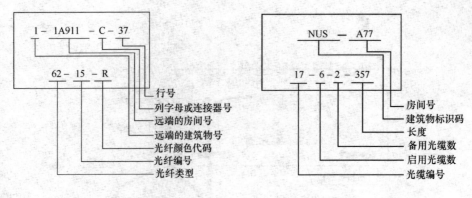

图 8-30　光纤标签示例 1　　　　　图 8-31　光纤标签示例 2

2. 光纤端接实验项目

1) 光纤的端接

步骤 1：清洁 ST 连接器。

拿下 ST 连接器头上的黑色保护帽，用沾有光纤清洁剂的棉签轻轻擦拭连接器端头。

步骤 2：清洁耦合器。

摘下光纤耦合器两端的红色保护帽，用沾有光纤清洁剂的杆状清洁器穿过耦合器孔擦拭其内部碎屑，如图 8-32 所示。

步骤 3：使用罐装气，吹去耦合器内部的灰尘，如图 8-33 所示。

图 8-32　用杆状清洁器擦拭耦合器内部　　图 8-33　用罐装气吹除耦合器中的灰尘

步骤 4：ST 光纤连接器插到耦合器中。

将光纤连接器插入耦合器的一端，耦合器上的突起对准连接器槽口，插入后扭转连接器使其锁定。如经测试发现光能量耗损较高，则需摘下连接器并用罐装气重新净化耦合器，然后再次插入连接器；在耦合器的另一端插入连接器，并确保两个连接器的端面在耦合器中接触，如图 8-34 所示。

图 8-34　ST 光纤连接器插入耦合器

注意：①每次重新安装时都要用罐装气吹去耦合器的灰尘，并用沾有试剂的丙醇酒精棉签擦净 ST 光纤连接器；②若一次来不及装上所有的 ST 连接器，则连接器头要盖上保护帽，且耦合器空白端也要盖上保护帽。

2) 光纤的熔接

步骤 1：开剥光缆护套，并将光纤各自固定在接续盒内。

在操作之前应去除施工时光缆受损变形的部分。使用专用开剥工具，将光缆保护套剥开 1m 左右长度。如遇铠装光缆时，用老虎钳将光缆护套里护缆钢丝夹住，外斜拉钢丝将线缆外护套剥开，用卫生纸将油膏擦拭干净后，穿入接续盒。固定钢丝时一定要压紧，不能松动，否则有可能造成光缆扭绞折断纤芯。注意剥光缆时不要伤到束管，剥光纤的套管时要使长度足够伸进熔纤盘内，并有一定的滑动余地，避免翻动熔纤盘时套管端口部位的光纤受到损伤。

步骤 2：分纤。

将不同束管、不同颜色的光纤分开，穿热缩套管（图 8-35）。后续剥去涂覆层的纤芯很脆弱，使用热缩管可以保护光纤熔接头。

步骤 3：安装耦合器及尾纤连接。

将光纤耦合器安装在光纤接续盒内，取尾纤与耦合器连接，如图 8-36 所示。

图 8-35　热缩套管

图 8-36　耦合器及尾纤的安装

步骤 4：准备熔接机。

打开熔接机电源，根据光纤类型和工作波长设置合适的熔接程序，如没有特殊情况，一般都选用自动熔接程序。

在使用前、使用中和使用后及时去除熔接机中的灰尘，特别是夹具、各端面和 V 型槽内的粉尘和光纤碎末。

步骤 5：制备光纤端面。

光纤端面制作的质量将直接影响光纤对接后的传输质量，所以在熔接前一定要做好熔接光纤的端面处理。首先用光纤熔接机配置的专用剥线工具剥去纤芯外面包裹的树脂涂覆层，再用沾了酒精的清洁麻布或棉花擦拭裸纤几次，然后使用精密光纤切割刀切割光纤，切割长度一般为 10~15mm，如图 8-37 所示。

步骤 6：放置光纤。

将光纤放在熔接机的 V 型槽中，小心盖上压板和夹具，要根据切割长度设置光纤在压板中的位置，一般将对接的光纤切割面基本都靠近电极尖端位置。

步骤 7：接续光纤。

关上防风罩，按下熔接机的接续键可自动完成熔接。首先设定初始间隙并相向移动光

图 8-37 光纤端面制作

纤，当端面之间的间隙合适后，熔接机停止移动，熔接机测试并显示切割角度，开始执行纤芯或包层对准；然后熔接机减小间隙（最后的间隙设定），高压放电产生的电弧将左边的光纤熔到右边光纤中；最后熔接机计算出接续损耗并将数值显示出来。如果计算损耗比预期值要高，可以再次放电，熔接机再次计算损耗，直到接续指标合格并存储熔接数据，包括熔接模式、数据、接续损耗等，如图 8-38 所示。

图 8-38 光纤的熔接

步骤 8：移出光纤并用加热炉烘烤热缩管。

打开防风罩，把光纤从熔接机中取出，再将热缩管移套至裸纤中间，再放到加热炉中加热。加热炉可制作长度为 20mm 微型热缩套管和 40mm 及 60mm 常规热缩套管。

完毕后从加热器中取出光纤。

步骤 9：盘纤并固定。

将接续好的光纤盘绕到光纤接续盒内时，纤盘的半径越大，弧度越大，整个线路的损耗越小，所以一定要保持尽可能大的半径。

步骤 10：密封和挂起。

如果野外熔接时，接续盒一定要密封好，防止进水。接续盒进水后，由于光纤及光纤熔接点长期浸泡在水中，可能会使光纤衰减增加。最好将接续盒做好防水措施并用挂钩挂在吊线上。至此，光纤熔接完成。

在工程施工过程中，光纤接续是一项细致的基础工艺，此项工作做得好坏直接影响整套系统运行情况，在现场操作时应仔细观察、规范操作、反复练习，逐步提高实施操作技能，全面提高光纤熔接质量。

四、实验思考题

（1）请详细说明光纤配线盒具体的制作过程。

（2）光纤的单模和多模光纤的识别方法。

8.3　电缆传输通道测试实验

一、实验目的

（1）通过配线架上电缆链路的组合实验，掌握电缆链路与通道的测试方法。

（2）了解电缆传输通道故障的原因及其分析方法。

二、实验设备

实验设备如图 8-39 所示。

图 8-39　Fluke-DTX1800 测试仪

三、实验内容

1. 电缆测试技术概述

1）综合布线测试标准级别

（1）元件标准（最高）：定义电缆/连接器/硬件的性能和级别，如 ISO/IEC 11801，ANSI/TIA/EIA 568-B. 2、ANSI/TIA 568-C 等。

（2）链路测试标准（居中）：定义测量的方法、工具以及过程，如 ASTMD 4566，ANSI/TIA/EIA 568-B. 1 等。

（3）应用测试标准（网络标准）：定义一个网络所需的所有元素的性能，如 IEEE 802，ATM-PHY，1000Base-T 等。

2）现场链路级测试常用方式和测试模型

如图 8-40 和图 8-41 所示，综合布线测试规范中定义了两种链路的性能指标：永久链路（Permanent Link）与通道（Channel）。

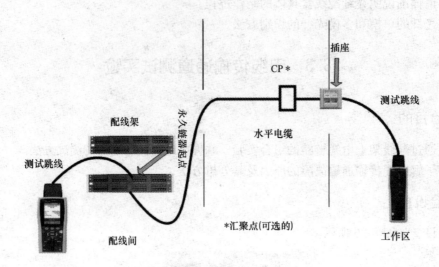

图 8-40　链路测试模型之一（永久链路）

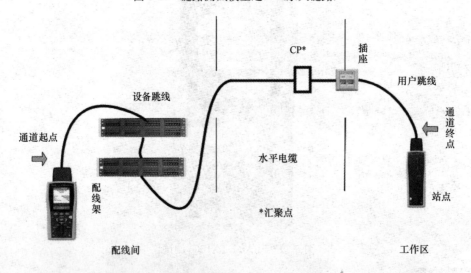

图 8-41　链路测试模型之二（通道）

3）电缆测试参数

Wire Map 接线图（线序图）；

Resistance（环路）电阻；

Impedance 阻抗；

Length 长度；

Propagation Delay 传输时延；

Delay Skew 时延偏离；

Insertion Lose 插入损耗/Attenuation 衰减；

RL 回波损耗（@主机、@远端）；

NEXT 近端串扰（@主机、@远端）；

PS NEXT 综合近端串扰（@主机、@远端）；

ACR-N 衰减近端串扰比（@主机、@远端）；

PS ACR-N 综合衰减近端串扰比（@主机、@远端）；

ACR-F 衰减远端串扰比（@主机、@远端）；

PS ACR-F 综合衰减远端串扰比（@主机、@远端）。

4）电缆测试仪器

FlukeDTX-1800 是新一代铜缆和光缆认证测试仪，支持 10G 链路测试，测试带宽高达 900MHz。应用测试仪可以快速地进行认证测试，最快 9s 完成一条 6 类链路测试，能自动生成测试报告，且配备了高精度故障诊断功能。

2. 电缆传输通道测试实验项目

测试操作方法：开机→选择测试标准→安装适配器→测试→保存结果→查看参数→分析定位故障。

1）开机

开机后，屏幕将显示测试的介质和标准等内容，一般情况下显示的为上次测试选择的内容，如果测试标准与测试内容不需作更改，按下白色测试键即可开始测试。

2）选择测试标准

（1）将旋钮置于 SETUP 档，首先选择线缆类型为双绞线（图 8-42）。

（2）然后按 ENTER 键，进入测试极限值选择环节（图 8-43）。

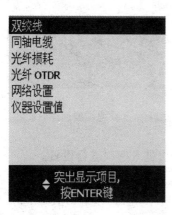
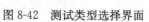

图 8-42　测试类型选择界面　　　图 8-43　测试极限值选择界面

（3）在测试极限值列表中选择出一个合适的测试标准（图 8-44）。

仪器内置了很多标准，如北美标准 TIA、国际标准 ISO、中国标准等，若选择中国标准超 5 类永久链路测试，则选择如图 8-45 所示。

图 8-45 中，PL 是 Permanent Link 的缩写，Ch 是 Channel 的缩写。

（4）选好测试极限值后选择线缆类型，线缆类型选择过程如图 8-46～图 8-48 所示。

图 8-44　测试极限值内容界面之一　　图 8-45　测试极限值内容界面之二

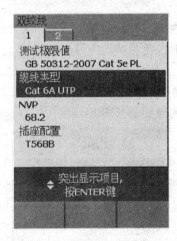 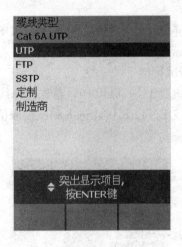

图 8-46　线缆类型选择界面之一　　图 8-47　线缆类型选择界面之二

（5）如果 NVP 值与插座类型需要更改，依次进入选项进行设置。

3）安装适配器

如果测试永久链路，则安装永久链路适配器；如果选择通道则使用通道模块。

4）测试

将被测链路或者通道连接好后，将旋钮至于 AUTO TEST 档，按 TEST 即可进行测试（图 8-49 和图 8-50）。

5）保存结果

测试结束，按下 SAVE 键，保存结果。保存时，需给测试结果命名（图 8-51）。

6）查看参数

测试结束时，可以立即查看各个参数测试情况。如果要查看保存后的参数，则要将旋钮置于 SPECIAL FUNCTION 档，选择并进入"查看/删除结果"。

图 8-48　线缆类型选择界面之三

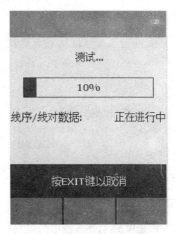

图 8-49　测试过程界面

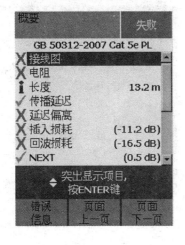

图 8-50　测试结果界面

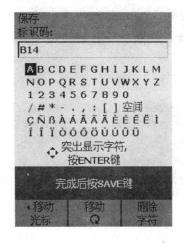

图 8-51　测试结果保存界面

7）分析定位故障

如果测试结果通过，没有任何问题。如果测试结果为失败，则需根据测试失败的选项，分别查看，分析失败原因，定位故障位置。

3. LinkWare 数据处理软件简介

为了通过软件应用程序管理多种测试仪的测试结果数据，Fluke 推出了 LinkWare 线缆测试管理软件。其以通用的格式交付专业的报表对测试结果进行电子化存储、维护和存档，LinWare 的基本操作如下所述。

（1）初次运行界面（图 8-52）。

（2）更改语言（图 8-53）。

（3）数据导入：点击红色向下宽箭头按钮，选择要导入的数据范围，选定后即可从仪器导入数据（图 8-54 和图 8-55）。

（4）数据导入成功后，双击查看结果（图 8-56）。

LinkWare 提供了多种报告形式，可以保存为 PDF 格式，也可以保存为网页格式（图 8-57和图 8-58）。

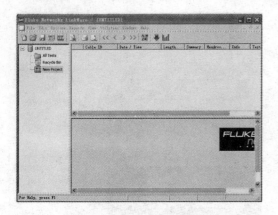

图 8-52　LinkWare 启动界面

图 8-53　LinkWare 语言更改界面

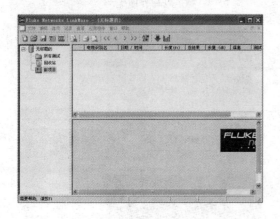

图 8-54　LinkWare 数据导入界面之一

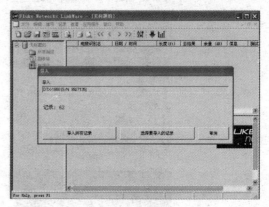

图 8-55　LinkWare 数据导入界面之二

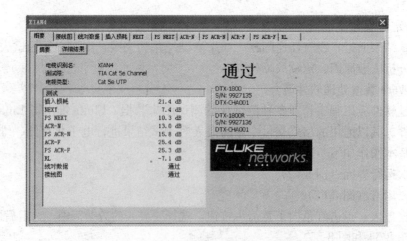

图 8-56　LinkWare 结果查看界面

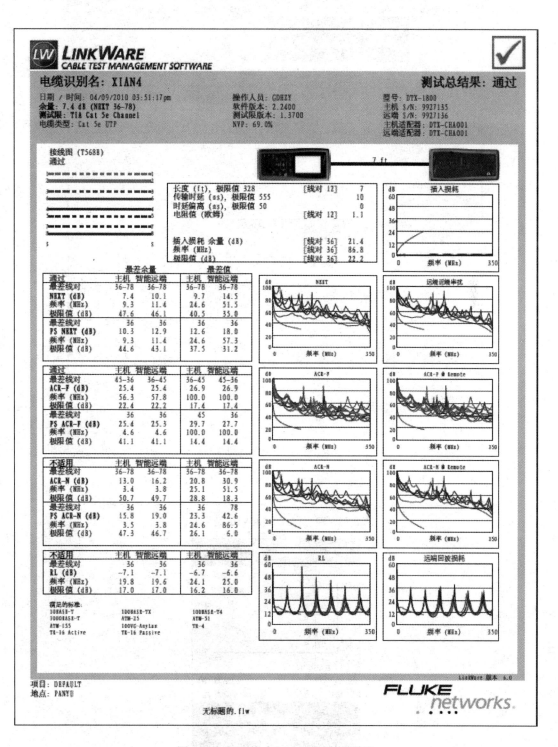

图 8-57　PDF 格式 LinkWare 结果导出

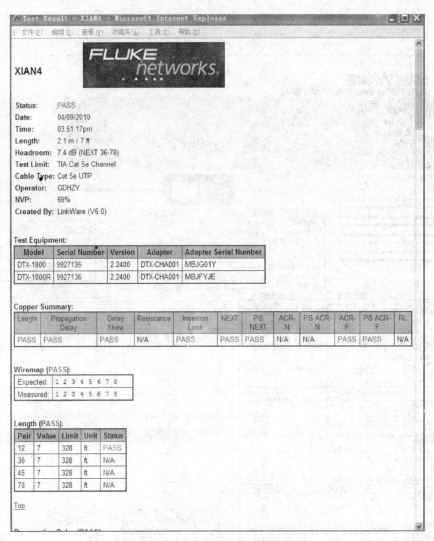

图 8-58　网页格式 LinkWare 结果导出

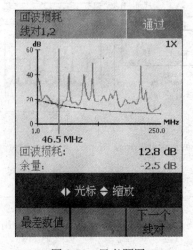

图 8-59　思考题图

四、实验思考题

（1）进行双绞电缆测试时，需注意哪些问题？根据 Fluke DTX 系列仪器的链路与通道测试结果，如何进行故障定位？

（2）图 8-59 为某电缆回波损耗测试的结果图，为什么余量已经是−2.5dB，而测试总结果是 PASS（测试标准为 ISO11801 Channel Class E）？

8.4 光缆传输通道测试实验

一、实验目的

（1）掌握光缆衰减的测试方法，了解 A、B、C 测试模式的使用场合与测试方法。

（2）掌握光缆传输通道的损耗的原因与分析方法。

二、实验设备

实验设备如图 8-60 所示 。

图 8-60　Fluke-DTX1800 测试仪

三、实验内容

1. 光缆测试技术概述

1）光缆链路的测度标准

（1）ANSI/TIA/EIA 568-B.3。

① 光缆每公里最大衰减，如表 8-1 所示。

表 8-1　光缆每公里最大衰减

波长（nm）	衰减（dB）	波长（nm）	衰减（dB）
850	3.75	1310	1.0
1300	1.5	1550	1.0

② 连接器（双工 SC 或 ST）

适配器最大衰减为 0.75 dB，熔接最大衰减为 0.3 dB。

③ 链路长度（主干）的要求，如表 8-2 所示。

表 8-2　ANSI/TIA/EIA-568-B.3 光缆链路长度要求

分段	HC-IC	IC-MC
62.5/125 多模	300m	1700m
50/125 多模	300m	1700m
8/125 单模	300m	2700m

（2）IEEE 802.3z（Gigabit Ethernet）。

IEEE 802.3z 对光缆测试的要求如表 8-3 所示。

表 8-3　IEEE 802.3z 光缆测试要求

1000BASE-SX（850 nm 激光）			1000BASE-LX（1300 nm 激光）		
分段	损耗	距离	分段	损耗	距离
62.5/125 多模	3.2dB	220m	62.5/125 多模	4.0dB	550m
50/125 多模	3.9dB	550m	50/125 多模	3.5dB	550m
			8/125 单模	4.7dB	5000m

2）光缆测试参数

Tier 1：

（1）测试长度与衰减。

（2）使用光损耗测试仪或 VFL 验证极性。

Tier 2：

（1）Tier 1 再加上 OTDR 曲线。

（2）证明光缆的安装没有造成性能下降的问题（例如弯曲，连接头，熔接问题）。

3）光缆测试仪器

光缆测试仪如图 8-61 所示。

2. 光缆传输通道测试实验项目

1）Tier 1 的测试（以多模光纤测试为例）

（1）开机。

开机后，屏幕将显示测试的介质和标准等内容，一般情况下显示的为上次测试选择的内容，如果测试标准与测试内容不需作更改，按下白色测试键即可开始测试。

（2）选择测试标准，安装适配器。

将旋钮置于 SETUP 档，选择光缆类型，然后选择相应的测试标准。

进行 Tier 1 测试时，选择 DTX 系列的光缆认证测试模块。测试多模光缆选择 DTX-MFM2 多模光缆模块，测试单模光缆则选择 DTX-SFM2 单模光缆模块。图 8-62 所示为 Fluke DTX-MFM2 多模光缆模块。

（3）设置参考值。

将拨盘旋钮转至"Special Functions"，选择"Set Reference"，根据测试方式，连接光

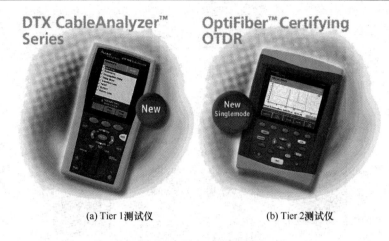

(a) Tier 1测试仪　　　　　　　(b) Tier 2测试仪

图 8-61　Fluke 光缆测试仪

图 8-62　DTX-MFM2 多模光缆模块

缆跳线，按"Test"键。

方式 A 参考值设置（方式 A 适用于主要损耗来自光纤本身而非连接器的情况），如图 8-63所示。

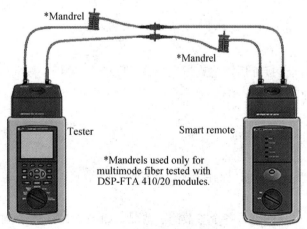

图 8-63　方式 A 参考值设置

方式 B 参考值设置（方式 B 适用于主要损耗来自连接器的链路测试），如图 8-64 所示。
方式 C 参考值设置（方式 C 适用于测试没有连接器的光缆链路），如图 8-65 所示。

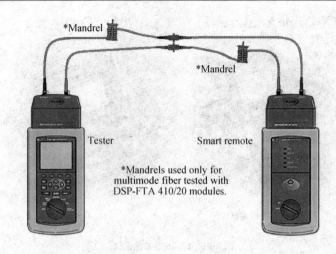

图 8-64　方式 B 参考值设置

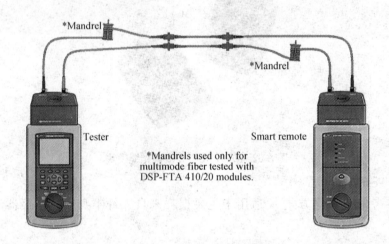

图 8-65　方式 C 参考值设置

（4）测量。

将被测光缆按方向连接好后，将旋钮至于 AUTO TEST 档，按 TEST 即可进行测量。

方式 A 测量，如图 8-66 所示。

方式 B 测量，如图 8-67 所示。

方式 C 测量，如图 8-68 所示。

（5）保存结果。

测试结束，按下 SAVE 键，保存结果。保存时，需给测试结果命名。

（6）查看参数。

测试结束时，可以立即查看各个参数测试情况。如果要查看保存后的参数，则要将旋钮置于 SPECIAL FUNCTION 档，选择并进入"查看/删除结果"。

（7）可视故障定位。

DTX 系列模块集成了可视故障定位仪（VFL），有连续光波或闪烁两种工作模式，可用于检查光缆断点或在配线架上查找光缆。

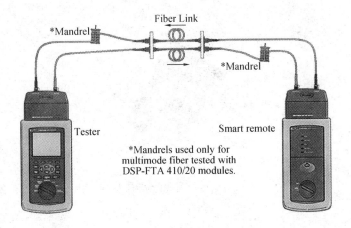

图 8-66　方式 A 测量

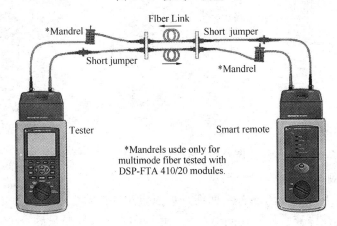

图 8-67　方式 B 测量

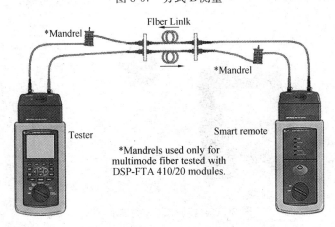

图 8-68　方式 C 测量

附：多模卷轴的使用（图 8-69 和图 8-70）

NF-MANDREL 多模卷轴适用于 LED 光源，应用于多模光缆的测试。卷轴起到的是模式过滤器的作用，可以减少 LED 光源向光缆中发出的光信号中的高次模。

应用卷轴可以提高测试的一致性和损耗测试结果的可重复性，减少测量失败次数。

图 8-69　多模卷轴

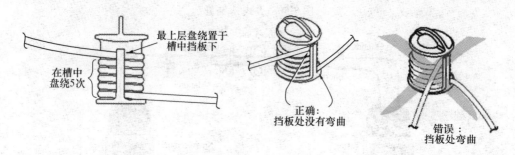

图 8-70　多模卷轴的盘绕方法

2）Tier 2 的测试

OTDR 提供光功率与距离的关系曲线，可以直观判断和定位光事件以便修理有问题的部分，对诊断光缆故障非常重要；同时，它也是证明光缆安装质量的一个重要证据。

图 8-71 为自动 OTDR 测试示意图，图 8-72 为典型的 OTDR 曲线。

图 8-71　自动 OTDR 测试示意图

四、实验思考题

（1）造成光纤链路损耗的原因主要有哪些？

（2）Tier 1 测试中，方式 A、B、C 分别适用于哪些场合，测试时需分别注意哪些方面？

（3）分析典型的 OTDR 曲线中各事件的类型，并说明造成这些事件的原因。

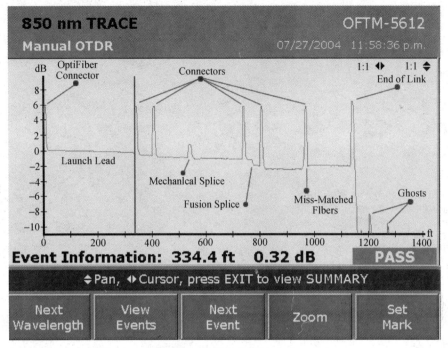

图 8-72　典型的 OTDR 曲线

参考文献

[1]　韩宁，屠景盛. 综合布线技术. 北京：中国建筑工业出版社，2011.

[2]　张宜. 综合布线系统白皮书. 北京：清华大学出版社，2010.

[3]　吴达金. 综合布线系统基础教程. 西安：西安电子科技大学出版社，2013.

[4]　杜思深，张继周，柳渊. 综合布线工程实践. 北京：北京大学出版社，2010.

[5]　余明辉，等. 综合布线技术教程. 北京：清华大学出版社，北京交通大学出版社，2006.

[6]　张宜. 综合布线工程. 北京：中国电力出版社，2008.

[7]　温卫，赵国芳，胡中栋. 综合布线系统与网络组建. 北京：清华大学出版社，2012.

[8]　刘晓辉. 网络综合布线应用指南. 北京：人民邮电出版社，2009.

[9]　吴达金. 综合布线系统工程设计与施工. 北京：人民邮电出版社，1999.

[10]　建设部科技委智能建筑技术开发推广中心，中国建筑业协会智能建筑专业委员会组编. 综合布线工程. 北京：中国电力出版社，2008.

[11]　韩宁，刘国林. 综合布线. 北京：人民交通出版社，2006.

[12]　刘化君. 综合布线系统. 2版. 北京：机械工业出版社，2008.

[13]　王用伦，陈学平. 综合布线技术. 北京：机械工业出版社，2011.

[14]　余明辉，陈兵，何益新. 综合布线技术与工程. 北京：高等教育出版社，2008.

[15]　吕晓阳. 综合布线工程技术与实训. 北京：清华大学出版社，2009.

[16]　谢社初. 综合布线系统施工. 北京：机械工业出版社，2006.

[17]　吴大军. 综合布线系统施工技术：基于工作过程的学习领域教学. 北京：北京理工大学出版社，2011.

[18]　郝文华. 网络综合布线设计与案例. 2版. 北京：电子工业出版社，2008.

[19]　姚行中，王一兵，关林风，等. 计算机网络建设施工与管理. 北京：科学出版社，2006.

[20]　吴达金. 综合布线系统工程安装施工手册. 北京：中国电力出版社，2007.

[21]　刘国林. 综合布线. 北京：机械工业出版社，2004.

[22]　安顺合. 智能建筑工程施工与验收手册. 北京：中国建筑工业出版社，2006.

[23]　程控，金文光，综合布线系统工程. 北京：清华大学出版社，2005.

[24]　徐超汉. 智能建筑综合布线系统设计与工程. 北京：电子工业出版社，2002.

[25]　黎连业. 综合布线技术与工程实训教程. 北京：机械工业出版社，2012.

[26]　余明辉，尹岗. 综合布线系统的设计、施工、测试、验收和维护. 北京：人民邮电出版社，2010.

[27]　慕东周，王洪磊. 网络工程与实训与实训教程. 南京：东南大学出版社，2008.

[28]　王公儒. 网络综合布线系统工程技术实训教程. 北京：机械工业出版社，2009.

[29]　雷锐生，潘汉民，程国卿. 综合布线系统方案设计. 西安：西安电子科技大学出版社，2004.

[30] 中华人民共和国国家标准. 综合布线系统工程设计规范(GB 50311—2007). 北京：中国标准出版社，2007.

[31] 中华人民共和国国家标准. 综合布线工程验收规范(GB 50312—2007). 北京：中国计划出版社，2007.

[32] 中华人民共和国国家标准. 智能建筑设计标准(GB 50314—2006). 北京：中国计划出版社，2007.

[33] 中华人民共和国国家标准. 电子信息系统机房设计规范(GB 50174—2008). 北京：中国计划出版社，2009.

[34] Fluke 网络公司. CCTT 综合布线认证测试培训课程资料.

[35] Fluke 网络公司. CFTT 综合布线认证测试培训课程资料.

[36] 2010 年全国大学生绿色智能建筑大赛西安建筑科技大学代表队. 蛇口南海意库 3#厂房网络综合布线系统改造设计项目设计文档.

[37] 2010 年全国大学生绿色智能建筑大赛金陵科技学院代表队. 蛇口南海意库 3#厂房网络综合布线系统改造设计项目设计文档.